程序员易读大讲堂

零基础学 Python 项目基础开发

视频案例精讲

张帆◎著

北京理工大学出版社
BEIJING INSTITUTE OF TECHNOLOGY PRESS

内 容 简 介

本书是一本面向 Python 初学者的书籍，除了介绍 Python 常见的开发领域和使用场景，还详细介绍了从 Python 基础到具体项目工程的开发，让读者快速掌握 Python 应用开发。

本书从零开始，由浅入深、由点到面地绘制了 Python 编程世界的草图，第一部分（第 1~3 章）主要讲解了 Python 的基础语法和句法，包括怎样在本机搭建 Python 开发环境，如何使用 Python 开发工具等基础内容；第二部分（第 4~5 章）主要讲解了如何使用 Python 开发常用的小工具，如何使用 Python 提高工作效率；第三部分（第 6~11 章）主要讲解了项目工程的开发，涉及大量其他领域的技术或者服务，也是Python学习的重中之重。通过学习本书，读者可以快速地了解 Python 各个领域的应用，并且掌握基本的开发技术，不再觉得这些领域的开发技术遥不可及，也可以探索自己喜欢的开发领域，并通过有趣实用的案例提高深入学习的兴趣。

本书内容丰富、通俗易懂，还提供了同步视频、习题及答案等丰富资源，适合各高校相关专业作为本科及研究生教材，也可作为相关培训机构的参考用书。

图书在版编目（CIP）数据

零基础学Python项目基础开发：视频案例精讲 / 张帆著. —北京：北京理工大学出版社，2022.4
ISBN 978-7-5763-1179-2

Ⅰ. ①零…　Ⅱ. ①张…　Ⅲ. ①软件工具－程序设计 Ⅳ. ①TP311.561

中国版本图书馆CIP数据核字（2022）第049997号

出版发行 / 北京理工大学出版社有限责任公司
社　　址 / 北京市海淀区中关村南大街 5 号
邮　　编 / 100081
电　　话 / （010）68914775（总编室）
（010）82562903（教材售后服务热线）
（010）68944723（其他图书服务热线）
网　　址 / http: //www. bitpress. com. cn
经　　销 / 全国各地新华书店
印　　刷 / 三河市中晟雅豪印务有限公司
开　　本 / 787 毫米 ×1000 毫米　1 / 16
印　　张 / 19.5
字　　数 / 366 千字
版　　次 / 2022 年 4 月第 1 版　2022 年 4 月第 1 次印刷
定　　价 / 79.00 元

责任编辑 / 王晓莉
文案编辑 / 王晓莉
责任校对 / 刘亚男
责任印制 / 施胜娟

前　言

毫无疑问，Python 是近几年来发展迅猛的语言之一。随着人工智能、生物医药和量化交易等领域的兴起，越来越多的 Python 应用场景被发现和提出。同时，开放、时尚、便捷的 Python 社区也吸引了大量开发者使用 Python。甚至很多其他编程语言的开发者，在写一些小项目或者脚本工具时，也会选择 Python 作为编程语言。

在这个发展迅速的信息时代，各行各业都无法离开互联网和计算机，只有依托互联网才能获得更大的市场，只有使用计算机才能获得更高的效率及更合理的办公流程和体验。计算机通过软件和服务为企业赋能，但是如今单一的软件已经无法满足用户的日常需求，你是否偶尔也有和我一样的想法，要是有实现“××××”功能的一款软件就好了。

是否可以根据需求设计或者开发一款软件？我不会编程怎么办？无须担心，本书就是基于 Python，为每一位初学者介绍基本的开发知识，通过学习本书可以快速上手，使用 Python 开发出供自己使用的专用软件或者个人网站。

本书基于 Python 3.9，涉及真实应用中的方方面面，适合各种编程场景。在信息时代中，掌握一门计算机编程语言是提高业务能力和计算机水平的必要方式。本书针对 Python 初学者，通过简单实用的案例，以方便初学者并逐渐深化的思路，从实例入手，让读者快速入门，学以致用。

读者不必担心学习一门新的编程语言的难度，要知道，Python 之所以如此流行，很大程度上和 Python 的简洁、易学、易用是分不开的。本书并不是一本面面俱到的教材，对于枯燥的和难度高的计算机理论知识涉及非常少。

本书不仅是一本 Python 的入门书籍，而且是一本对未来的规划书籍。本书中并没有将 Python 的开发局限于一个小范围，而是介绍了 Python 在多个场景中的具体工程开发，这些内容可以让读者开阔眼界，进而选择感兴趣的内容进行深入学习。

扫一扫，看视频

本书特点

轻松入门，完全自学

通过本书，可以让读者快速理解 Python 是什么、Python 能做什么。本书面向零基础入门的读者，内容讲解由浅入深，循序渐进，引领读者快速入门，而不是拘泥于技术细节和底层原理。

案例丰富，实战为王

本书中设计了大量的实际案例和应用开发，通过学习和模仿这些应用的开发过程，在这些案例的基础上举一反三、添砖加瓦，可以尽快地开发出符合自己需求的软件。

涉及全面，扩充思路

在编写过程中，本书选择了数个不同的开发领域进行讲解，包括 Web 开发、算法、小工具开发、桌面应用开发、游戏开发等。不仅如此，在开发项目的过程中还涉及 HTML、Qt 框架、网络基础等相关技术。对于 Python 开发而言，这些技术属于一种横向拓展知识，可以提高读者的思维广度。

多维度学习套餐

- 同步视频教程：提供与内容同步的高质量、超清晰的视频讲解，快速轻松掌握所学知识。
- 提供思维导图：每章首页提供了一幅思维导图，引导读者在学习前清晰了解每章知识要点。
- 配习题及答案：为了让读者巩固所学知识，达到学以致用的效果，还提供了相关习题、答案及实操练习。
- 附赠教学 PPT：本书可作为高校及培训机构用书，特赠送教学 PPT 供广大教师参考使用。

备注：以上资料扫描下方二维码，关注公众号，输入“ljcx01”，即可获取配套资源下载方式。

由于计算机技术发展较快，书中疏漏和不足之处在所难免，恳请广大读者指正。

读者信箱：2315816459@qq.com

读者学习交流 QQ 群：518433051

目 录

第1章

Python 基础知识

Python 是一门非常容易学习且功能强大的解释型脚本语言，从 Python 语言诞生之初的默默无闻到如今的如日中天，其快速发展与 Python 简洁而适用范围广泛的特点密切相关。本章会带领读者快速学习 Python 概述及发展历史，并且从实际出发，尽可能地为读者展现一个完整的 Python 世界。

扫一扫，看视频

本章的主要内容：

- 介绍 Python 语言的诞生及发展历史；
- Python 语言的优、缺点及当前主要应用环境；
- 怎样搭建一个最新版本的 Python 开发环境；
- Python 开发中的 HelloWorld 实例。

本章的思维导图：

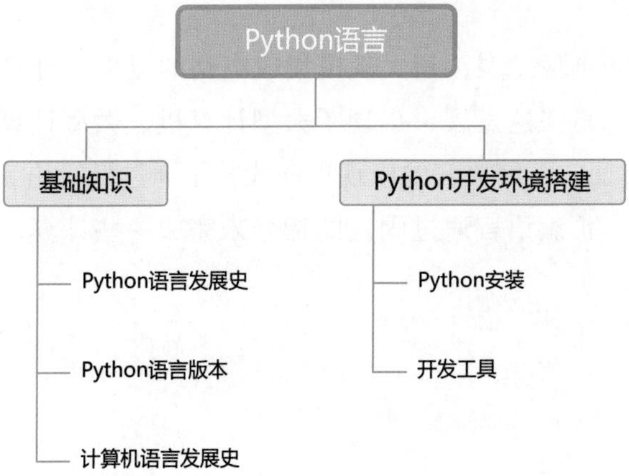

1.1 什么是Python语言

学习任何一门课程，最不能忽略的内容都是其基础。对于现代的编程学习而言，了解编程语言和自然语言的不同是非常重要的。本节中将会介绍什么是计算机编程语言及 Python 语言的发展历程。

1.1.1 计算机编程语言的发展历程

扫一扫，看视频

计算机编程语言也称为计算机程序设计语言，简称编程语言。不同于真实世界中用于交流的自然语言，编程语言是一组用来定义计算机程序的语法规则。编程语言通过固定的形式和语法向计算机发送指令。

计算机会接收到编程语言编写的内容，不过和人与人之间的交流不同，计算机并不能理解这些内容。现代的计算机以 CPU 为核心，简单来说，CPU 在执行任何逻辑操作或者表示任何状态时都可以通过内部的电路开关状态实现，也就是说，计算机只会理解二进制数字的 0 和 1（电路的开或关）。

用二进制代码编写程序对人类而言无疑是反智的，但是在计算机的诞生初期，有限的运算能力和存储设备的限制，使得人们不得不妥协于计算机，手工编写二进制代码，这也就促成了早期的穿孔卡和穿孔纸带的诞生。

穿孔纸带是早期计算机的 I/O（input/output，输入 / 输出）设备，如图 1–1 所示。在纸带中用机器打孔，将程序和数据转换为二进制——纸带的孔表示二进制 1，无孔表示二进制 0，经过光电扫描输入计算机。当然，此时计算机的输出也使用纸带，需要对纸带的信息进行解析。

随着半导体技术的迅猛发展，超大规模集成电路的诞生使计算机开始快速发展，计算机存储设备及其应用领域飞速发展，出现了大型计算机、微型计算机和个人计算机（也称电脑）。从编程语言方面，汇编语言的出现逐渐代替了通过低级语言进行编程的手段，极大地提高了编程的效率。汇编语言通过固定的指令来完成一些计算，如下所示的指令就是两个操作数相加的运算。

```
ADD OPRD1 OPRD2
```

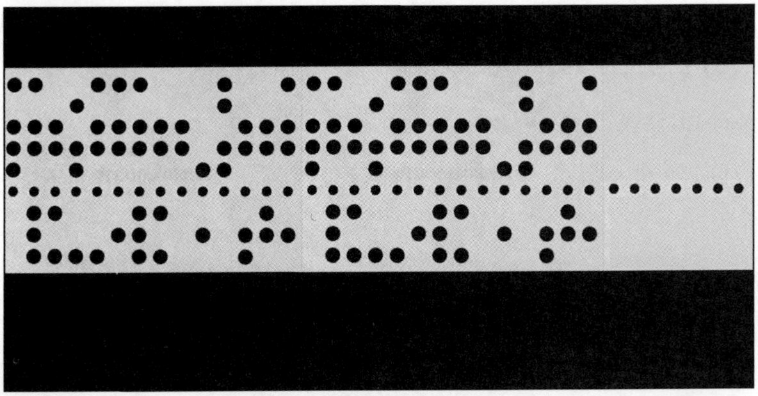

图 1-1 穿孔纸带（局部）

即便是这样，使用汇编语言编写一个大型的项目依旧很困难，通常只有操作系统或硬件驱动程序才会采用汇编语言编写。因为汇编语言必须直接对寄存器进行操作，依旧需要将人类的思想转换为机器能够理解的指令，甚至所有的操作都需要直接对内存进行访问或寻址。为了使程序员的想法能更方便地变成可以运行的程序，高级语言应运而生。

高级语言采用方便编写和理解的语法，将一些复杂而烦琐的操作通过一定的算法进行处理。将系统底层 API 封装为黑盒的形式，使得程序员无须理解编写的代码在计算机中是如何进行操作的，就可以完成需要的功能。早期的高级语言有 FORTRAN、Pascal、Cobol 和 C 语言等，而后出现的各种高级语言有数百种。

这些高级语言，很多至今依旧存在于程序开发的第一线，如 C 语言，或者是对 C 语言进行优化后诞生的 C++，又或者是本书介绍的 Python。

这类高级语言一般被人为地分为两种，即解释型语言和编译型语言。其中，C 语言是编译型语言的代表，编写完成的 C 语言文件无法直接在计算机中执行，所以需要先通过编译器对 C 语言编写的程序执行一个“编译”过程，把程序转化为机器语言，编译后的程序便可以直接运行。另一种是解释型语言，这类语言是指通过专用的解释器对程序文件进行解释，并不会生成机器语言文件，如 Python 和 Ruby 语言。

除了这两种类型的语言外，还有一种语言介于这两种语言之间，采用虚拟机（JVM）的形式运行，Java 语言就是其中的代表。如果读者写过 Java 程序，那么可以在如下所示的 HelloWorld.java 文件中实现字符串的输出。

```
public class HelloWorld {
    public static void main(String[] args){
        System.out.println("HelloWorld");
    }
}
```

如果要运行该文件，则需要首先将 HelloWorld.java 采用如下所示的命令进行编译，生成可以被 JVM 解释的中间文件 HelloWorld.class。

```
javac HelloWorld.java
```

HelloWorld.class 文件会在命令执行的当前目录中自动生成，使用如下所示的命令执行，结果如图 1-2 所示。

```
java HelloWorld
```

```
H:\java\javaLearn\src>javac HelloWorld.java

H:\java\javaLearn\src>java HelloWorld
HelloWorld

H:\java\javaLearn\src>_
```

图 1-2　Java 程序的运行结果

Python 的整个执行过程和 Java 类似，Python 并不是纯粹的解释型语言，在执行过程中会首先编译成后缀为“.pyc”的文件作为中间缓存。该文件不是直接可以执行的机器语言，还需要通过 Python 解释器进行解析才可以运行，这类语言一般称为先编译后解释型语言。

1.1.2　Python 语言发展历程

扫一扫，看视频

Python 中文翻译为蟒蛇，诞生于 1989 的圣诞节，是荷兰人吉多·范罗苏姆（Guido van Rossum）在阿姆斯特丹开发的一款新的编程语言。

虽然 Python 至今为止已经有 30 多年的历史，甚至比 Java 的诞生还早，前期却默默无闻，直到最近的 10 年才飞速发展，开始在各个领域内大显身手。Python 在 2020 年 12 月的 TIOBE 编程语言排行榜中位列第三，超过了 C++，如图 1-3 所示。

Dec 2020	Dec 2019	Change	Programming Language	Ratings	Change
1	2	˄	C	16.48%	+0.40%
2	1	˅	Java	12.53%	-4.72%
3	3		Python	12.21%	+1.90%
4	4		C++	6.91%	+0.71%
5	5		C#	4.20%	-0.60%
6	6		Visual Basic	3.92%	-0.83%
7	7		JavaScript	2.35%	+0.26%
8	8		PHP	2.12%	+0.07%
9	16	⌃⌃	R	1.60%	+0.60%
10	9	˅	SQL	1.53%	-0.31%

图 1-3　TIOBE 编程语言排行榜

不仅如此，在近 5 年的编程语言发展趋势曲线中，Python 一直排名在前，超过了多种语言，如图 1–4 所示，这当然也是由最近几年大数据分析及人工智能的火热导致的。

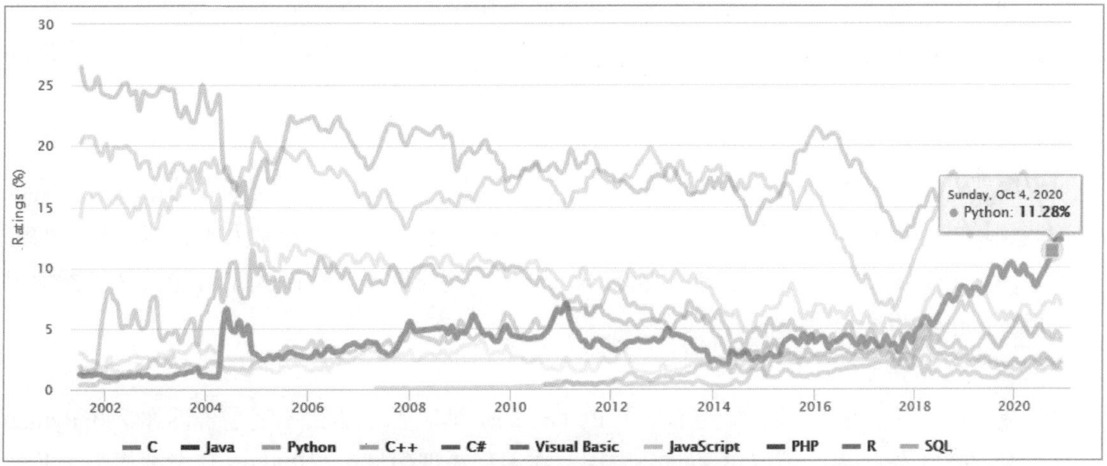

图 1–4　Python 发展趋势曲线

Python 最大的优势在于，语言设计上坚持了清晰划一的风格，这使得 Python 成为一种非常易读、易用、易维护的语言。在某些应用场景中，即便 Python 可能达不到最优的性能，但是常常能作为快速开发的最佳选择，或者是作为一个胶水语言来调用不同语言编写的脚本，完成一些特定的工作。

Python 简洁、便捷的语法与清晰的结构设计，使其不被局限于一个特定的需求环境中，在多种应用场景和应用环境中都有 Python 的身影。Python 的主要应用场景和应用环境如下：

- Web 和 Internet 开发

Python 语言中自带了应用服务器作为网站开发的测试服务器，使用 Python 开发网站可以简单而迅速地完成一个产品的设计和原始模型，开发成本低且能与服务器上需要执行的某些批量任务脚本非常好地交互。

对于运行时间要求不高的企业应用而言，Python 无疑是非常好的选择。在敏捷开发的原则中，尽早地开发出一款可用的产品远远比在技术之间踟蹰不决好得多。

- 网络编程与服务器端开发

这是 Python 开发中经常会用到的一个领域，Python 可以非常简单地构建一个 socket 服务器端系统或发起一些网络请求。使用 socket 可以简单地实现一个实时聊天系统。而使用 Python 发起请求，通过结合数据库和 Python 数据分析，也可以便捷地编写一个爬虫系统。

- 科学计算和统计

如果需要对一些数据进行分析和统计，Python 无疑是最好的选择。科学计算领域及统计学领域中使用的语言并不多，在 Python 语言没有像如今这样流行时，开发者一般会选择 R 语言或 MATLAB 语言进行科学计算。R 语言中提供了非常多的函数和好用的 API，不过 R 语言本身和其他的高级编程语言有着非常大的区别。相比之下，Python 语言更加贴合真实的自然语言，经过简单的学习即可极快地上手，这也是 Python 能在科学计算领域占据一席之地的原因之一。

● 人工智能及其机器学习

毋庸置疑，人工智能及其机器学习是一个新兴行业，而 Python 语言如今的市场占有量也和这些领域的兴起有关。甚至在某些场景中，Python 开发者就意味着是人工智能等领域的开发者，因为 Python 语言是人工智能领域的不二选择。又或者说，伴随人工智能及其机器学习的发展，Python 也会越来越流行。

● 教育行业和办公应用

如果有一天你在朋友圈中看到了一条 Python 的培训广告，那么一定是告诉你学好 Python 会极大地提高工作效率。不仅仅是办公应用，在编程培训领域内，Python 甚至被作为少儿编程培训中首选的语言。

● 游戏类开发

在游戏类开发中，Python 不是主流的选择，但是 Python 中有很多简单有趣的包可以让开发者极快地开发出一款不错的小游戏。

● 桌面应用开发

随着如今桌面应用开发的逐渐没落，以及 BS 结构的广泛使用，如果针对一些小需求去学习一款桌面应用开发语言，无疑是高成本的。Python 恰巧为程序员偶尔进行的桌面应用开发提供了低成本的最佳选项。

● 手机软件开发

Python 语言当然也可以开发手机 APP，不过需要通过一些特定的框架。kivy 是一个开源的、跨平台的 Python 开发框架，用于开发手机端的应用程序，kivy 支持 Linux、Windows、Android、iOS 平台。

虽然 Python 开发 APP 的步骤较为烦琐，也存在不少限制，却是 Python 开发者满足自娱自乐需求的不错选择。

1.1.3 Python 版本说明

扫一扫，看视频

Python 官网地址为 https://www.python.org/，其主页如图 1-5 所示，在官网中提供了 Python 的文档和下载地址。

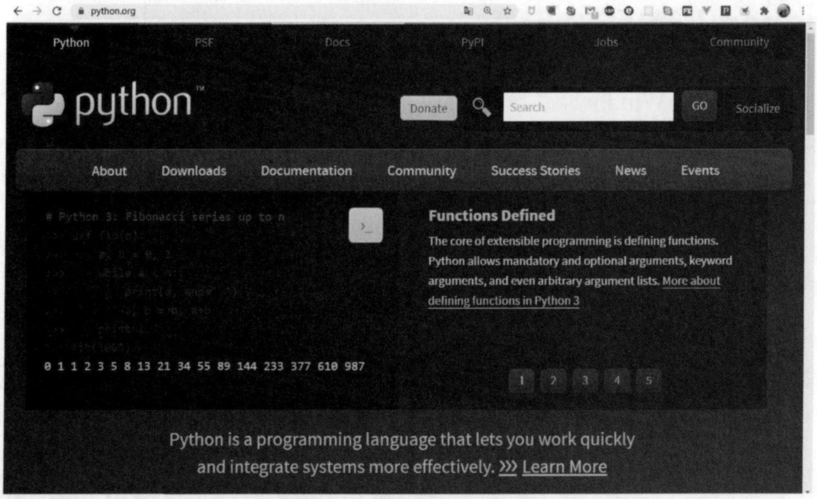

图1-5 Python 官网主页

截至 2021 年 1 月，Python 的最新版本为 Python 3.9。Python 曾经一度被分为两个版本，分别是 Python 2 与 Python 3，因为 Python 3 相对于 Python 2 的改动较大，所以很多软件并不能及时支持 Python 3，这导致了曾经一度出现了“学习 Python 2 还是 Python 3”这样的问题。

随着时间的推移，Python 3 几乎已经代替了 Python 2，对于 Python 2 的维护支持也会逐渐停止。本书中的所有代码都基于 Python 3 实现，可以在 Python 3.9 的环境中正确运行。

> **注意**：在学习 Python 的过程中，如果在网络上搜索一些问题的解，直接复制的代码可能在本机上无法正确运行，这有可能是因为安装的 Python 版本与编写网页代码的 Python 版本不一致。
>
> 虽然现在 Python 3 已经是主流开发工具，但是网络中依旧存在很多 Python 2 开发的代码，可以根据 Python 2 代码的思想对其进行更改，这样就可以使 Python 2 的代码也能在 Python 3 环境中运行。不仅仅是代码，很多需要引进的包也存在版本问题，很可能在 Python 2 中使用的包在 Python 3 中已经更改了名称或者已经被其他的包替代，一定要找到适合自己开发版本的代码和包。

1.2 Python环境的安装

在了解了 Python 语言的应用场景和发展历程后，本节将正式进入 Python 语言的学习，安装正确的 Python 开发环境和运行环境是第一步。

1.2.1 Python 基础环境的安装

扫一扫，看视频

Python 在 Windows 系统中可以采用两种方式进行安装，安装官方版本或第三方打包后的版本（相关介绍见 1.2.2 节）。对于初学者而言，如果需要使用 NumPy 或其他的科学计算包，则可以根据 1.2.2 节中介绍的步骤进行安装。

在一般的开发情况下，使用官方的安装文件完成安装就可以满足开发程序的需求。即使将来需要用到某些科学计算包，单独使用 pip 命令安装就可。

在 Python 官网地址 https://www.python.org/ 中，提供了包括 Python 2 到最新版本 Python 发行版的下载链接。在主页单击 Downloads 按钮，出现的下拉菜单中选择最新版本的 Python 安装包，如图 1–6 所示。

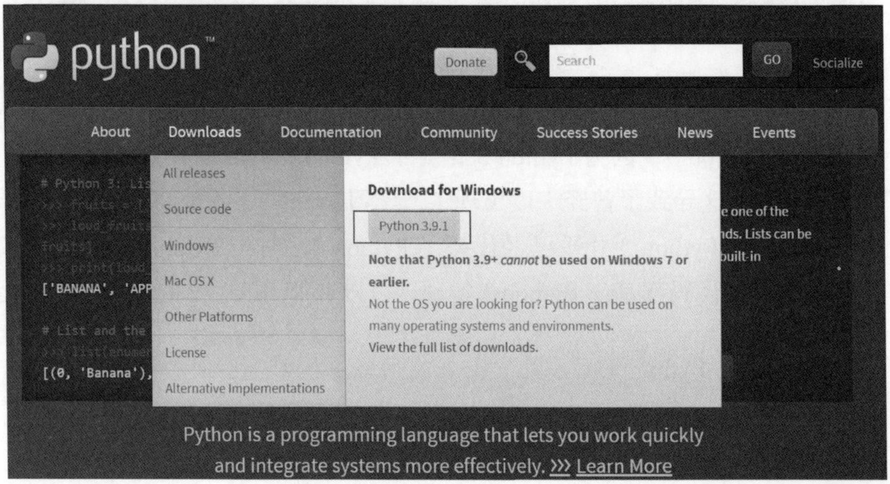

图1–6　下载 Python 安装包

需要注意的是，Python 3.9.1 不支持 Windows 7 及其以下版本的桌面应用系统，但对于本书中的代码，使用任何 Python 3 版本都没有问题。

安装包是一个可执行文件，双击可以打开安装界面，如图 1–7 所示。也可以使用管理员权限运行（在安装包上右击，在弹出的快捷菜单中选择使用管理员权限运行安装程序）。

对于 Python 安装程序，可以针对某一个用户进行安装，也可以使用管理员权限为所有的用户安装。一般如果本机中只存在一个 Python 环境，则勾选 Add Python 3.9 to PATH 复选框，这样可以把 Python 的安装地址存放在系统路径中，以便在命令行下运行相关的命令。

等待进度条显示完成后，Python 安装成功，如图 1–8 所示。

图 1-7　Python 安装界面

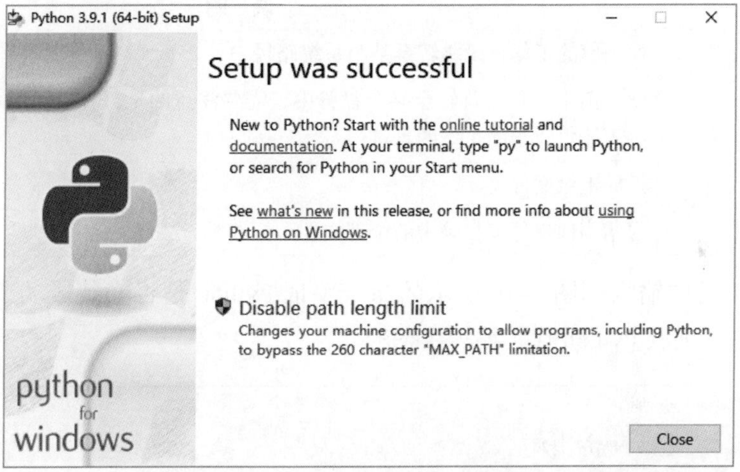

图 1-8　Python 安装成功

注意：在 Linux 或 UNIX（包括 Mac）中，Python 一般作为系统软件安装，但是可能自带的版本并不是 Python 3，需要在官网下载最新版本的 Python，然后重新安装。可以在 Python 官网主页的 Downloads 菜单中选择 ALL releases 选项，下载其他不同版本、不同平台的 Python 安装包。

使用 Python 进行开发会用到命令行（或是 Linux 等系统中的终端），在 Windows 中使用键盘中的 Win+R 组合键打开“运行”对话框，输入 cmd 命令，单击“确定”按钮，如图 1-9 所示，就进入了命令行工具。

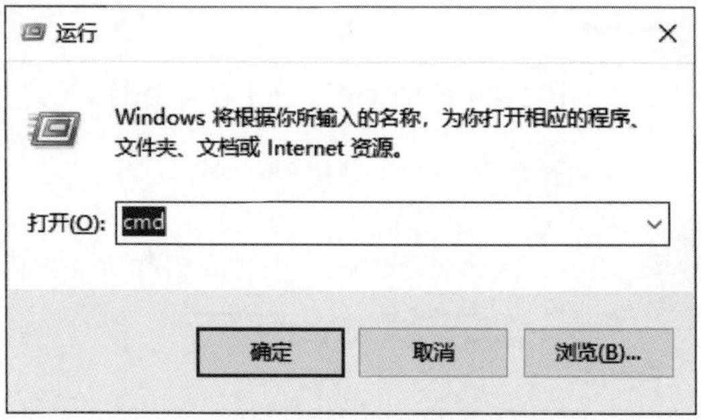

图 1–9　运行 cmd 命令

命令行工具默认情况下是一个黑底白字的字符型界面，功能和命令类似于 Linux 系统，不过两者的命令稍有不同。命令行工具的常用命令如表 1–1 所示。

表 1–1　命令行工具的常用命令

命　令	说　明
cd 系统路径	使当前的工作目录跳转至某个系统路径中
盘符 :	使当前工作目录跳转至某个盘符中，需要注意的是，直接使用 cd 命令更改盘符并不能更改当前工作的盘符
cd ..	返回上级文件夹
dir	显示当前文件夹目录中的全部文件

在命令行工具中输入如图 1–10 所示的命令验证 Python 是否安装成功，会显示当前的 Python 版本，并且进入 Python 代码编写状态。

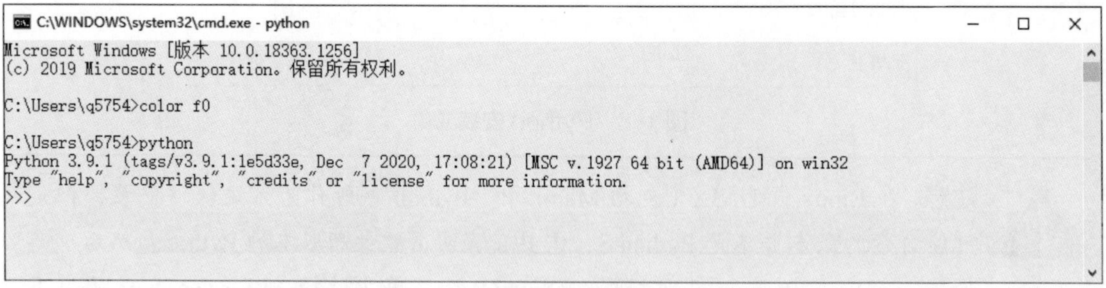

图 1–10　验证 Python 是否安装成功

注意： 如果没有在 Python 安装过程中将 Python 的安装路径写入系统路径，则可能需要输入 Python 安装的绝对地址才能运行，或者手动将地址写入系统变量。

1.2.2 Python 科学计算环境的安装

扫一扫，看视频

在 Windows 环境下除了使用 Python 官方版本以外，对使用 Python 进行数据分析的开发者而言，Anaconda 可能是一个更好的选择。

Anaconda 中文译为森蚺，是一个 Python 的第三方发行版本，和 Python 官方版本最大的区别就是 Anaconda 附带常用的科学计算包，包括 conda 等 150 多个科学计算包及其依赖项。也就是说，安装 Anaconda 之后，针对科学计算领域的编程几乎可以开包即用，不需要使用 pip 命令安装任何第三方提供的包。

Anaconda 提供了 conda 作为包管理器和 Python 环境管理器，可以通过 conda 建立任何一个版本的虚拟 Python 环境，使项目可以拥有自身的应用环境。Anaconda 的官网地址为 https://www.anaconda.com/，其主页如图 1-11 所示。

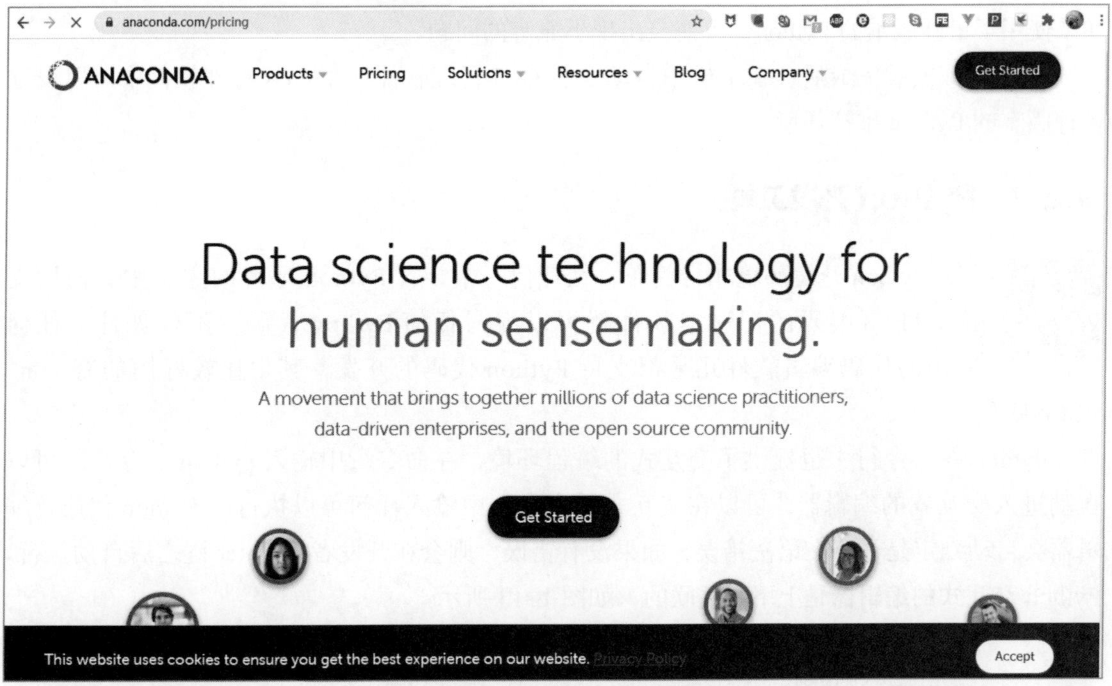

图 1-11 Anaconda 官网主页

Anaconda 提供多种版本的科学计算环境，可以在 Products 页面查看不同的版本，针对不同用户的版本其费用和功能不同，不过对于个人开发者而言，免费的个人版本已经可以满足需求。下载安装包后执行安装即可，安装完成界面如图 1-12 所示。

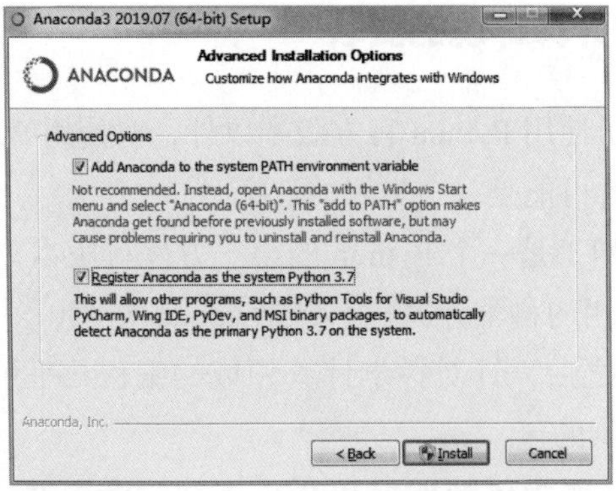

图 1-12　Anaconda 安装完成界面

Anaconda 安装包包含了标准的 Python 版本，安装完成后，本机可以直接在命令行中使用 Python 相关命令。Anaconda 一般针对 Python 版本的更新是落后于官方新版的，也就是说，如果使用了最新版本的 Python，可能会出现不兼容的问题。

Anaconda 安装完成后会在本机中自动安装 GUI 管理软件，在 GUI 管理软件中可以设置各种版本的 Python 虚拟环境。

1.2.3　Python 开发工具

扫一扫，看视频

Python 开发环境非常简单，在任何一个装有 Python 环境的主机中，使用支持 UTF-8 编码的记事本软件就可以编写任何 Python 代码。不仅如此，任何通用的代码编辑软件几乎都支持 Python 代码的开发，其中比较好用的有 vim、VSCode 等。

Python 在命令行中也提供了交互式的编程环境，在命令行中输入 python 命令，就可以自动进入交互式的编辑器，可以在交互式的命令行中输入任何可以执行的 Python 代码，编辑器会自动判定是否存在语法错误，如果没有错误，则会在开发者按 Enter 键之后自动执行。Python 交互式的编辑器是上下文关联的，如图 1-13 所示。

```
C:\Users\q5754>python
Python 3.9.1 (tags/v3.9.1:1e5d33e, Dec  7 2020, 17:08:21) [MSC v.1927 64 bit (AMD64)] on win32
Type "help", "copyright", "credits" or "license" for more information.
>>> a=10
>>> b=11
>>> a+b
21
>>> _
```

图 1-13　Python 交互式的编辑器

这样的编程方式肯定是不能用于开发大型工程的，一般开发大型工程或企业级工程都会使用一些集成开发环境（Integrated Development Environment，IDE），类似于微软公司的

VSCode 或 JetBrains 公司的 PyCharm 都是非常智能的集成开发环境。

现在使用 VSCode 进行代码编写的开发者越来越多，微软公司凭借免费、开源、轻量、跨平台的特点收获了一大批忠实用户，不同于庞大的功能完备的集成开发环境，如可用于编码、调试、测试和部署到任何平台的 Visual Studio，VSCode 更像是高效集成的开源版本产品，通过简单易用的 UI 及按需安装的插件可以进行任何语言的代码开发。

VSCode 官网地址为 https://code.visualstudio.com/，可以在官网下载免费且开源的 VSCode 最新版本的产品，如图 1-14 所示。

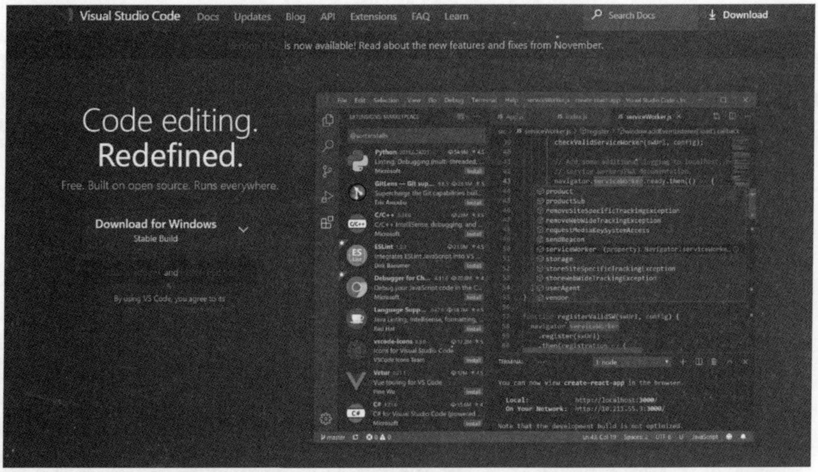

图 1-14　下载 VSCode 最新版本的产品

在安装完成 VSCode 之后，新建任何以“.py”结尾的 Python 代码文件，VSCode 会自动提示是否需要安装 Python 支持文件，如图 1-15 所示。

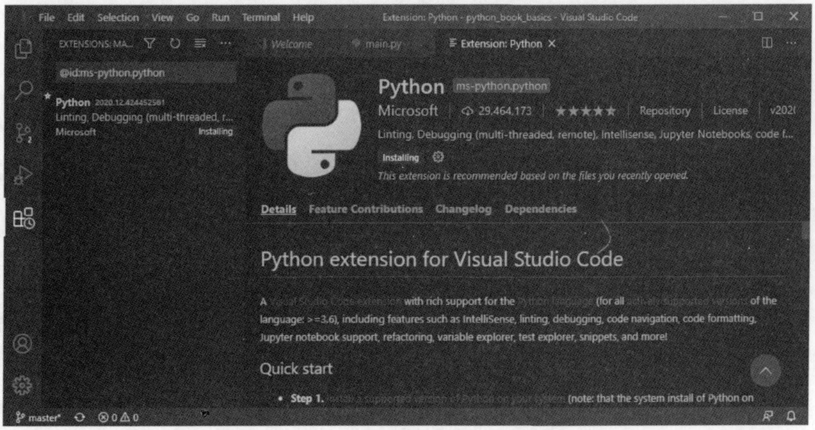

图 1-15　安装 Python 支持文件

安装完成后，VSCode 会拥有 Python 的错误检查和代码提示，直接运行 Python 编程程序等功能。

除了 VSCode 以外，另一个经常使用的集成开发环境是 JetBrains 公司的 PyCharm。JetBrains 公司总部及主要研发中心位于捷克，致力于为开发者打造高效智能的开发工具，其中 WebStorm、IntelliJ 都是非常优秀的集成开发环境。当然，专门用于 Python 开发的 PyCharm 也是其中之一。

PyCharm 的官网地址为 https://www.jetbrains.com/pycharm/，其主页如图 1-16 所示。

图1-16 PyCharm 官网主页

PyCharm 拥有两个版本，一个是社区版本（Community），免费供开发者使用，支持基础的 Python 开发运行，功能对于本书而言已经足够；另一个是专业版本（Professional），专业版本需要收费，支持 HTML 与 JavaScript 等语言的联合编写。使用 PyCharm 专业版本可以在不安装任何插件的情况下直接编辑 Python Web 程序，并且拥有 HTML、CSS、JavaScript、SQL 等语言的自动代码提示和纠错功能。

PyCharm 安装完成后不需要安装任何插件就可以完成 Python 代码的编写和纠错。PyCharm 界面如图 1-17 所示。

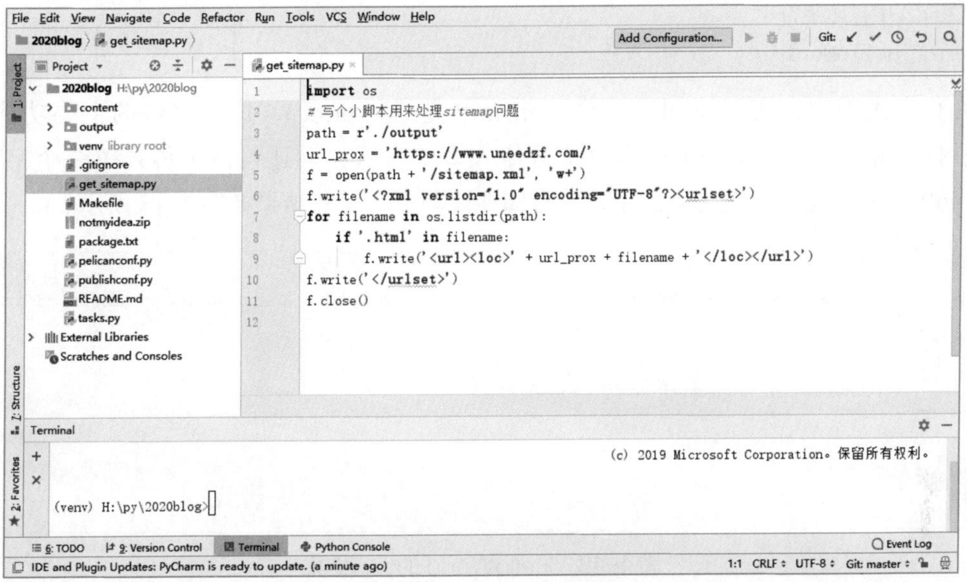

图1-17 PyCharm界面

> **注意：**本书中的Python代码工程截图均采用PyCharm。集成开发环境的选择并不会影响具体代码的运行结果，读者可以自行选择开发工具。

1.3 实战练习

HelloWorld实例是学习每一门语言都会遇到的第一个程序，也是本节中将会编写的第一个Python程序。

通过HelloWorld实例，可以快速地进入Python程序开发的学习中。

1.3.1 在屏幕中打印输出HelloWorld

扫一扫，看视频

在高级程序语言初次出现时，C编程系列的经典书籍*The C Programming Language*中使用HelloWorld作为第一个演示程序，这一习惯延续至今。对于任何一门编程语言的学习而言，一个标准的字符串输出意味着编程之旅的开始。

Python中的HelloWorld实例比很多语言简单得多，无须引入任何的头文件或包，也无须任何的入口函数或任何多余的操作，使用如下所示的代码就可以完成输出字符串的功能。

```
# 在屏幕中打印字符串
print('HelloWorld!')
```

在上述代码中，实际调用了一个 Python 内置函数 print()，这个函数的主要功能是在屏幕上打印相关的信息，print() 函数支持传入多个参数，上述代码中传入了一个字符串，为 'HelloWorld!'，这样会把传入的字符串打印在屏幕上，运行结果如图 1-18 所示。

图 1-18　HelloWorld 的运行结果

提示： 很多集成开发环境提供了方便的代码跳转功能，可以及时有效地关联目标代码。这里的目标代码不仅包括开发者自行编写的代码，还包括程序内置源码或引入包中的代码。例如，在 PyCharm 环境下，按住 Ctrl 键并单击需要查看的函数，会自动跳转至该函数的定义位置。如下所示的代码就是 Python 中包含的 print() 函数的声明，可以根据函数的声明和注释了解函数和参数的具体作用。

```
def print(self, *args, sep=' ', end='\n', file=None): # known special case of print
    """
    print(value, ..., sep=' ', end='\n', file=sys.stdout, flush=False)

    Prints the values to a stream, or to sys.stdout by default.
    Optional keyword arguments:
    file:  a file-like object (stream); defaults to the current sys.stdout.
    sep:   string inserted between values, default a space.
    end:   string appended after the last value, default a newline.
    flush: whether to forcibly flush the stream.
    """
    pass
```

编写的 Python 程序代码不同于在 Python 交互环境中按 Enter 键后会自动执行，在集成开发环境或笔记本中编写的代码会保存在一个文件中，一般而言，这个文件应当是以“.py”结尾的 Python 标准代码格式。

如果读者使用的是 IDE 开发环境，则可以单击 VSCode 右上角的运行按钮，或者在 PyCharm 的代码编辑窗口上右击，在弹出的快捷菜单中选择运行（Run）菜单项，如图 1–19 所示，IDE 会自动运行相应的代码文件。

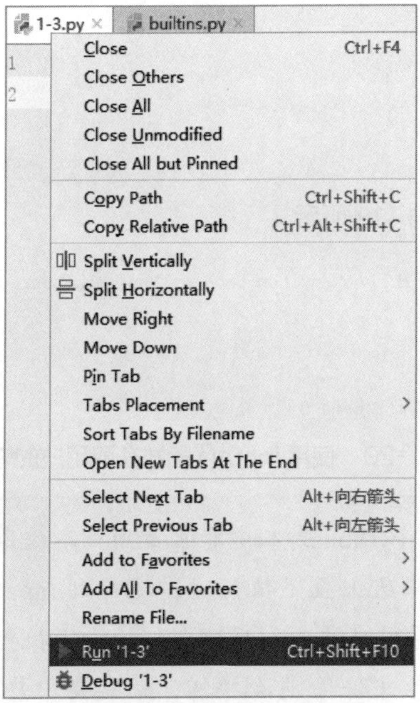

图 1–19　运行代码文件

实际上，这些 IDE 开发环境提供的运行方式本质上是使用命令行执行如下所示的命令完成的，读者可以使用 cd 命令进入目标文件夹，自行尝试并查看结果是否一致。

```
cd "项目文件夹地址"
python 1-3.py
```

1.3.2　从键盘输入获取数据

扫一扫，看视频

Python 不仅提供了方便的内置输出函数，还提供了方便使用的输入函数。这里需要使用一个新的函数 input()，该函数的作用是在命令行中获得用户输入的内容。可以给 input() 函数传递一个字符串对象，在 input() 函数输出字符串的同时，需要在外部接收一个键盘输入，并且可以返回这个输入对象来赋值给一个变量。

> **注意：** 使用 input() 函数获取的内容一定是一个字符串对象，虽然 Python 并不严格地指定变量的类型，但是很多应用场景下需要注意变量指向值的类型。

可以将 1.3.1 节中的 HelloWorld 实例进行更改，使程序可以输出用户期待输出的内容，修改后的代码如下所示。

```
# 使用 input() 函数获取用户的输入
text = input(" 请输入内容：")
print("Hello " + text)
```

运行上述代码，结果如图 1–20 所示。

```
F:\anaconda\python.exe H:/book/python-book/python_book_basics/python-code/1/1-4.py
请输入内容：Python
Hello Python

Process finished with exit code 0
```

图 1–20　使用 input() 函数获取用户的输入

> **提示：** input() 函数在 Python 脚本中非常常用，不仅仅用于获取用户通过键盘输入的信息。当程序代码从上至下执行时，运行到 input() 函数会自动挂起，暂停程序的执行，直到获得用户的输入后才会继续向下执行。所以，对于某些需要用户确认的场景，如删除文件等危险操作，就需要用户确认操作，此时 input() 函数可以作为提示配合条件判定语使用。

1.4 小结、习题与练习

1.4.1 小结

本章是 Python 的入门章节。俗话说，工欲善其事，必先利其器，对于编程语言的学习也是这样。只有熟悉程序语言的运行环境，找到适合的 IDE 开发环境，才能在之后的学习过程中一路顺风。

本章首先讲解了 Python 语言的历史、基本的 Python 环境的安装及 Anaconda 环境的安装；然后开发了第一个 Python 程序，介绍了什么是 Python 的输入和输出函数。这些内容都将是之后进行程序开发的基础。

1.4.2 习题

1.（判断题）Python 语言中的输出函数 print() 可以输出除了字符串以外的任何一种基础类型。(　　)

2.（判断题）Python 语言的诞生晚于 C 语言和 Java 语言。(　　)

3.（选择题）关于 Python 语言的适用范围和语言特点，以下选项正确的是（　　）。

A. Python 语言不支持开发 Android 系统的手机 APP

B. Python 语言在所有的应用场景中都可以非常方便地进行开发

C. 选择 Python 语言作为开发语言的原因是 Python 性能优秀

D. Python 语言是优秀的数据统计、机器学习语言

1.4.3 练习

为了巩固本章学习的知识，希望读者可以完成以下编程练习。

1. 在本机中安装 Python，并且在命令行工具下进行 Python 程序的运行。
2. 熟悉 IDE 开发环境，熟练掌握命令行工具的常用命令。
3. 练习编写 HelloWorld 实例程序，并尝试理解和修改相关的代码。

第 2 章

Python 快速入门（一）

本章将非常快速地介绍 Python 基础语法的相关知识，让读者尽快地达到读懂 Python 代码的目的。

扫一扫，看视频

本章的主要内容：

- Python 基础语法；
- Python 中的标识符与变量类型；
- Python 中的逻辑语句与运算符。

本章的思维导图：

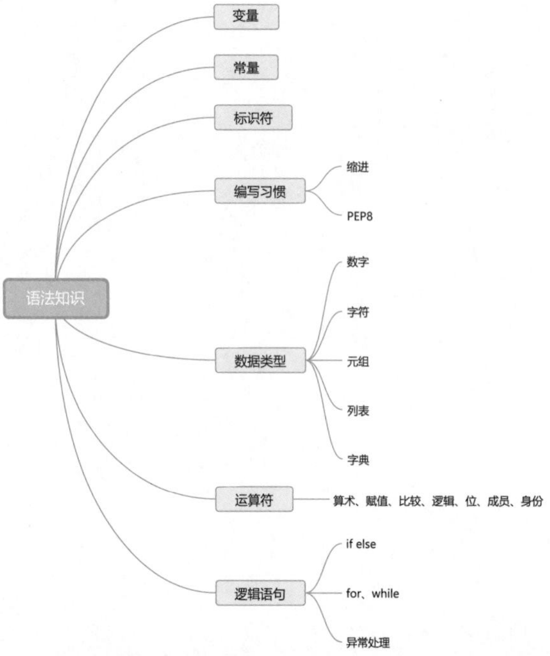

2.1 Python基础语法

学习一门自然语言，语法是非常重要的一部分，不符合语法的内容是错误的，可能无法被对方理解。对于计算机语言更是这样，不符合 Python 语法的代码直接被判定是错误的、无法运行的，所以要开始编程，学懂语法是非常重要的基础。

2.1.1 变量

扫一扫，看视频

变量的含义来源于数学，在计算机语言中是指能存储计算结果或能表示具体值的抽象概念。变量的意义在于方便使用和记忆每一段运算的结果或中间过程产生的值，类似于别名的概念。

Python 中的变量实现是通过引用的方式进行传递的，可以理解为 Python 的变量并不代表真实的赋值，而是存放真实值的地址信息。这就是 Python 在变量创建时无须指定数据类型，甚至可以将不同的数据类型的变量相互交换值的原因。

在 Python 中提供了 id() 函数用来判断当前变量指向的地址，可以根据以下代码增进理解：

```
# 新建变量 a，打印地址
a = 1
print(id(a))
# 新建变量 b，打印地址
b = 2
print(id(b))
# 新建变量 c，值与 a 变量相同
c = 1
print(id(c))
```

运行结果如图 2-1 所示。

```
F:\anaconda\python.exe H:/book/python-book/python_book_basics/python-code/2/2-1.py
140713356730768
140713356730800
140713356730768

Process finished with exit code 0
```

图 2-1　打印变量 id

在上述代码中，新建了三个变量，分别是 a、b、c。其中，变量 a 与变量 c 的值相同，通过 id() 函数打印后，发现变量 a 与变量 c 的打印结果也相同。这意味着变量 a 和变量 c 同时指向了内存中的一个位置，本质上是同一变量，这是 Python 的一种优化方式，节约了新建变量所需的空间。

当然，将变量 c 进行更改后，并不会改变变量 a 的值，这是因为 Python 虚拟机已经将变量之间的关系正确地处理了，无须开发者担心。代码实例如下所示：

```
# 新建变量 a，打印地址
a = 1
print(id(a))
# 新建变量 b，打印地址
b = 2
print(id(b))
# 新建变量 c，值与变量 a 相同
c = 1
print(id(c))
# 更新变量 c 的值
c = 3
print(id(c))
print(id(a))
```

运行结果如图 2-2 所示。

```
F:\anaconda\python.exe H:/book/python-book/python_book_basics/python-code/2/2-1-1-2.py
140713356730768
140713356730800
140713356730768
140713356730832
140713356730768

Process finished with exit code 0
```

图 2-2　更改变量后打印 id

注意： 自动变更变量的存储位置这种机制会在数据类型为字典等情况下失效，可以参考 2.3 节中数据类型的说明。

2.1.2　常量

扫一扫，看视频

常量广义上是指“不变化的量”，是指在编程语言中不会变动的数据的别称。在 Python 的内置命名空间中，False、True、None 等就是常量。

书中一般不会涉及 Python 常量的章节，这是因为 Python 并未提供如 C、C++ 或 Java 一样的 const 作为常量的修饰符。

Python 中确实不支持用户声明一个常量，虽然可以依托于自行实现类进行常量的模拟，但本质上 Python 并不能将常量和变量区分对待。

一般而言，Python 中任何一个名字都只是简单绑定，可以直接更改变量的实体。Python 程序一般通过约定俗成的变量名全大写的形式表示这是一个常量，当然这样的常量依旧是可以被修改的。只有通过自行定义常量实现类并通过该类进行实例化，才能实现常量“不能被修改”的要求。

在 Python 2 中有一个非常极端的实例，因为 True、False 在 Python 2 中并不是关键字，可以被重新赋值，所以以下代码在 Python 2 中是可以执行的：

```
# 交换 True 和 False 的值
True, False = False, True
```

注意： 在 Python 3 中，True、False 已经成为关键字，无法被赋值，所以上述代码无法成功运行。

2.1.3 标识符

扫一扫，看视频

在计算机编程语言中，标识符是用户编程时使用的名字，用于给变量、常量、函数、语句块等命名，使用别名的方式建立起名称与实体之间的关系。如 2.1.1 节中定义的变量 a 就是标识符，变量 a 指向的实体就是数字 1 存放的引用。

一般标识符由字母、数字、下画线及其他字符构成。Python 中的标识符可以由字母、数字、下画线组成，但不能以数字开头，否则编译器会报错，如图 2-3 所示。

```
F:\anaconda\python.exe H:/book/python-book/python_book_basics/python-code/2/2-1-3.py
  File "H:/book/python-book/python_book_basics/python-code/2/2-1-3.py", line 4
    1w=1
    ^
SyntaxError: invalid syntax

Process finished with exit code 1
```

图 2-3 不符合变量命名的标识符

同时，Python 中的标识符是区分大小写的，也就是变量 A 与变量 a 不是同一个变量，代码如下所示。

```
a = 200
A = 100
print(a-A)
```

上述代码的运行结果如图 2-4 所示。

```
F:\anaconda\python.exe H:/book/python-book/python_book_basics/python-code/2/2-1-3.py
100

Process finished with exit code 0
```

图 2-4　变量标识符

2.1.4　保留字符

扫一扫，看视频

Python 语言自定义的标识符除了必须符合规定以外，还应当不是 Python 系统的保留字。保留字是指在 Python 编写代码的过程中有特殊含义，已经作为关键字，或者是不能被改变的部分。

Python 中的保留字符如表 2-1 所示。

表 2-1　Python 中的保留字符

保留字	意　义
and	比较相似的运算符，与或逻辑
as	with-as 语句关键字
async	异步关键字
await	异步关键字
assert	断言，检查条件关键字，不符合就终止程序
break	循环控制关键字，跳出逻辑循环或代码块
class	类关键字
continue	循环控制关键字，继续执行
def	函数定义关键字
del	删除变量但不是实时清空变量占用的内存
elif	if 逻辑判断语句关键字
else	if 逻辑判断语句关键字
except	异常处理关键字
exec	动态执行 Python 代码

续表

保留字	意 义
finally	逻辑模块最终执行代码块
for	循环语句关键字
from	导入对应包的来源关键字
global	全局内容关键字
if	if 逻辑判断语句关键字
import	导入关键字，之后对应包名
in	包含于可迭代的对象
is	比较关键字，用于判断两个实例对象是不是完全相同
lambda	lambda 表达式
nonlocal	函数或其他作用域中使用外层（非全局）变量
not	否定前缀逻辑判断词
or	比较相似的运算符，与或逻辑
pass	空语句，是为了保持程序结构的完整性
print	打印输出
raise	主动抛出异常
return	返回数据或状态
try	异常处理关键字
while	循环语句关键字
with	with-as 语句
yield	生成器
False	逻辑关键字，否定状态
None	变量空状态
True	逻辑关键字，正确状态

随着 Python 版本的更新，很可能关键字也会出现变动。为了方便开发者查阅当前 Python 版本的关键字信息，Python 的标准库提供了一个 keyword 模块，可以输出当前 Python 版本的所有关键字。代码如下所示：

```
# 使用 import 包导入关键字包
import keyword
```

```
# 打印输出所有关键字
print(keyword.kwlist)
```

运行结果如图 2–5 所示。

```
H:\book\python-book\python_book_basics\python-code\2>python 2-1-4.py
['False', 'None', 'True', '__peg_parser__', 'and', 'as', 'assert', 'async', 'await', 'break', 'class', 'continue', 'def'
, 'del', 'elif', 'else', 'except', 'finally', 'for', 'from', 'global', 'if', 'import', 'in', 'is', 'lambda', 'nonlocal',
 'not', 'or', 'pass', 'raise', 'return', 'try', 'while', 'with', 'yield']

H:\book\python-book\python_book_basics\python-code\2>
```

图 2–5　打印当前 Python 版本的关键字

2.2 Python编写习惯

本节将介绍一些常用的 Python 编写习惯，虽然只要符合标识符命名规则的写法都可以被成功解析，但是在实际的 Python 代码编写中，有一些常用且默认的书写规则，符合这些规则的代码规范可以极大地提高程序的易读性。

2.2.1 Python 中的编码

扫一扫，看视频

在 Python 3 版本之后 Python 中默认使用 UTF–8（8-bit Unicode Transformation Format）编码。UTF–8 是一种针对 Unicode 的可变长度字符编码，由 Ken Thompson 于 1992 年创建。对于由国外程序员开发的计算机系统和代码而言，中文编码一直是一个复杂的问题，不过这个问题在 UTF–8 编码的标准出现之后得到了改善，UTF–8 致力于把全球语言纳入一个统一的编码。

注意：一般在通过 Python 3 实现的代码中可以直接支持中文字符及注释，而不需要特别指定编码方式。如果读者在网络中找到的实例代码手工声明了 UTF–8 编码，如下代码所示，则极有可能是 Python 2 版本的代码。

```
# -*- coding: UTF-8 -*-
```

Python 3 采用的字符串编码格式是 Unicode，即使代码文件头声明了其他编码格式，在内存中也会转换为 Unicode。

当然，UTF–8 编码并非没有缺点。UTF–8 编码虽然解决了众多不同国家和地区的文字编码问题，但是同时带来了存储空间的浪费和网络数据传输的冗长问题。

2.2.2 注释与缩进

扫一扫，看视频

对于一段代码而言，注释和文档是非常重要的组成部分，清晰的注释可以极大地提高代码的可读性，帮助开发者快速熟悉代码。

Python 中的注释一般提供了两种：多行注释与单行注释，这些注释均不会影响程序的运行。

多行注释可以将一段文字作为注释，使用“'''”（三个单引号）或“"""”（三个双引号）包裹需要注释的文字，可以实现多行注释，代码如下所示：

```
'''
Python 中的注释内容
Python 中的注释内容
'''
"""
Python 中的注释内容
Python 中的注释内容
"""
```

对于 Python 中的单行注释，可以使用“#”号，当然，也可以连续在多行使用“#”号实现多行注释效果，代码如下所示：

```
# Python 中的注释内容
# Python 中的注释内容
```

除了注释以外，在 Python 编码过程中最常使用的内容就是 Python 的缩进。Python 是一种依赖缩进进行层次划分的语言。

如果读者使用过其他编程语言，就会惊讶地发现在 Python 中并没有“{}”与“()”符号，所有代码的层次逻辑都是通过缩进来完成的，采用这样的方式极大地提高了代码的可读性，并且解决了花括号是否“换行”的问题。

包括 if 等逻辑语句的代码块，只需要通过缩进就可以实现代码的层次逻辑，如下所示：

```
# 获取键盘输入
a = int(input(" 请输入一个数字："))
# if 条件判定语句
if a < 10:
    # 当符合条件执行的代码块
    print(" 符合条件 ")
    print(" 输入的数字小于 10")
```

```
else:
    # 当不符合条件执行的代码块
    print(" 不符合条件 ")
    print(" 输入的数字大于或等于 10")
# 最终执行
print(" 再见 ")
```

也就是说，在 if 条件判定语句之内的语句，缩进之后的代码属于通过条件判定才会执行的代码，运行结果如图 2-6 所示。

```
F:\anaconda\python.exe H:/book/python-book/python_book_basics/python-code/2/2-2-2.py
请输入一个数字：21
不符合条件
输入的数字大于或等于10
再见

Process finished with exit code 0
```

图 2-6　代码缩进

只需要删除 else 代码块内部的缩进，就可以使运行结果变得不一致，修改后的代码如下所示。

```
# 获取键盘输入
a = int(input(" 请输入一个数字：")) 
# if 条件判定语句
if a < 10:
    # 当符合条件执行的代码块
    print(" 符合条件 ")
    print(" 输入的数字小于 10")
else:
    # 当不符合条件执行的代码块
    print(" 不符合条件 ")
print(" 输入的数字大于或等于 10")                # 删除这一行的缩进
# 最终执行
print(" 再见 ")
```

修改后的代码无论输入的数字是否小于 10，都会打印“输入的数字大于或等于 10”这句话，这是因为此时打印该字符串的代码不存在缩进，所以不属于 if…else 条件判定语句内部，运行结果如图 2-7 所示。

```
F:\anaconda\python.exe H:/book/python-book/python_book_basics/python-code/2/2-2-2.py
请输入一个数字：1
符合条件
输入的数字小于10
输入的数字大于或等于10
再见

Process finished with exit code 0
```

图 2-7　缩进错误

提示： 在 Python 中编写代码，缩进错误是非常容易出现的一种错误。在编写代码时疏忽大意，或者使用编辑器自动格式化代码都可能导致缩进产生问题，甚至有些缩进错误可以通过语法检查和运行检查。所以进行大量代码检查和内容测试是非常重要的。

2.2.3　PEP8 规范

扫一扫，看视频

PEP8 规范是 Python 编程中最新的代码样式指南，是一种 Python 标准的风格说明书，也是统一的代码样式规范。

PEP8 规范为 PEP 规范的一部分，是 Python 样式指南，PEP8 规范具体的要求和文档可以在 Python 官网的 PEP 规范文档中查找到各个不同的代码或风格增强建议，地址为 https://www.python.org/dev/peps/。

在 PEP8 规范中规定了包括但不仅限于缩进的类型、长度、空格等代码格式、字符串的引号和空白、注释、命名等内容，当然这些规定并不是强制的，可以根据开发者自己的风格进行改进。

下面讲解常见的一些内容。

- 缩进的规定

Python 中的缩进并不存在完全的规定，原则上一段代码只要自行风格统一，无论几个空格都可以编译运行，这就造成了一个问题：很可能两个程序员编写代码时采用的缩进方式不同。多个空格和 Tab 制表符混用会导致代码的编译或运行错误。

所以，在 PEP8 规范中，要求一个缩进级别均使用 4 个空格。并且在 Python 3 中直接禁用了空格和 Tab 制表符混用的情况。

当然，如果读者使用的是 PyCharm 这样的 IDE 开发环境，就无须担心这个问题，因为在 IDE 开发环境内部会自动将 Tab 制表符统一转换为 4 个空格。

- 空行的规定

PEP8 规范规定在新建类的上方应该有两个空行，而在类方法的定义时应该在上方留一个空行。

- 字符串引号的规定

PEP8 规范并没有对字符串引号进行要求，在 Python 中使用字符串时，无论使用单引号还是双引号都是可行的。需要注意的是，如果字符串中已经包含了某一种引号，则应该使用另一种引号作为字符串的标识。

- 注释的规定

PEP8 规范要求注释的英文首字符大写，并且推荐所有的注释均采用英文的方式进行书写。

- 命名的规定

对于模块和软件包，PEP8 规范推荐使用短小的英文小写字母进行命名，但是并不推荐使用下画线进行命名。同时对于建立的 class 类名需要使用大写字母开头的驼峰方式进行命名，尽量简短易懂。和其他编程语言中函数和变量的要求不同，PEP8 规范中对于变量和函数，要求必须使用全部小写的形式，在切分单词时使用下画线进行分隔，提高可读性。

如果需要使用常量，则 PEP8 规范要求采用全部大写字母的方式进行命名，同时单词与单词之间采用 "_" 形式的下画线进行分隔。

可以安装 autopep8 为 PyCharm 添加自动 PEP8 规范的支持，首先使用以下命令安装 autopep8，安装过程如图 2-8 所示。

```
pip install autopep8
```

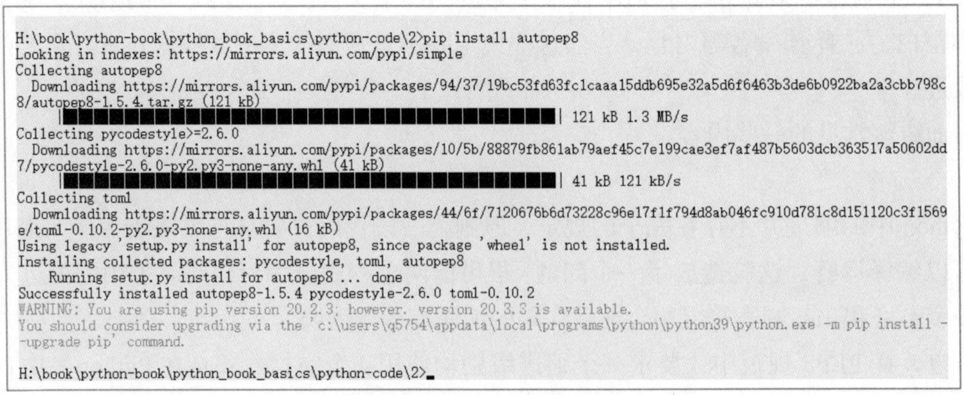
H:\book\python-book\python_book_basics\python-code\2>pip install autopep8
Looking in indexes: https://mirrors.aliyun.com/pypi/simple
Collecting autopep8
Downloading https://mirrors.aliyun.com/pypi/packages/94/37/19bc53fd63fc1caaa15ddb695e32a5d6f6463b3de6b0922ba2a3cbb798c8/autopep8-1.5.4.tar.gz (121 kB)
121 kB 1.3 MB/s
Collecting pycodestyle>=2.6.0
Downloading https://mirrors.aliyun.com/pypi/packages/10/5b/88879fb861ab79aef45c7e199cae3ef7af487b5603dcb363517a50602dd7/pycodestyle-2.6.0-py2.py3-none-any.whl (41 kB)
41 kB 121 kB/s
Collecting toml
Downloading https://mirrors.aliyun.com/pypi/packages/44/6f/7120676b6d73228c96e17f1f794d8ab046fc910d781c8d151120c3f1569e/toml-0.10.2-py2.py3-none-any.whl (16 kB)
Using legacy 'setup.py install' for autopep8, since package 'wheel' is not installed.
Installing collected packages: pycodestyle, toml, autopep8
Running setup.py install for autopep8 ... done
Successfully installed autopep8-1.5.4 pycodestyle-2.6.0 toml-0.10.2
WARNING: You are using pip version 20.2.3; however, version 20.3.3 is available.
You should consider upgrading via the 'c:\users\q5754\appdata\local\programs\python\python39\python.exe -m pip install --upgrade pip' command.
H:\book\python-book\python_book_basics\python-code\2>

图 2-8　autopep8 安装过程

然后编辑 PyCharm 的 Settings 选项，选中 External Tools 和 autopep8 复选框，配置如图 2-9 所示，这样就实现了将代码自动转换为 PEP8 规范规定的格式。

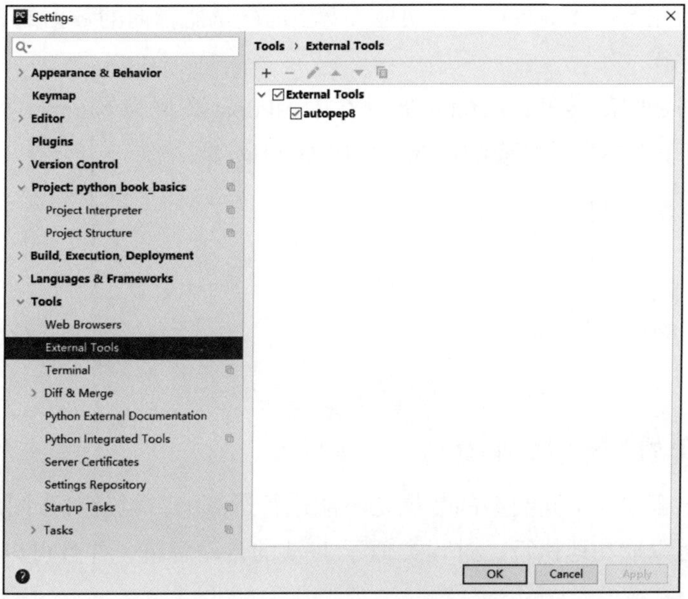

图 2-9　配置 autopep8 插件

2.3 数据类型

Python 是一种强类型的语言，但是它和传统强类型的语言又有所不同。Python 提供了大量封装完全且功能强大的基础数据类型。

2.3.1 数字类型

扫一扫，看视频

Python 数字类型用于存储数值，这些数值可以用于计算。Python 数字标准类型分为三种，如表 2-2 所示。

表 2-2　数字标准类型

类　型	说　明	示　例
int	整型数字	1、2、3、4000
float	浮点型	0.001、1.1、32.3e+18
complex	复数的实数部分和虚数部分	5+0j

在 Python 应用场景中，数值的计算是非常重要的内容，绝大部分应用场景无法离开数值的运算。

在 Python 中使用 type() 函数可以方便地查看当前变量所指向的数据的真实类型，并可以根据返回值进行判定。

为了简化数据之间的转换，Python 统一了 int 和 float 类型为 Number 类型，这三种类型的数据在某些情况下存在自行转换的情况，代码如下所示。

```
# 新建变量 a 为 int 类型
a = 10
print(type(a))
# 新建变量 b 为 float 类型
b = 0.01
c = a + b
print("c 的类型为：" + str(type(c)) + ",c 的值为：", c)
```

在强类型的语言中，不同类型的数据是不能进行运算的，但是对于同属 Number 类型的数据，上述代码可以成功地执行，过程类似于 Java 的自动解包，并且可以输出期待的结果，如图 2-10 所示。

```
F:\anaconda\python.exe H:/book/python-book/python_book_basics/python-code/2/2-3-1.py
<class 'int'>
c的类型为：<class 'float'>,c的值为： 10.01

Process finished with exit code 0
```

图 2-10　数字类型加和

2.3.2　字符串类型

扫一扫，看视频

字符串类型可以说是最常用的一种数据类型，虽然字符串类型并不是很多语言中的基础类型，但是字符串的重要性不可或缺。

在 Python 中字符串是指使用单引号或双引号包裹的一段字符的合集。Python 中的字符串支持转义字符，并且可以使用迭代器进行字符串的循环。

Python 中内置了一些可以对字符串进行操作的函数，常用的字符串函数如表 2-3 所示。

表 2-3　常用的字符串函数

函　数	说　明
capitalize()	将字符串的第一个字符转换为大写
center(width, fillchar)	返回一个指定的宽度 width 居中的字符串，fillchar 为填充的字符，默认为空格

续表

函 数	说 明
count(str, beg= 0,end=len(string))	返回 str 在 string 中出现的次数，如果 beg 或 end 已指定，则返回指定范围内 str 出现的次数
encode(encoding='UTF-8',errors='strict')	以 encoding 指定的编码格式编码字符串
endswith(suffix, beg=0, end=len(string))	检查字符串是否以指定后缀结尾
expandtabs(tabsize=8)	把字符串 string 中的 tab 符号转为空格，默认一个 tab 符号为 8 个空格
find(str, beg=0, end=len(string))	寻找 str 是否在整个字符串中，从左到右，返回该索引值或 -1
index(str, beg=0, end=len(string))	寻找 str 是否在整个字符串中，如果没有找到，则出现异常
rfind(str, beg=0,end=len(string))	查找字符串的内容，自右向左
rindex(str, beg=0, end=len(string))	查找字符串的内容，自右向左，如果不存在，则返回异常
isalnum()	是否都是字母或数字
isalpha()	是否都是字母
isdigit()	是否都是数字
islower()	是否都是小写
isnumeric()	是否只包含数字字符
isspace()	字符串是否仅包含空格
isupper()	是否都是大写
join(seq)	以指定字符串为分隔符，将 seq 中的全部元素合并为新字符串
len(string)	返回字符串的长度
lower()	将字符串的所有大写字符转换为小写字符
swapcase()	将字符串中的大写字符转换为小写字符，小写字符转换为大写字符
lstrip()	删除左边的全部空格或指定的字符
max(str)	返回字符串 str 中最大的字符
min(str)	返回字符串 str 中最小的字符
replace(old, new [, max])	替换，将 old 替换为 new，max 为最大替换不超过几次
rjust(width,[, fillchar])	返回的字符串右对齐，使用空格或指定字符填充原本字符串
rstrip()	删除字符串末尾的空格
split(str="", num=string.count(str))	如果 num 有指定值，则以 str 为分隔符截取字符串
startswith(substr, beg=0,end=len(string))	检查字符串是否以指定子字符串 substr 开头
strip([chars])	在字符串上执行 lstrip() 和 rstrip() 函数
title()	将字符串标题化，并且其内容都以大写字符开始，其余为小写字符
istitle()	判断是否经过了标题化

2.3.3 元组类型

扫一扫，看视频

元组类型是 Python 中一种特殊的数据类型，元组类型的最大特点在于元素不能通过数据索引进行直接修改，也就是说属于一种不可变的数据类型。

元组相当于一系列的数据合集，这些数据可以是同一类型，也可以是不同类型但相关的数据。代码如下所示。

```
# 元组
tuple=("元素1","元素2","元素3")
```

在 Python 中定义一个元组，使用小括号将所有元素括起来，并且元素与元素之间采用逗号进行分隔，元组支持索引取值操作，取值代码如下所示：

```
# 元组
tuple=("元素1","元素2","元素3")
print(tuple[1])
```

运行结果如图 2–11 所示。

```
F:\anaconda\python.exe H:/book/python-book/python_book_basics/python-code/2/2-3-3.py
元素2

Process finished with exit code 0
```

图 2–11 元组取值操作的运行结果

注意：在所有的编程语言中有序集合类型的数据结构的索引几乎都是从 0 开始的，也就是说，数据内部的第一个数据对应的索引是 0，最后一个数据对应的索引是总数据的长度减去 1。

虽然元组数据可以通过索引取值，但是不能通过索引进行数据的修改。如果强行修改，会出现如图 2–12 所示的错误。

```
# 元组
tuple=("元素1","元素2","元素3")
# print(tuple[1])
tuple[0]=2
```

```
F:\anaconda\python.exe H:/book/python-book/python_book_basics/python-code/2/2-3-3.py
Traceback (most recent call last):
元素2
  File "H:/book/python-book/python_book_basics/python-code/2/2-3-3.py", line 4, in <module>
    tuple[0]=2
TypeError: 'tuple' object does not support item assignment

Process finished with exit code 1
```

图 2-12　元组数据不支持修改

为了操作方便，Python 针对元组对象提供一些常用的内置函数，如表 2-4 所示。

表 2-4　元组常用的函数

函　数	说　明
len(tuple)	获取元组的个数
max(tuple)	获取元组中的最大值
min(tuple)	获取元组中的最小值
tuple(seq)	将列表转换为元组

2.3.4　列表类型

扫一扫，看视频

列表类型和元组类型的使用几乎一致，但列表是可以被修改的内容，类似于其他编程语言中经常使用的数列数据类型。Python 中的列表更加强大，本身就是一个已经提供了完善的进栈出栈方法、入队出队方法的数据结构。

列表采用“[]”符号将所有的数据括起来，并且采用逗号分隔各个数据元素，数据元素之间不需要是相同的数据类型，代码如下所示。

```
# 列表
list=[1,2,3,4]
print(list)
# 对列表进行修改
list[0]=0
print(list)
```

运行结果如图 2-13 所示。

```
F:\anaconda\python.exe H:/book/python-book/python_book_basics/python-code/2/2-3-4.py
[1, 2, 3, 4]
[0, 2, 3, 4]

Process finished with exit code 0
```

图 2-13 修改列表中的值

Python 针对列表类型中数据的添加和删除等操作也提供了许多常用的方法，如表 2-5 所示。

表 2-5 列表常用的方法

方 法	说 明
list.append(obj)	将 obj 内容加入列表中
list.count(obj)	以 obj 为标准，统计在列表中出现的总次数
list.extend(seq)	在已有列表的末尾合并另一个列表或多个值
list.index(obj)	查找该元素的索引下标值
list.insert(index, obj)	插入一个元素
list.pop([index=-1])	移除列表中的一个元素，默认以栈的形式对末尾元素进行出栈处理
list.remove(obj)	删除列表中的某一个匹配值，会返回匹配的该元素
list.reverse()	对列表中的元素顺序进行翻转
list.sort(key=None, reverse=False)	将列表进行排序
list.clear()	清空列表中的内容
list.copy()	复制列表

通过列表类型可以实现一个简单的队列数据结构。队列数据结构是非常常用的数据结构，该数据结构的特点是先入先出，就像是排队买票一样，首先进入队伍的元素可以较早地买到票（出队）。

像很多电商网站的秒杀或 12306 购票网站的排队抢票，都是使用列表实现队列数据结构的具体应用场景，代码如下所示。

```
# 用列表实现队列数据结构
# 空列表
list = []
# while 循环，这是一个无限执行的循环
while True:
```

```
    item = input("请输入入队元素：")
    # 列表末尾入队
    list.append(item)
    out = input("是否执行出队（输入 1 为出队，其他为不执行操作）：")
    # 使用 if 语句判定是否执行出队操作
    if out == '1':
        # 将第一位置（索引为 0）的元素出队
        list.pop(0)
    print("当前队列为：",list)
```

上述代码使用 while 循环可以不断地从键盘中获得入队的数据，通过 if 语句判断是否执行队列的出队操作。运行结果如图 2-14 所示。

```
F:\anaconda\python.exe H:/book/python-book/python_book_basics/python-code/2/2-3-4-1.py
请输入入队元素：1
是否执行出队（输入1为出队，其他为不执行操作）：
当前队列为： ['1']
请输入入队元素：2
是否执行出队（输入1为出队，其他为不执行操作）：
当前队列为： ['1', '2']
请输入入队元素：3
是否执行出队（输入1为出队，其他为不执行操作）：1
当前队列为： ['2', '3']
请输入入队元素：
Process finished with exit code -1
```

图 2-14　队列数据结构的实现

2.3.5　字典类型

扫一扫，看视频

字典类型是另一种可变的数据集合类数据类型。字典类型类似于用于数据传输的 JSON 格式，采用 K-V（键值对 Key-Value）形式进行数据保存。使用这种数据类型的最大优点是在与网络交换数据时可以直接解析（JSON），或者某些采用键值对形式保存数据的数据库（MongoDB）可以直接解析和使用数据。

定义字典类型的代码如下所示。

```
dic = {"movie": "八佰", "director": ["管虎", "葛瑞"]}
```

字典是 Python 中独有的类型，其可以由任何数据类型组成。通过“{}”花括号进行数据的包裹，每一个数据对应一个键值对，数据之间使用逗号分隔，键值对之间使用“:”分隔。

可以通过固定的键对字典中的值进行访问，代码如下所示。

```
dic = {"movie": " 八佰 ", "director": [" 管虎 ", " 葛瑞 "]}
print(dic['movie'])
```

运行结果如图 2–15 所示。

```
F:\anaconda\python.exe H:/book/python-book/python_book_basics/python-code/2/2-3-5.py
八佰

Process finished with exit code 0
```

图 2–15　访问字典中的值的方式

Python 提供了一些内置函数和方法，用于获得字典的长度或类型，如表 2–6 所示。

表 2–6　字典的内置函数和方法

函数或方法	说　明
len(dict)	获得字典的长度，键值对的个数
radiansdict.clear()	删除字典内的所有元素
radiansdict.copy()	返回一个字典的浅拷贝
dict.fromkeys(seq[, value])	创建一个新字典，以序列 seq 中的元素作为字典的键，val 为字典的所有键对应的初始值
radiansdict.get(key, default=None)	返回指定键的值
radiansdict.items()	以列表返回可遍历的 (键 , 值) 元组数组
radiansdict.setdefault(key, default=None)	如果键不存在于字典中，则会添加键并将值设为 default
radiansdict.update(dict2)	合并更新，把字典 dict2 的键值对更新到 dict 中
radiansdict.values()	返回一个迭代器，以 value 为准
radiansdict.keys()	返回一个迭代器，以 key 为准
radiansdict.pop(key[,default])	删除字典给定键 key 所对应的值，返回值为被删除的值，必须给出 key 值
radiansdict.popitem()	随机返回并删除字典中的最后一个键值对

如果是字典类的复杂的数据结构，就涉及数据的深浅拷贝问题，如下使用字典数据结构的代码所示。

```
dic = {"movie": " 八佰 ", "director": [" 管虎 ", " 葛瑞 "]}
print(dic['movie'])
# 新建变量 dic2，使其与 dic 相等
dic2 = dic
# 修改 dic2 的值
```

```
dic2["movie"] = " 肖申克的救赎 "
print(dic)
```

期待的运行结果应当是怎样的？如果只是按代码字面意义理解，则最终的结果变量 dic 的值不会改变，但是在实际的运行中，变量 dic 随着变量 dic2 的更改也发生了变化，如图 2–16 所示。

```
F:\anaconda\python.exe H:/book/python-book/python_book_basics/python-code/2/2-3-5-1.py
八佰
{'movie': '肖申克的救赎', 'director': ['管虎', '葛瑞']}

Process finished with exit code 0
```

图 2–16　变量的修改结果

这是因为变量 dic2 指向的内容依旧是变量 dic 指向的内容，也就是说，在修改内容后，两个变量的 id 并没有发生任何变化，如图 2–17 所示。

```
print(id(dic))
print(id(dic2))
```

```
F:\anaconda\python.exe H:/book/python-book/python_book_basics/python-code/2/2-3-5-1.py
八佰
1486703901736
1486703901736

Process finished with exit code 0
```

图 2–17　两个变量的 id

针对这种情况，一般解决办法是采用深拷贝的形式进行两个字典变量的赋值，最简单的一种方式就是引用 copy 包，代码如下所示。

```
import copy
dic = {"movie": " 八佰 ", "director": [" 管虎 ", " 葛瑞 "]}
# 新建变量 dic2 使其与 dic 相等
dic2 = copy.deepcopy(dic)
# 修改 dic2 的值
dic2["movie"] = " 肖申克的救赎 "
print(dic)
print(dic2)
```

上述代码使用了 copy 包中的 deepcopy() 函数进行深拷贝，运行结果如图 2–18 所示。

```
F:\anaconda\python.exe H:/book/python-book/python_book_basics/python-code/2/2-3-5-2.py
{'movie': '八佰', 'director': ['管虎', '葛瑞']}
{'movie': '肖申克的救赎', 'director': ['管虎', '葛瑞']}

Process finished with exit code 0
```

图 2-18　深拷贝的结果

2.3.6 类型之间的转换

扫一扫，看视频

在 Python 的所有基础类型中，一般只支持同一类型的数据进行运算或连接，但是在某些应用场景中，函数的返回值可能并不是真正需要的数据类型。

例如，使用 input() 函数获取用户的输入，在某些情况下，需要的值可能是 Number 类型，但是 input() 函数所有的数据返回的一定是字符串。

如下代码在执行时就会产生错误，如图 2-19 所示。

```
# 获取用户输入
a = input("输入一个数字：")
# 打印输入类型
print(type(a))
# 执行算术乘法运算
b = 2 * a
```

```
F:\anaconda\python.exe H:/book/python-book/python_book_basics/python-code/2/2-3-6.py
输入一个数字：12
<class 'str'>
Traceback (most recent call last):
  File "H:/book/python-book/python_book_basics/python-code/2/2-3-6.py", line 6, in <module>
    b = 2 + a
TypeError: unsupported operand type(s) for +: 'int' and 'str'

Process finished with exit code 1
```

图 2-19　数据类型引起的运算错误

不仅可能会产生如此错误，而且不注意变量的类型还有可能导致程序出现未知的情况，如下代码所示，将本节第一个实例中的加法改为乘法。

```
# 获取用户输入
a = input("输入一个数字：")
# 打印输入类型
print(type(a))
# 执行算术乘法运算
```

```
b = 2 * a
print(b)
```

此时程序代码不会出现错误，因为对于字符串类型，在 Python 编程环境中也存在“乘法”运算，运行结果如图 2–20 所示。

```
F:\anaconda\python.exe H:/book/python-book/python_book_basics/python-code/2/2-3-6.py
输入一个数字：12
<class 'str'>
1212

Process finished with exit code 0
```

图 2–20　字符串的乘法运算

所以，必须每一步都要严格控制变量的类型。例如，上述程序需要使用强制类型转换函数进行数据类型的转换，将字符串转换为可以计算的数字类型，运行结果如图 2–21 所示。

```
# 获取用户输入
a = int(input(" 输入一个数字："))
# 打印输入类型
print(type(a))
# 执行算术乘法运算
b = 2 * a
print(b)
```

```
F:\anaconda\python.exe H:/book/python-book/python_book_basics/python-code/2/2-3-6-1.py
输入一个数字：12
<class 'int'>
24

Process finished with exit code 0
```

图 2–21　将字符串强制转换为整数

在 Python 中，所有的类型都提供了强制类型转换函数。常用的数据类型转换函数如表 2–7 所示。

表 2–7　常用的数据类型转换函数

函　数	说　明
int(x)	将全部的类型转换为数字（整数）型，会丢失精度
float(x)	转换为浮点型，整数转换时会使用 0 补齐小数位
complex(x ,y)	将 x 和 y 转换为一个复数，实数部分为 x，虚数部分为 y。x 和 y 是数字表达式

续表

函　数	说　明
str(x)	将所有类型强制转换为字符串类型
repr(x)	一个对象的字符串类型
eval(str)	执行 str 内容的字符串表达式，返回计算的结果
tuple(seq)	将元组、列表、字典转换为元组。如果参数为字典，则返回字段的 key 组成的集合
list(seq)	将元组、字典、列表转换为列表，如果参数为字典，则返回字段的 key 组成的集合
set(seq)	将一个可迭代对象转换为可变集合，并且去除重复值
frozenset(seq)	将一个可迭代元组、字典、列表转换成不可变集合
chr(x)	用一个范围在 range（256）内的整数（就是 0 ~ 255）作为参数
ord(x)	返回对应的 ASCII 数值或者 Unicode 数值
hex(x)	把一个整数转换为十六进制字符串
oct(x)	把一个整数转换为八进制字符串

2.4 Python运算符

运算符是变量与变量之间的联系，也是形成完整程序的重要组成部分。运算符并不单指算术运算符的加、减、乘、除，也包括对变量进行比较赋值及逻辑判断。本节将学习这些不同的运算符。

2.4.1 算术运算符与赋值运算符

扫一扫，看视频

算术运算符是指数值运算，也就是最为常见的加、减、乘、除、取模和幂运算。这些算术运算符如表 2-8 所示。

表 2-8　算术运算符

算术运算符	说　明
+	两个数值相加
-	两个数值相减
*	两个数值相乘
/	两个数值相除

续表

算术运算符	说　明
%	模运算，取除法运算后结果的余数
**	幂运算
//	整除运算，取除法运算后结果的整数位

大多数编程语言中的算术运算符是大同小异的，但在 Python 中有一点不同，就是 Python 中的算术运算并没有自增和自减操作。这是因为自增和自减操作数和运算符的位置可能会导致程序出现异议或变得难以理解，所以 Python 抛弃了这种写法。

赋值运算符是作为算术运算符的补充内容，简单来说就是将一个值赋予一个变量或将一个变量的值经过改变后赋予另一个变量。

常用的赋值运算符如表 2-9 所示。

表 2-9　常用的赋值运算符

赋值运算符	说　明
=	结果赋值内容
+=	加法赋值运算
-=	减法赋值运算
*=	乘法赋值运算
/=	除法赋值运算
%=	取模赋值运算
**=	幂赋值运算
//=	取整除赋值运算

Python 缺乏自增自减的操作，但是这并不代表 Python 必须中规中矩地编写“a=a+1”这样的运算式，自增或自减操作也可以使用赋值运算符实现，代码如下所示。

```
# 算术运算符
a = 1
b = 3
# 自增操作
a += 1
# 自减 2 操作
b -= 2
print(a)
```

```
print(b)
```

上述代码的运行结果如图 2-22 所示。

```
F:\anaconda\python.exe H:/book/python-book/python_book_basics/python-code/2/2-4-1.py
2
1

Process finished with exit code 0
```

图 2-22　Python 中的自增与自减运算结果

2.4.2　比较运算符

扫一扫，看视频

比较运算符用于 Python 的逻辑判定，判断变量相等或不等，常用于 if 条件判定语句或充当循环语句中的条件。

常见的比较运算符如表 2-10 所示。

表 2-10　常见的比较运算符

比较运算符	说　明
==	等于或内容相同
!=	不等于
>	大于
<	小于
>=	大于等于
<=	小于等于

一般比较运算符对比两个变量的大小或者等于与不等于的关系，返回布尔型的数值进行之后的判定，可以使用 print() 函数输出。

比较运算符不仅可以用于数字类型的变量，而且可以用于大多数数据类型中，代码如下所示。

```
# 比较运算符
a = "这是字符串"
b = "字符串"
c = 5
d = 5.1
# 对比两个字符串
print(a > b)
```

```
# 对比 int 与 float
print(c < d)
```

上述代码的运行结果如图 2-23 所示。

```
F:\anaconda\python.exe H:/book/python-book/python_book_basics/python-code/2/2-4-2.py
True
True

Process finished with exit code 0
```

图 2-23　比较运算符的使用

需要注意的是，不同类型的数据在经过类型转换前是不能对比的。

2.4.3　逻辑运算符

扫一扫，看视频

逻辑运算符一般用于两者之间的逻辑处理关系，表示“或”关系或“且”关系等，一般会在 if 语句中作为两个条件判定的连接关键字。

与常见的编程语言中采用符号的形式不同，在 Python 中逻辑运算符采用关键字的形式进行表示，其中包括 and（且）、or（或者）和 not（否定）。

结合这三个逻辑运算符，可以方便地实现对一个条件的否定，或者并联两个以上的条件，以达到条件判定的目的。

如下代码所示，设定了一个变量 a 及一个列表对象，使用 if 语句进行条件判定，该条件判定存在三个条件，其中，变量 a 不存在于 list 中与 a 大于 10 这两个条件通过 or 连接，变量 a 大于 10 与变量 a 小于 25 这两个条件使用 and 连接。

```
a = 9
# 设定一个列表对象
list = [1,10, 20, 30]
# if 条件判定
if a not in list or a>10 and a<25:
    print(" 变量 a 符合条件 ")
```

上述实例中特别需要注意的是条件运算符的优先顺序，同级运算符的优先顺序是从左到右，且比较运算符的优先级高于逻辑运算符，所以当 a=9 时也符合条件。运行结果如图 2-24 所示。

```
F:\anaconda\python.exe H:/book/python-book/python_book_basics/python-code/2/2-4-3.py
变量a符合条件

Process finished with exit code 0
```

图 2-24　逻辑运算符的使用

2.4.4 位运算符

扫一扫，看视频

第 1 章中讲过任何一台计算机执行的命令本质上都是由 0 和 1 这样的二进制位组成的，而位运算符就是为了进行二进制运算。

在位运算中涉及数字转换的存储方式，感兴趣的读者可以自行了解数字如何在计算机中保存以及补码符号位等概念。

常用的位运算符如表 2–11 所示。

表 2–11 常见的位运算符

位运算符	说 明
&	按位与运算符：参与运算的两个值，如果两个相应位都为 1，则该位的结果为 1；否则为 0
|	按位或运算符：只要对应的两个二进制位有一个为 1 时，结果位就为 1
^	按位异或运算符：当两个对应的二进制位相异时，结果为 1
~	按位取反运算符：对数据的每个二进制位取反，即把 1 变为 0，把 0 变为 1
<<	左移动运算符：运算数的每个二进制位全部左移若干位，由“<<”右边的数指定移动的位数，高位丢弃，低位补 0
>>	右移动运算符：把“>>”左边的运算数的每个二进制位全部右移若干位，“>>”右边的数指定移动的位数

2.4.5 成员运算符和身份运算符

扫一扫，看视频

成员运算符是 Python 中非常独特的一种运算符号，这种符号可以极大地简化编程中某些重复的写法，成员运算符只有一个 in 关键字，表示“存在”“其中一部分”的意思，所以称为成员运算符。

例如，可以使用 in 运算符判定列表或任何一个可以迭代的对象中是否含有某一个值，代码如下所示。

```
# 初始化变量
numberList = [1, 2, 3, 4, 5]

# in 运算符
print('4 是否在 list 中：', 4 in numberList)
```

或者结合 for 语句进行可迭代对象的遍历访问，代码如下所示。

```
# 使用循环输出内容
for item in numberList:
    print(" 打印每一个成员：", item)
```

运行结果如图 2-25 所示。

```
F:\anaconda\python.exe H:/book/python-book/python_book_basics/python-code/2/2-4-5.py
4是否在list中： True
------成员运算符使用------
打印每一个成员： 1
打印每一个成员： 2
打印每一个成员： 3
打印每一个成员： 4
打印每一个成员： 5

Process finished with exit code 0
```

图 2-25 用成员运算符实现遍历访问

身份运算符和成员运算符相似，都是通过表示“含有”意义的关键字完成的数据判定操作。顾名思义，身份运算符就是用于判定对象身份的运算符，身份运算符只有一个 is，表示“是”的含义。is 运算符可以结合逻辑运算符 not 实现 is not，表示“不是”的含义。

身份运算符和比较运算符“==”在某些应用场景中是一致的，但并不是全部情况下都一致，身份运算符更加注重“是”的概念，而不是“相等”的概念。

当两个变量使用 id() 方法打印的内容一致时，“is”和“==”一致，但是当两者通过 id() 方法获取的不是相同的值时，“==”认为两者的值相等，所以返回 True，而身份运算符认为两者并不是指向一个对象，所以返回的是 False。代码如下所示。

```
# 变量为 Number 类型时
a = 2
b = 2
print(a is b)
print(a == b)
# 变量为元组类型时，值需要在 -5~256（64 位系统）范围外
t1=(257,2,3)
t2=(257,5,4)
print(id(t1[0]))
print(id(t2[0]))
print(t1[0] is t2[0])
print(t1[0] == t2[0])
```

运行结果如图 2-26 所示。

```
F:\anaconda\python.exe H:/book/python-book/python_book_basics/python-code/2/2-4-5-1.py
True
True
2343068493712
2343100121872
False
True

Process finished with exit code 0
```

图 2-26　身份运算符和比较运算符的比较

注意：在 64 位的系统中，Python 中的 int 数据类型在一定的范围内（–5~256）如果两个变量引用的是同一个内存地址，使用“is”关键字和“==”运算符的结果一致。将上述代码中的 257 改为 256，可以得到如图 2-27 所示的结果。但是当 int 类型数据超过了这个范围，则“is”关键字和“==”运算符的结果可能不同。

```
F:\anaconda\python.exe H:/book/python-book/python_book_basics/python-code/2/2-4-5-1.py
True
True
140732604858736
140732604858736
True
True

Process finished with exit code 0
```

图 2-27　数字 257 改为 256 时的运行结果

2.4.6　运算符优先级

扫一扫，看视频

和数学的四则混合运算中乘除法的运算优先于加减法一样，在 Python 中也存在运算符优先级的问题，不同的运算符在一起执行操作时存在前后顺序。如果使用这些运算符时无法明确这些运算符具体的执行顺序，则很可能得到错误的结果。

Python 中的运算符相对符合常规认识，如下所示：

```
a = 2
b = 2
c = a**+b*b-a/b+(a-b)*a
print(c)
```

上述代码的运行结果为 7，和实际中数学运算式的结果一致。在 Python 中，小括号可以改变原本的运算顺序。Python 中常见运算符的优先级如表 2-12 所示。

表 2-12　Python 中常见运算符的优先级

运算符	说　明	优先级
**	指数运算	1
~	位翻转运算符	2
*、/、%、//	乘、除、取模和整除运算符	3
+、-	加法、减法运算符	4
<<、>>	左移和右移运算符	5
&、^、|	位运算符	6
< 、=<、>、>=、==、!=	比较运算符	7
=、%=、……、is/is not、in/not in	赋值运算符、身份运算符、成员运算符	8
not/and/or	逻辑运算符	9

注意：在表 2-12 中代表优先级的数字越小，表示运算符的优先级越高。

提示：在运算符多处使用的场景中，可以采用分离语句的形式进行简化，虽然这样会导致代码行数增加，但是极大地提高了代码的可读性。遇到判别不清优先级的运算符，也可以使用小括号区分计算步骤，使逻辑更加清晰。

2.5 Python中的逻辑语句

Python 中的逻辑语句是代码的“骨骼”，只有通过条件的判定和自动迭代循环，程序才能完成重复的运算和复杂的操作。

2.5.1 条件判定 if 语句

扫一扫，看视频

在前面的章节中使用了很多次 if 语句，if 语句的结构非常简单。在 if 结构中 if 后跟随第一个条件，如果条件仅有两个结果，直接使用 if… else…结构即可。如果存在多种判定条件，则需要结合 if⋯elif⋯else⋯结构，代码如下所示。

```
if 条件1：
    逻辑语句
elif 条件2：
    逻辑语句
elif 条件3：
    逻辑语句
else：
    不符合条件1、2、3时执行的语句
```

需要注意的是，在 Python 中不存在多条件判定的 switch⋯case 语句。虽然可以使用对象模拟实现自定义的 switch⋯case 语句，但是 Python 官方推荐使用 if⋯elif⋯else⋯语句实现多条件判定。

例如，下面的逻辑判定代码，通过用户输入的用户名和密码进行身份识别，实现模拟登录。

```
# 设定默认的用户名和密码
username = 'admin'
password = 'admin'

user_input_username = input('输入用户名：')
user_input_password = input('输入密码：')

if user_input_username == username and user_input_password == password:
    # 用户名验证成功
    print('登录成功！')
elif user_input_username == username and not user_input_password == password:
    # 密码和用户名不相符
    print('登录错误！')
elif not user_input_username == username and user_input_password == password:
    # 用户名错误
    print("用户名不存在")
else:
    # 密码和用户名不相符
    print('登录错误！')
```

运行结果如图 2-28 所示。

```
F:\anaconda\python.exe H:/book/python-book/python_book_basics/python-code/2/2-5-1.py
输入用户名：admin
输入密码：123456
密码错误！

Process finished with exit code 0
```

图 2-28　模拟用户名和密码进行身份识别

需要明确的是，if…elif 语句块是从上至下依次执行的，也就是说，当语句符合条件 1，即使也符合之后的条件 2，程序也只会执行条件 1 内的逻辑代码，如下所示。

```
a = 10

if a < 15:
    # 符合的条件 1
    print('a 符合条件 1')
elif a < 20:
    # 符合的条件 2
    print('a 符合条件 2')
else:
    # 不符合条件
    print(' 不符合条件 ')
```

上述代码运行时不会执行条件 2 中的逻辑语句，运行结果如图 2-29 所示。也就是说，在条件判定时，Python 只会从上至下选择最上层的一个符合条件的代码块执行，执行完成后会直接退出条件判定逻辑。

```
F:\anaconda\python.exe H:/book/python-book/python_book_basics/python-code/2/2-5-1-1.py
a符合条件1

Process finished with exit code 0
```

图 2-29　if 条件语句中条件的判定顺序

2.5.2　while 循环语句

扫一扫，看视频

在 Python 中 while 循环的基本格式如下所示。

```
while 条件:
    # 执行代码块
```

当 while 后跟随的条件判定为 True 时，会自动执行 while 中的逻辑代码，如下方的代码实例。

```
# 设定记录变量
i = 1
while True:
    print("当前是循环的第%d遍" % i)
    i += 1
    # 中断循环操作
    input("进行下一次循环？")
```

运行结果如图2-30所示。

```
H:\Python_venv\python_web\web\Scripts\python.exe H:/book/python-book/python_book_basics/python-code/2/2-5-2.py
当前是循环的第1遍
进行下一次循环？
当前是循环的第2遍
进行下一次循环？
当前是循环的第3遍
进行下一次循环？
当前是循环的第4遍
进行下一次循环？
Process finished with exit code -1
```

图2-30　while循环的运行结果

在上述的实例中使用了input()函数进行循环体的阻塞，每一次在出现提示后用户可以使用回车键进行下一次循环，在上述代码中并没有指定终止循环的条件或者语句，程序代码会自动运行下去，直到Python执行进程被终止，例如，可以使用Ctrl+C组合键终止Python程序的运行，手动退出循环。

while循环是一个使用非常频繁的循环语句，一般用于语句循环中不能明确地判定执行次数的循环，甚至在有些使用场景中并没有明确的终止条件，而是采用循环控制语句中的break关键字跳出循环。

2.5.3　for循环语句

for循环是Python中另一个常用的循环语句，和while循环不一样的是，for循环一般是执行有明确循环次数的。一般for循环的结构如下代码所示。

```
for item in 列表:
    # 每一次执行的效果
```

扫一扫，看视频

在其他的编程语言中一般采用的是定义一个变量i，并且对变量i进行自增自减的操作，并在每次操作后判定变量i和目标值是否符合条件，如果符合条件，则执行for循环语句中的代码；否则跳出循环。下面使用Java语句作为示例。

```
public class ForTest {
    // 入口
    public static void main(String[] args) {
        for (int i = 0; i < 10; i++) {
            System.out.printf(" 当前执行的是 %d\n", i);
        }
    }
}
```

上述代码的运行结果如图 2-31 所示。

```
"F:\java jdk\bin\java.exe" "-javaagent:F:\intellij\IntelliJ IDEA 2020.2.4
当前执行的是0
当前执行的是1
当前执行的是2
当前执行的是3
当前执行的是4
当前执行的是5
当前执行的是6
当前执行的是7
当前执行的是8
当前执行的是9

Process finished with exit code 0
```

图 2-31　Java 中的 for 循环

在 Python 中 for 循环结合 in 关键字可以方便地实现对某一个对象的内部循环，如字符串中的字符或列表和字典中的元素，代码如下所示。

```
dic = {"key1": "value1", "key2": "value", "key3": "value"}
# for 循环字典对象
for i in dic:
    print(i)
```

运行结果如图 2-32 所示。

```
F:\anaconda\python.exe H:/book/python-book/python_book_basics/python-code/2/2-5-3.py
key1
key2
key3

Process finished with exit code 0
```

图 2-32　for 循环结合 in 关键字

也就是说，在 Python 中，如果创建和 Java 中的 for 循环变量 i 变化相符的数列（或者其他可以迭代的对象），就可以实现和 Java 一样的循环。为了解决这个问题，Python 提供了

range() 函数，可以方便地实现这个需求，代码如下所示。

```
# for 循环数列对象
for i in range(0, 10):
    print(" 当前执行的是 %d" % i)
```

上述代码的运行结果如图 2-33 所示。

```
F:\anaconda\python.exe H:/book/python-book/python_book_basics/python-code/2/2-5-3-1.py
当前执行的是0
当前执行的是1
当前执行的是2
当前执行的是3
当前执行的是4
当前执行的是5
当前执行的是6
当前执行的是7
当前执行的是8
当前执行的是9

Process finished with exit code 0
```

图 2-33　使用 range() 函数实现 for 循环

注意： range() 函数生成的并不是一个数列，实际类型为 Object 类型。range() 函数并不只能建立步进为 1 的数列，使用 range() 函数可以生成不同步进甚至是负数的可迭代对象。

提示： 一般而言，选择 for 循环或 while 循环并不影响具体代码的执行，所有的 for 循环也可以采用 while 循环进行改写，反之亦然。在选择循环语句时，一般没有明确的要求，当然，使用 for…in 循环对象的内部元素要比使用 while 循环方便得多。

2.5.4　循环语句中的控制语句

扫一扫，看视频

在循环控制体内存在三个循环控制语句，分别是 pass、break 和 continue。其中，pass 关键字不具有任何执行效果，只是为了保证循环体不为空，为了让代码符合阅读和编写的习惯。除了在循环体中，在判断语句与空函数中都需要使用 pass 这个不具有任何执行效果的关键字。如下 if 语句代码所示，if 语句后没有任何可执行的内容，没有使用 pass 关键字，编译器会出现错误，如图 2-34 所示。

```
a = 10

if a < 15:
    # 符合条件不输出内容
else:
    # 不符合条件
    print(' 不符合条件 ')
```

```
F:\anaconda\python.exe H:/book/python-book/python_book_basics/python-code/2/2-5-4.py
  File "H:/book/python-book/python_book_basics/python-code/2/2-5-4.py", line 5
    else:
       ^

IndentationError: expected an indented block

Process finished with exit code 1
```

图 2-34　没有使用 pass 关键字的错误

break 和 continue 是循环体中具有执行效果的两个关键字。其中，break 关键字可以直接跳出单层循环；continue 关键字用于结束本次循环，直接进入下次循环，两者的区别可以通过以下的代码深入理解。

```
# 循环体控制关键字
for i in range(0, 10):
    if i == 3:
        # 跳过 i 为 3 时的输出
        continue
    else:
        # 无任何执行效果
        pass
    if i == 6:
        # 当 i 为 6 时跳出循环
        break
    print(" 当前执行的是 :", i)
print(" 循环结束 ")
```

上述代码的运行结果如图 2-35 所示，可以看到当执行到 i 为 3 时，通过 continue 关键字跳过了 i 为 3 时的输出，当执行到 i 为 6 时，遇到了 break 关键字，直接跳出了 for 循环。

```
F:\anaconda\python.exe H:/book/python-book/python_book_basics/python-code/2/2-5-4-1.py
当前执行的是: 0
当前执行的是: 1
当前执行的是: 2
当前执行的是: 4
当前执行的是: 5
循环结束

Process finished with exit code 0
```

图 2-35　循环控制语句的使用

注意: break 关键字只能跳出一层循环。如果是两层循环的嵌套，需要在每一层都有一个 break 关键字分别执行，才能跳出嵌套的循环。

2.5.5　异常处理语句

扫一扫，看视频

Python 提供了简单的异常处理语句，异常是指在程序运行的过程中出现的意外事件。例如，在读取数据库时建立的连接因为网络问题突然中断，或者程序运行时输入有误，从而使之后代码的执行产生 bug。

在 Python 中如果没有指定异常处理语句，根据 Python 的运行机制会直接导致系统宕机，阻止代码向下继续运行，并通过日志或命令行报错。但是有一些异常没有必要使整个服务器停止。例如，网络问题导致资源获取失败，通过再次尝试连接即可，此时需要对异常进行捕捉和处理。

捕捉异常可以使用 try… except 语句，基本语句结构如下所示。

```
try:
    # 尝试代码
    pass
except 错误名称 1 :
    # 当错误符合错误 1 时执行的操作
    pass
except 错误名称 2 :
    # 当错误符合错误 2 时执行的操作
    pass
else:
```

```
# 没有异常发生时继续执行的操作
```

如以下代码，强行将一个数字类型和字符串类型进行了加和运算，产生了一个类型错误，此时执行过程会自动终止。运行结果如图 2-36 所示。

```
a = 10
b = "1"
# 加和两个不同类型的变量
c = a + b
print(c)
print(" 正确执行没有错误 ")
print(" 代码执行完毕 ")
```

```
F:\anaconda\python.exe H:/book/python-book/python_book_basics/python-code/2/2-5-5.py
Traceback (most recent call last):
  File "H:/book/python-book/python_book_basics/python-code/2/2-5-5.py", line 16, in <module>
    c = a + b
TypeError: unsupported operand type(s) for +: 'int' and 'str'

Process finished with exit code 1
```

图 2-36　类型错误

上述问题经常发生在忘记进行类型转换或用户输入有误的情况下，可以通过 try… except 语句进行捕获和处理，代码如下所示。

```
try:
    a = 10
    b = "1"
    # 尝试代码
    c = a + b
except TypeError:
    # 当错误符合错误 1 时执行的操作
    print(" 语句发生错误 ")
else:
    # 没有异常发生时继续执行的操作
    print(c)
    print(" 正确执行没有错误 ")
print(" 代码执行完毕 ")
```

上述程序在错误发生时并不会导致整个程序停滞，而是错误被捕获处理后代码继续向下执行，结果如图 2-37 所示。

```
F:\anaconda\python.exe H:/book/python-book/python_book_basics/python-code/2/2-5-5.py
语句发生错误
代码执行完毕

Process finished with exit code 0
```

图 2-37　错误处理结果

注意： Python 是经过编译后才进入解释器中执行的，所以一些语法错误是无法捕获的，因为在编译时这些错误导致代码无法通过编译，try… except 语句在代码执行的过程中才会起作用。

提示： 虽然完善的错误处理是非常重要的，但是在某些具体的应用情况下，错误导致的宕机并不是一件不好的事情。例如，在支付环节出现问题时，合理地停止服务也是一种及时的止损方式。

2.6 实战练习

2.6.1 命令行实现的计算器

扫一扫，看视频

如果想要计算一个普通的四则混合计算式，在 Python 命令行中输入计算式后会直接得到结果。但是如果想要实现一个类似于老式计算器的项目，例如，在实现加法功能时，不能直接通过输入数字来获取加数和被加数，只能选择 0~9 这 10 个“键”，并将输入的数字组合为最终的加数与被加数。同时，四则运算符也采用键位的方式选择，这样的计算器应当如何设计呢？本实例将通过类型的转换和循环判定语句完成这个功能。

首先，设计一个支持四则运算的计算器，计算器包含 0~9 这 10 个数字键位，以及加、减、乘、除运算符和“=”符号这 5 个符号键位，这些键位可以通过一个元组类型来表示。

计算器程序的实现流程如图 2-38 所示。

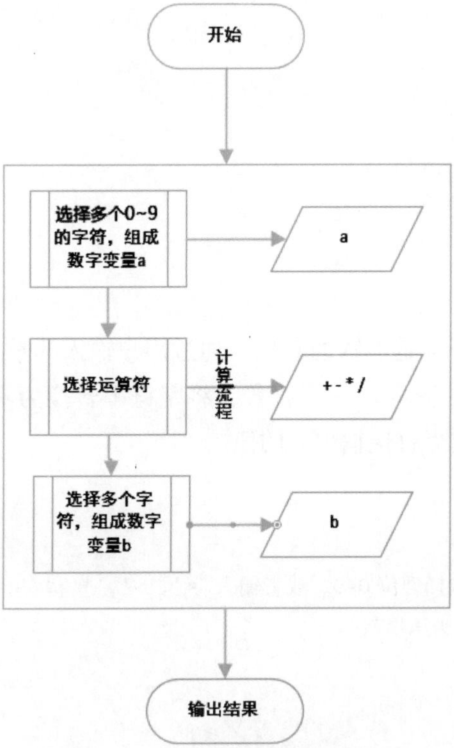

图 2-38　计算器程序的实现流程

每次用户选择键位后，可以通过一个字符串存储整个运算式，用于之后的显示操作，当用户选择的键位是运算符时，将之前输入的数字字符串转换为数字，并且赋值给变量 a，等待用户输入等号或其他运算符，将之后输入的数据转换为数字类型并赋值给变量 b，计算两个变量的运算结果。

首先创建基础类型，并且将计算器中的键位新建为元组。

```
# 计算器元组
calculator = (0, 1, 2, 3, 4, 5, 6, 7, 8, 9, "+", "-", "*", "/")
# 无限循环计算过程
while True:
    # 最终运算式
    c_str = ""
    # 变量 a
    a = None
    # 初始化 a 的临时字符串
    a_string = ""
```

```
    # 计算符
    arithmetic = 0
    # 变量 b
    b = None
    # 初始化 b 的临时字符串
    b_string = ""
    # 结果
    result = 0
```

以加法为例，首先第一步是加数的获取，通过用户输入的数字找到相应的键位，并进行字符串的连接，如果此时的输入为一个符号，将字符串转换为具体数字 a，需要判断的是，如果输入的符号是“=”，应当直接输出 a 的值。

```
# 获取变量 a
 while True:
     t_a = input(" 请选择键位 0-9，或者输入 '+','-','*','/','='\n")
     # 直接输入等号则认为结果就是 a
     if t_a == '=':
         # 直接出结果
         arithmetic = -1
         if a_string:
             a = int(a_string)
         else:
             a_string = '0'
             a = 0
         c_str = a_string + '='
         break
     if t_a == '+':
         c_str = a_string + '+'
         a = int(a_string)
         arithmetic = 11
         break
     elif t_a == '-':
         c_str = a_string + '-'
         a = int(a_string)
```

```
            arithmetic = 12
            break
        elif t_a == '*':
            c_str = a_string + '*'
            a = int(a_string)
            arithmetic = 13
            break
        elif t_a == '/':
            c_str = a_string + '/'
            a = int(a_string)
            arithmetic = 14
            break
        elif int(t_a) in range(0, 10):
            # 输入的是数字，因为实际输入和calculator变量中存放的是一致的内容，直接使用
            # 输入的值也可以
            a_string = a_string + str(calculator[int(t_a)])
        else:
            # 其他不期待的输入
            print("输入错误，重新输入")
            continue
    print("算式为：", c_str)
    if arithmetic == -1:
        # 直接返回a的值
        print(c_str, a)
        continue
```

如果输入的符号不是等号，则开始进行变量b的获取，整体过程和变量a的获取一致，代码如下所示。

> **注意**：在学习后续章节中的函数时，可以将本实例中很多重复的代码改写为方法，实现代码复用，可以极大地减少代码量，并且使可读性增强。

```
    # 获取变量b
    while True:
        t_b = input("请选择键位0-9，或者输入'='\n")
        # 直接输入等号则认为结果就是a
```

```
if t_b == '=':
    c_str = c_str + b_string
    if b_string:
        b = int(b_string)
    else:
        b = 0
        c_str = c_str + '0'
    # 计算结果
    c_str = c_str + '='
    if arithmetic == 11:
        result = a + b
        print(c_str, result)
    elif arithmetic == 12:
        result = a - b
        print(c_str, result)
    elif arithmetic == 13:
        result = a * b
        print(c_str, result)
    elif arithmetic == 14:
        result = a / b
        print(c_str, result)
    else:
        print("运算错误")
    break
if int(t_b) in range(0, 10):
    # 输入的是数字，因为实际输入和calculator变量中存放的是一致的内容，
    # 直接使用输入的值也可以
    b_string = b_string + str(calculator[int(t_b)])
else:
    # 其他不期待的输入
    print("输入错误，重新输入")
    continue
```

运行上述程序，尝试计算 22*70 这个计算式，结果如图 2-39 所示。

```
F:\anaconda\python.exe H:/book/python-book/python_book_basics/python-code/2/2-6-1.py
请选择键位0-9，或者输入'+','-','*','/','='
2
请选择键位0-9，或者输入'+','-','*','/','='
2
请选择键位0-9，或者输入'+','-','*','/','='
*
算式为： 22*
请选择键位0-9，或者输入'='
7
请选择键位0-9，或者输入'='
0
请选择键位0-9，或者输入'='
=
22*70= 1540
请选择键位0-9，或者输入'+','-','*','/','='
```

图 2-39　计算 22*70 的结果

提示： 如果想要实现连续计算，应当注意乘除法运算的优先级高于加减法，所以在连续计算时，如果第二个运算符是乘法或除法，第一个运算符是加法或减法，则应当先计算之后的值再和之前的值进行运算。

为了实现这个功能，可以使用“栈”这种先入后出的结构，将计算式中的数字和运算符分别入栈，如果第二个运算符是低优先级的加法或减法，可以将栈中的上两个数字和运算符取出计算，将得到的结果再入栈；如果运算符是乘法或除法，可以直接计算运算符两边的数字，将结果入栈。

这种设计不仅可以解决优先级问题，还可以推广为实现计算带有括号和中括号等复杂类型的算式。感兴趣的读者可以自行实现。

2.6.2 简单暴力破解密码器

扫一扫，看视频

程序代码中之所以设计循环语句，就是为了解决重复的操作，在忘记密码的情况下重复尝试密码的操作，就非常适合使用循环语句完成。

假设需要获得的一个目标字符串是指定的 6 位数字，并且要求任意位可以是 0。这个密码可能是 000000~999999 中任意一个数。如果手工进行尝试，基本上是难以完成的工作量，但是可以尝试采用 Python 完成操作。

暴力法破解密码的基本流程如图 2-40 所示。

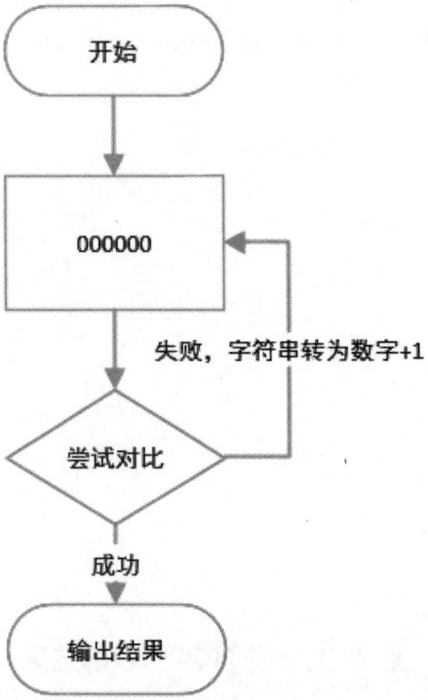

图 2-40　暴力法破解密码的基本流程

具体的代码如下所示，需要注意的是，在将字符串转换为数字时，高位的 0 会被舍去，所以在转换为字符串时应当在高位补 0。

```
# 使用 time 模块记录运行的时间
import time

pwd = input("输入 6 位数字目标字符串")
# 开始时间戳
time_start = time.perf_counter()
# 计数器
count = 0
start = "000000"
while True:
    if start == pwd:
        print("一共尝试了 %d 次" % count)
        print("目标字符串是：", start)
        break
    else:
        start = int(start) + 1
        start = ((6 - int(len(str(start)))) * '0') + str(start)
```

```
        count += 1
# 结束时间戳
time_end = time.perf_counter()
print(' 运行时间 : %s 秒 ' %(time_end - time_start))
```

上述代码中引用了 time 模块，通过 time 模块可以获取系统时间，在代码开始运行时获取了一次，结束时获取了一次，最终显示的是时间差。

随意地输入一个 6 位数字的目标字符串，运行结果如图 2–41 所示。

```
F:\anaconda\python.exe H:/book/python-book/python_book_basics/python-code/2/2-6-2.py
输入6位数字目标字符串
652931
一共尝试了652931次
目标字符串是： 652931
运行时间: 0.7214549000000003 秒

Process finished with exit code 0
```

图 2–41　得到目标字符串的运行结果

提示： 虽然计算机完成简单而重复的工作速度非常快，但是在真实的密码破解中并不适用暴力法，因为伴随着密码位数的增加，花费的时间会呈几何级数增长。这种情况下一般会选择一些特定的字符串进行尝试，以减少程序的请求次数。所以密码应当设置为较长的且复杂无规律的字符，才能确保密码安全。

2.7 小结、习题与练习

2.7.1 小结

本章主要讲解 Python 的基本语法，读者应当了解 Python 语句的基本写法和逻辑语句的写法，并且能看懂基本的 Python 代码。

本章的内容是 Python 中最基础的一部分，Python 代码的基本含义都包含在其中，也是后续章节必不可少的基石。只有了解了运算符和数据类型才能处理复杂的业务逻辑，而之后的循环语句、判定语句和异常处理会出现在几乎所有的程序中，只有使用得当才能更好地开发 Python 程序。

2.7.2 习题

1.（判断题）Python 语言中的多条件判定可以使用 switch… case 语句。(　　)

2.（填空题）Python 语言中的条件判定语句如果需要完成判定变量 a 大于 10 并且不大于 100 且不是 50，应当写成________。

3.（选择题）数据结构的栈的描述中，以下选项正确的是（　　）。

A. 栈是线性结构，具有先进先出的特点

B. 栈是线性结构，具有先进后出的特点

C. 栈是树形结构，具有一对多分支的特点

D. 栈是树形结构，具有一对一的特点

2.7.3 练习

为了巩固本章所学知识，希望读者可以完成以下编程练习：

1. 在本机的 Python 环境下，编写并运行本章的所有程序代码。

2. 思考 Python 的基本类型的设计，深刻理解深拷贝和浅拷贝，以及 id() 函数和 is 运算符的意义。

3. 练习编写 2.6 节两个实例的程序，并尝试优化程序的相关代码。

第3章

Python 快速入门（二）

本章将介绍 Python 中函数和类的写法，以及如何使用 pip 工具进行需求模块的开发，重点介绍面向对象的概念，以及基本模块的编写和使用。

扫一扫，看视频

本章的主要内容：

- 面向对象的概念和面向对象的特点；
- Python 中的函数与方法，怎样创建一个函数；
- Python 中的类；
- Python 中模块和包的概念；
- 如何使用 pip 工具安装需要的包。

本章的思维导图：

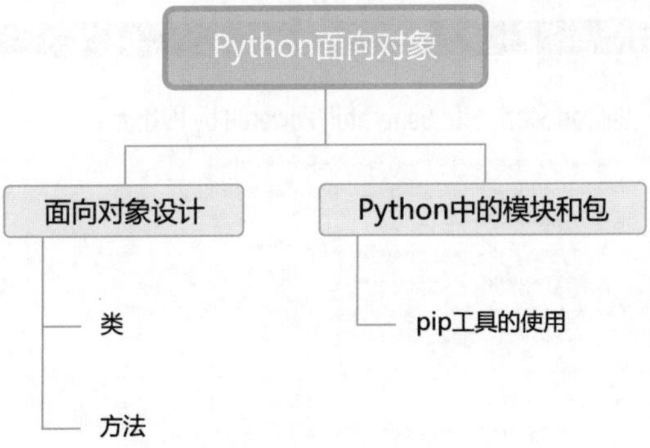

3.1 Python中的包管理工具

在 Python 的学习中，一定会用到 pip 包管理工具，pip install xxx 命令几乎是每个 Python 开发者都会用到的。Python 之所以功能强大，主要是因为社区开发者不断地贡献优秀的模块和包，不断优化 Python 的每个版本。

使用这些发布在网络中开源的第三方包，只需使用 pip 工具就可以轻易地获取。

3.1.1 Python 中的模块和包

扫一扫，看视频

在 Python 中一般称单一的 Python 代码文件为模块，而可供 pip 工程安装的，可能是一个或多个模块集合且只有一个入口的文件集合，称为包。

在一定的情况下，模块和包的概念可以混用，需要了解的是，模块和包是在将一些工具类进行封装后可以重用的文件。一个标准的模块包括内部的变量、方法等内容，可以在开发中通过引用的方式对这些模块内部的变量或方法进行调用，也可以使用该模块中包含的函数等功能。

Python 中几乎所有的功能可以在网络中找到相应的包，依托于这些包通过简单的几行代码就可以启动一个 Web 服务器，或者搭建一个简单的个人博客。

例如使用 pelican 包（用 Python 语言写的静态网站生成器），如果不需要对模板进行修改，甚至不需要编写一句代码，只需几篇用 Markdown 语言编写的文章、几条简单的命令就可以实现一个静态的博客，如图 3-1 所示。

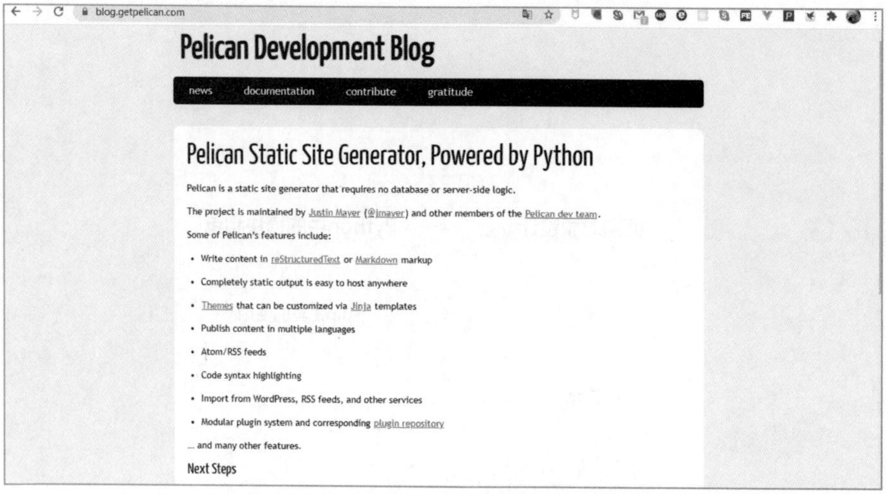

图 3-1 使用 pelican 包实现静态的博客

为了方便开发者查找、开发并发布新的包，Python 官方提供了一个包管理平台 pypi，可以在这个平台上查找任意 Python 包的最新发布版本。不仅如此，在平台 pypi 上还提供了简单的功能介绍以及支持的 Python 版本等信息。

pypi 包管理平台的地址为 https://pypi.org/，其主页如图 3-2 所示，可以在该页面的搜索框中填写需要查看的包名称，之后单击搜索按钮。

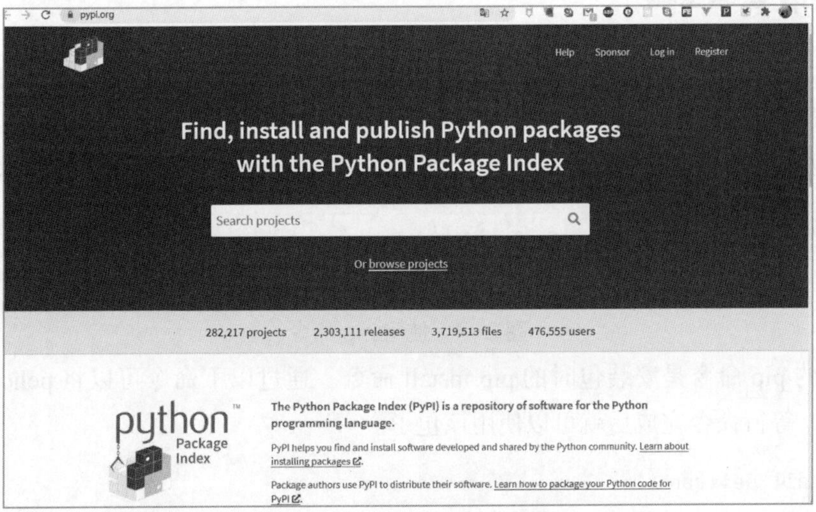

图 3-2　pypi 包管理平台主页

例如，搜索用于博客开发的 pelican 包，如图 3-3 所示，不仅包含 pelican 包的最新版本及安装说明，也包含各个历史版本及官方提供的 pelican 包快速入门。

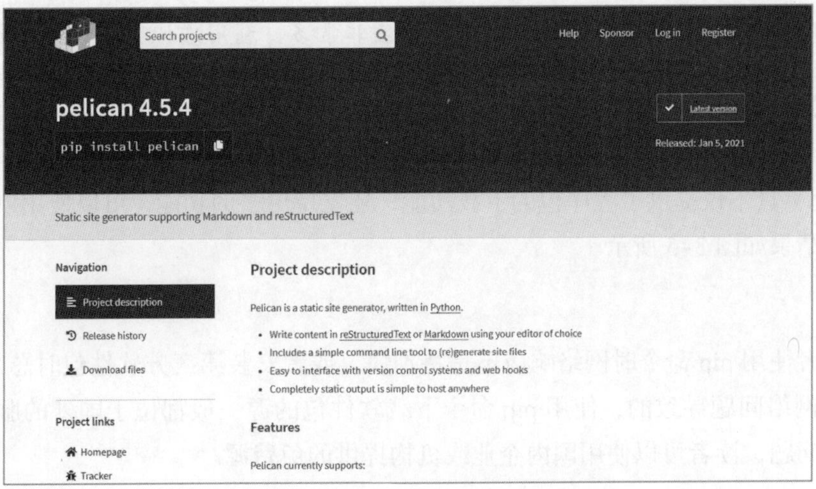

图 3-3　查找 pelican 包的相关信息

> **注意：** 虽然很多包在发布时提供了实例和文档，但是在实际开发中有一些个人开发者开发的工具可能文档更新不及时，所以关于某个包的具体信息和文档可以找到该包的官方网站查看。

3.1.2 pip 管理工具

扫一扫，看视频

pip 管理工具就是可以在 pypi 包管理平台中下载包至本地开发环境的工具。一般而言，pip 管理工具直接安装在 Python 3 环境中，Python 安装完成并将 Python 地址写入系统变量后，在命令行可以直接使用 pip 命令，如图 3–4 所示。

```
C:\Users\q5754>pip -V
pip 20.2.3 from c:\users\q5754\appdata\local\programs\python\python39\lib\site-packages\pip (python 3.9)

C:\Users\q5754>_
```

图 3–4 使用 pip 命令

最常用的 pip 命令是安装包时的 pip install 命令。通过以下命令可以将 pelican 包安装在本地环境中，等待命令完成后就可以使用该包了。

```
pip install pelican
```

在非虚拟环境下使用 pip 命令安装的包都会存放在全局环境中，这样会导致开发所用主机的 Python 环境非常复杂，虽然不影响应用的开发，但是对于某些需要交付的开发产品，在打包时可能会出现在生产环境中因为包安装不足导致无法运行的情况。

> **注意：** 解决 Python 开发环境复杂的方法非常多，利用虚拟环境针对每个应用创建一个专用的 Python 环境就是方法之一，在 Python 3 中提供了 venv 进行支持，会在第 11 章介绍。

pip 管理工具不仅提供了程序包的下载功能，还支持更多的功能，可以使用以下命令进行查看，运行结果如图 3–5 所示。

```
pip -h
```

如果读者使用 pip 命令时网络响应不是特别快，或者安装第三方软件包时总是出现错误，可能是因为网络问题导致的，使用 pip 命令下载软件包的源一般都位于国外的服务器中。为了解决这个问题，读者可以使用国内企业或机构提供的免费源。

```
C:\Users\q5754>pip -h

Usage:
  pip <command> [options]

Commands:
  install                     Install packages.
  download                    Download packages.
  uninstall                   Uninstall packages.
  freeze                      Output installed packages in requirements format.
  list                        List installed packages.
  show                        Show information about installed packages.
  check                       Verify installed packages have compatible dependencies.
  config                      Manage local and global configuration.
  search                      Search PyPI for packages.
  cache                       Inspect and manage pip's wheel cache.
  wheel                       Build wheels from your requirements.
  hash                        Compute hashes of package archives.
  completion                  A helper command used for command completion.
  debug                       Show information useful for debugging.
  help                        Show help for commands.

General Options:
  -h, --help                  Show help.
  --isolated                  Run pip in an isolated mode, ignoring environment variables and user configuration.
  -v, --verbose               Give more output. Option is additive, and can be used up to 3 times.
  -V, --version               Show version and exit.
  -q, --quiet                 Give less output. Option is additive, and can be used up to 3 times (corresponding to
                              WARNING, ERROR, and CRITICAL logging levels).
  --log <path>                Path to a verbose appending log.
  --no-input                  Disable prompting for input.
  --proxy <proxy>             Specify a proxy in the form [user:passwd@]proxy.server:port.
  --retries <retries>         Maximum number of retries each connection should attempt (default 5 times).
  --timeout <sec>             Set the socket timeout (default 15 seconds).
  --exists-action <action>    Default action when a path already exists: (s)witch, (i)gnore, (w)ipe, (b)ackup,
                              (a)bort.
  --trusted-host <hostname>   Mark this host or host:port pair as trusted, even though it does not have valid or any
                              HTTPS.
  --cert <path>               Path to alternate CA bundle.
  --client-cert <path>        Path to SSL client certificate, a single file containing the private key and the
                              certificate in PEM format.
  --cache-dir <dir>           Store the cache data in <dir>.
  --no-cache-dir              Disable the cache.
  --disable-pip-version-check
                              Don't periodically check PyPI to determine whether a new version of pip is available for
                              download. Implied with --no-index.
  --no-color                  Suppress colored output
  --no-python-version-warning
                              Silence deprecation warnings for upcoming unsupported Pythons.
  --use-feature <feature>     Enable new functionality, that may be backward incompatible.
  --use-deprecated <feature>  Enable deprecated functionality, that will be removed in the future.
```

图 3-5　更多的 pip 命令和选项

国内的公开源会定时从 pip 国外服务器中拉取数据进行更新，基本上数分钟就可以同步更新全部数据，这些服务器提供的数据都是免费且适配于 pip 管理工具的。

实际上 pip 管理工具也支持软件源的切换，可以使用以下命令直接在指定服务器中下载对应的软件包，以阿里提供的 pip 包为例。

```
pip install -i https://mirrors.aliyun.com/pypi/simple/ 名称
```

pip 管理工具同时支持全局配置，在 Windows 系统中，可以在 C 盘的 user 目录的用户自身文件夹中创建一个 pip 目录，如 C:\Users\ 电脑当前用户名称 \pip，然后新建文本文件 pip.ini，如图 3–6 所示。在 pip.ini 文件中配置相关的内容，以阿里提供的 pip 包为例。

```
[global]
index-url =  https://mirrors.aliyun.com/pypi/simple
[install]
trusted-host = mirrors.aliyun.com
```

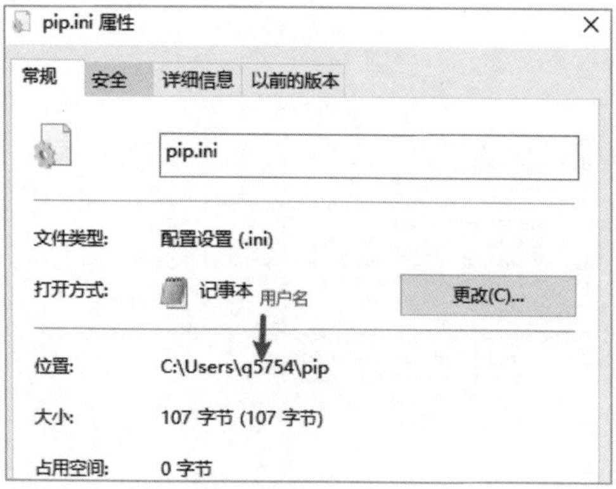

图 3-6　设置 pip.ini 属性

3.2 Python中的面向对象

面向对象是非常重要的概念，正是因为面向对象概念的出现，才诞生了如今的高级编程语言，也使现代的软件工程得到了长足的发展。

面向对象概念的出现，不仅在计算机领域影响深远，甚至影响到了一部分哲学的理念，有很多科幻作品都是诞生在面向对象基础上的。

3.2.1 面向对象概述

扫一扫，看视频

在面向对象出现之前，编程主要是面向过程，其中的代表包括C语言与汇编语言。这类语言有一个特点，即编写的所有代码都是为了解决一个问题而存在的，例如，计算两个数字的加和结果或者处理一段数据。

本章之前编写的代码都是面向过程的，即使Python本身是面向对象的，使用了大量的对象，但就所写代码的思想而言，并不是用面向对象实现的。

什么是面向对象呢？面向对象是为了解决愈加复杂的问题而诞生的一种思想。面向对象相对来说是一门技术，其本质更像是一种计算机哲学思想流派。这种思想流派认为编写的所有代码都应当是面向对象的，那些需要处理的问题被分为一个个实体，这些实体就是对象。

简单举个例子，现在需要编程实现一只狗，这只狗在叫。如果采用面向过程的思维，应当首先新建一个“狗”的变量，接着输出狗的叫声，这是线性思维。面向过程的思路如图3-7所示。面向过程的写法非常简捷，却很难表达两者的关系，如果将变量“狗”的地址直接指向狗的叫声，会产生这个变量是狗的叫声而不是狗这样的误解。

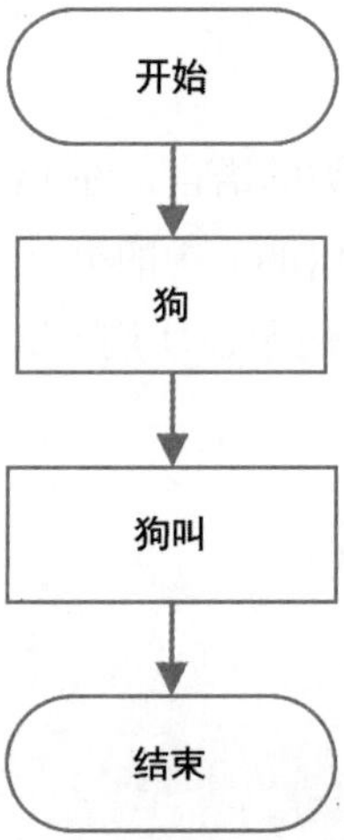

图 3-7　面向过程的思路

如果是面向对象，解决这个问题就相当简单，也更加符合人们通常的认识，主要是表明实体 dog 和狗叫的关系，如图 3-8 所示，狗叫属于实体 dog 的方法。当然实体 dog 还可以拥有更多的方法，如吃、跑。需要时直接调用实体 dog 中的方法即可。

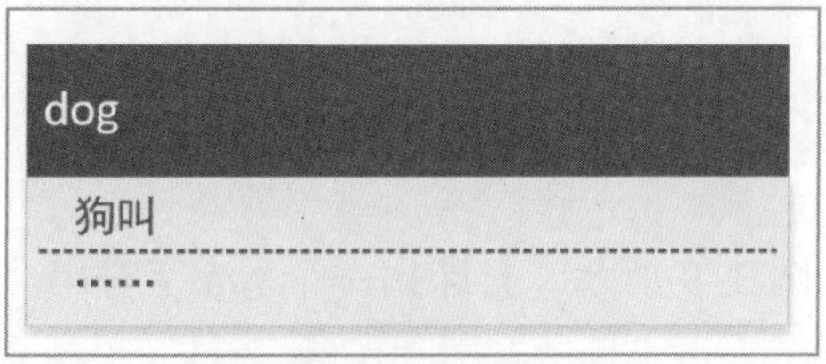

图 3-8　面向对象的思路

面向对象概念的出现意味着现代软件工程的变革，面向对象的思想来源于生活，也带给生活更多的思考。在现实生活中所有的实体都可以被面向对象解析。例如，人这个概念，每个人都继承于“人”这个种类，而“人”这个种类又继承于“生物”这个种类，每个人都有特性和共性，相互之间具有关联性和依赖性。

如果不考虑现代计算机的性能和存储，完全有可能在虚拟世界中建设一个与人类社会相似的世界，这也是伴随 AI 和科技的发展很多人担心的问题。

最初面向对象仅仅只是在程序设计中采用“封装”“继承”“多态”等面向对象的特性，如今面向对象思想已经涉及软件开发的各个方面。OOP（面向对象的编程实现）、OOD（面向对象的设计）、OOA（面向对象的分析）等概念已经深入人心，所以掌握和理解面向对象是非常重要的。

3.2.2 Python 中的类

扫一扫，看视频

Python 是一门完全基于类的语言，在 Python 开发中，所有的内容都离不开对象的使用和类的实例化。编写 Python 中的类是 Python 开发中每天都需要完成的工作。

Python 中类的声明非常简单，使用 class 关键字就可以完成一个类的定义。如下代码所示，定义了一个 Animal 类。

```
# 动物类
class Animal:
    active = 'run'
    call = ''
    sex = ''
```

在 Animal 类中可能包含更多的属性和方法，这里假设只有三个属性，分别是 active（运动方式）、call（叫声）、sex（性别）。其中，只有 active 属性有具体值 run（跑），代表所有的动物都会跑。

如果需要实例化 Animal 类为对象 a1，并且访问它的 active 属性，可以使用以下代码。

```
# 实例化对象
a1 = Animal()
print(a1.active)
```

上述代码的运行结果如图 3-9 所示，打印出一个 run 字符串。

```
F:\anaconda\python.exe H:/book/python-book/python_book_basics/python-code/3/3-2-2.py
run

Process finished with exit code 0
```

图 3-9 获取 Animal 类中的 active 属性

在 Python 中访问类的属性并不一定需要实例化一个对象，可以直接访问，代码如下所示，得到的运行结果和图 3-9 一致。

```
print(Animal.active)
```

在一个 Python 类中定义的变量就是该类的属性，实例化对象仅可以更改该对象的该属性，代码如下所示。

```
# 动物类
class Animal:
    active = 'run'
```

```
    call = ''
    sex = ''


# 实例化对象 1
a1 = Animal()
# 修改属性
a1.active='Jump'
print(a1.active)
# 实例化对象 2
a2=Animal()
print(a2.active)
```

如图 3-10 所示，对象 a1 的属性已经更改，但新实例化的对象 a2 的属性是不变的。

```
F:\anaconda\python.exe H:/book/python-book/python_book_basics/python-code/3/3-2-2.py
Jump
run

Process finished with exit code 0
```

图 3-10　改变对象的属性

如果某个属性只属于类的内部，不需要被外部访问，可以使用 Python 提供的私有属性的概念，在变量前方加上两个下画线“__”即可，代码如下所示。

```
# 动物类
class Animal:
    active = 'run'
    call = ''
    sex = ''
    __alive = True


# 实例化对象
a1 = Animal()
print(a1.__alive)
```

此时如果实例化 Animal 类并且访问私有属性会导致错误，如图 3-11 所示。

```
F:\anaconda\python.exe H:/book/python-book/python_book_basics/python-code/3/3-2-2.py
Traceback (most recent call last):
  File "H:/book/python-book/python book basics/python-code/3/3-2-2.py", line 11, in <module>
    print(a1.__alive)
AttributeError: 'Animal' object has no attribute '__alive'

Process finished with exit code 1
```

图 3-11　访问私有属性导致错误

Python 中的类支持继承，也就是说，其他的类可以成为一个类的子类，这是一个多对多的过程（Python 支持多继承）。继承是面向对象的三大特征之一，也是实现代码复用的重要手段之一。在面向对象的要求中，继承的子类应当是父类的具体实现，不能将两个毫不相干的类进行继承。以下代码创建了一个 Dog 子类，继承自 Animal 类。

```
# 动物类
class Animal:
    active = 'run'
    call = ''
    sex = ''
    __alive = True

# 子类
class Dog(Animal):
    call = "bark"

# 实例化子类
dog = Dog()
print(dog.active)
print(dog.call)
```

在类的继承中，子类会自动继承父类中的属性和方法，实例化子类可以获取父类的属性值，但是当子类也设置了名称相同的属性或方法时，父类的设置会被覆盖。如图 3-12 所示，Dog 子类中的 call 属性并没有继承 Animal 父类的值。

```
F:\anaconda\python.exe H:/book/python-book/python_book_basics/python-code/3/3-2-2.py
run
bark

Process finished with exit code 0
```

图 3-12　子类的继承

不仅如此，在 Python 中还支持多继承，同一个子类可以继承自多个父类。如果出现同名的方法或属性，Python 会自动按子类继承时多个父类的继承顺序确定优先级，代码如下所示。

```
# 动物类
class Animal:
    active = 'run'
    call = ''
    sex = ''
    __alive = True

class HumanFriend:
    active = 'jump'

# 子类
class Dog( HumanFriend,Animal):
    call = "bark"

# 实例化子类
dog = Dog()
print(dog.active)
```

上述代码中的 Dog 子类继承自 HumanFriend 类和 Animal 类，其中 HumanFriend 类的 active 属性为 jump。这时实例化 Dog 子类并打印 active 属性，得到的结果如图 3-13 所示。

```
F:\anaconda\python.exe H:/book/python-book/python_book_basics/python-code/3/3-2-2.py
jump

Process finished with exit code 0
```

图 3-13　Python 中的多继承

提示： 多继承的覆盖是由子类继承的顺序不同而变化的。如果 Dog 子类首先继承的类是 Animal 类，然后继承的是 HumanFriend 类，运行结果将由 Animal 类的同名属性或方法确定。

除了可以自定义变量作为成员属性外，Python 中还提供了常用的内置属性，如表 3-1 所示。

表 3-1　内置属性

内置属性	说　明
__dict__	字典类型的值，包含类的属性
__doc__	字符串类型的值，包含类的文档
__name__	该类的类名
__module__	类定义所在的模块名称
__bases__	父类中的所有元素

如果对 Animal 类调用这些内置属性，代码如下所示，则可以打印出 Animal 类的相关内容，如图 3-14 所示。

```
# 动物类
class Animal:
    active = 'run'
    call = ''
    sex = ''
    __alive = True
# 打印类属性
print(Dog.__dict__)
print(Dog.__doc__)
print(Dog.__name__)
print(Dog.__module__)
print(Dog.__bases__)
```

```
F:\anaconda\python.exe H:/book/python-book/python_book_basics/python-code/3/3-2-2.py
{'__module__': '__main__', 'call': 'bark', '__doc__': None}
None
Dog
__main__
(<class '__main__.HumanFriend'>, <class '__main__.Animal'>)

Process finished with exit code 0
```

图 3-14　Animal 类的内置属性

3.2.3　Python 中的函数和方法

扫一扫，看视频

在学习类的方法前，必须明白函数和方法的不同点。在编程世界中，函数是代码复用的一种方式，函数并不依赖于类而存在，或者说和面向对象没有任何关系，在 C 语言中也经常使用函数。

方法不同于函数，方法相当于类中的函数，只有存在类中的函数才被称为该类的方法，是面向对象的概念。

在 Python 中定义一个函数非常简单，以下代码就可以完成一个函数的定义。

```
# 定义函数
def bark():
    print(" 汪汪！ ")

bark()
```

函数的调用结果如图 3-15 所示。

```
F:\anaconda\python.exe H:/book/python-book/python_book_basics/python-code/3/3-2-3.py
汪汪!

Process finished with exit code 0
```

图 3-15　函数的调用结果

所有的函数支持传递函数，参数可以是任何一种基础类型或对象，可以通过一个参数判定当前的状态或者对参数进行处理。在函数中定义的参数的结果支持使用 return 关键字返回给调用函数处，代码如下所示。

```
# 加法函数
def add_all_num(list):
    result = 0
    for i in list:
        result = result + i
    return result

print(add_all_num([1,2,3,4,5]))
```

运行结果如图 3-16 所示。

```
F:\anaconda\python.exe H:/book/python-book/python_book_basics/python-code/3/3-2-3.py
15

Process finished with exit code 0
```

图 3-16　加法函数的传参与返回值

当函数定义在类的内部时，就称之为该类的方法。方法是类的重要组成之一，同样符合继承的条件。类中的方法默认第一个参数是 self 参数，self 参数不代表类，而是表示实例化后的对象本身。如对 3.2.2 节中的 Animal 类和 Dog 子类进行改写，代码如下所示。运行结果如图 3–17 所示。

```
# 动物类
class Animal:
    active = 'run'
    __age = 10

    # 返回动物的年龄
    def get_animal_age(self):
        print(" 动物的年龄是 %d 岁 " % self.__age)

class Dog(Animal):
    # 定义子类的方法
    @staticmethod
    def bark():
        print(" 汪汪！ ")

d = Dog()
d.bark()
d.get_animal_age()
```

```
F:\anaconda\python.exe H:/book/python-book/python_book_basics/python-code/3/3-2-3-1.py
汪汪！
动物的年龄是10岁

Process finished with exit code 0
```

图 3–17　调用类中的方法

在类中存在一种特殊的函数，称为类的静态方法，通过 @staticmethod 修饰符进行修饰的方法称为类的静态方法，这类方法不需要 self 参数。一般推荐将类中不使用 self 参数的所有方法都定义为静态方法，这样可以减少资源的消耗。

提示： 在类的外部不能访问类中的私有变量，但是通过调用类中定义的函数可以查看或者修改私有变量。

为了方便类的创建和使用，在 Python 中提供了一些类的专有方法，如表 3–2 所示。

表 3-2　Python 中类的专有方法

类的专有方法	说　明
__init__	在生成对象时调用，执行时仅排在 __new__ 之后
__del__	在对象被销毁时调用，相当于析构函数
__repr__	打印“自我描述”对象，用于打印对象内容时，会自动将对象转换为字符串，对于类对象，调用格式为“类名 +object at+ 内存地址”
__setitem__	当属性被赋值时都会调用该方法
__getitem__	当访问不存在的属性时调用该方法
__delitem__	当删除属性时调用该方法
__len__	返回对象的长度
__cmp__	在比较时调用该方法
__call__	用于“调用”对象
__add__	实现数字运算加法
__sub__	实现数字运算减法
__mul__	实现数字运算乘法
__div__	实现用 / 符号表示的除法
__mod__	实现取模算法
__pow__	实现使用 ** 符号的指数运算

3.2.4　Python 中的垃圾回收机制

扫一扫，看视频

Python 的垃圾回收机制其实就是 Python 中对象的销毁操作，虽然不需要像 C 语言一样使用 free() 函数手动进行操作，但是在了解 Python 中的垃圾回收机制后可以编写性能更优秀的代码。

Python 的垃圾回收功能主要是通过解析器 CPython 完成的，使用了三种垃圾回收机制，主要采用引用计数法（Reference Counting）确认回收目标。引用计数法会主动记录对象被引用的次数，如果对象被引用或者出现了操作，则该对象的引用次数加 1；如果出现对象被显式销毁或者被赋予新的对象等，则引用次数减 1。当该对象的引用次数为 0，目标对象会被销毁。

这意味着，新建任何对象都需要维护一个对象自身的引用计数器，此时针对大量新建对象的操作会导致系统资源消耗过多。

在 Python 自带的 sys 包中提供了对象被引用次数的查看功能，代码如下所示。

```
# 引入 sys 包
import sys


class Dog():
    # 定义子类的方法
    @staticmethod
    def bark():
        print(" 汪汪！ ")


# 查看对象被引用的次数
print(sys.getrefcount(Dog()))
```

此时 Dog 子类没有被引用，只是新建，所以打印出的结果为 1，如图 3–18 所示。

```
F:\anaconda\python.exe H:/book/python-book/python_book_basics/python-code/3/3-2-4.py
1

Process finished with exit code 0
```

图 3–18　查看 Dog 子类的引用次数

在 Python 中提供了 del 关键字进行对象的显式删除，代码如下所示。

```
# 引入 sys 包
import sys


class Dog():
    # 定义子类的方法
    @staticmethod
    def bark():
        print(" 汪汪！ ")


# 查看对象被引用的次数
d = Dog()
print(sys.getrefcount(d))
del d
```

```
# 查看对象被引用的次数
print(sys.getrefcount(d))
```

执行完成 del 操作后，d 对象已经不存在了，所以程序出现错误，如图 3-19 所示。

```
F:\anaconda\python.exe H:/book/python-book/python_book_basics/python-code/3/3-2-4.py
Traceback (most recent call last):
2
  File "H:/book/python-book/python_book_basics/python-code/3/3-2-4.py", line 17, in <module>
    print(sys.getrefcount(d))
NameError: name 'd' is not defined

Process finished with exit code 1
```

图 3-19　用 del 关键字删除 d 对象

提示： 在 Python 中垃圾回收并不需要手动执行。Python 中的 del 关键字和 C 语言中 free() 函数的执行原理完全不一样，free() 函数会直接释放变量占据的内存空间，del 关键字并不一定能及时释放变量的内存，因为在 Python 中并不是实时进行垃圾回收的。

3.3 实战练习

3.3.1 面向对象电梯类的设计

扫一扫，看视频

面向对象的学习中最重要的部分并不是代码的编写，而是类的设计。本节将设计一个简单的电梯类，可以实现对一部电梯的基本操作。

业务需求如下：一部电梯可以容纳 800kg 重量，一共有 20 层，电梯中没有人时，会自动运行至 1 楼，如果有人按动电梯键，电梯会自动到达该楼层并开门，等待用户进入。用户进入后按动指定楼层，电梯会到达相应楼层，并开门等待下客后关闭电梯门。

一部电梯应当具有的属性包括容纳重量（max_weight）、当前所在楼层（now_floor）、运行状态（state）等；具有的方法包括上升 / 下降（run）、停止（stop）、接收信号（save_sign）、开 / 关门（open_close）、乘客检测（check_full）等，电梯类的设计如图 3-20 所示。

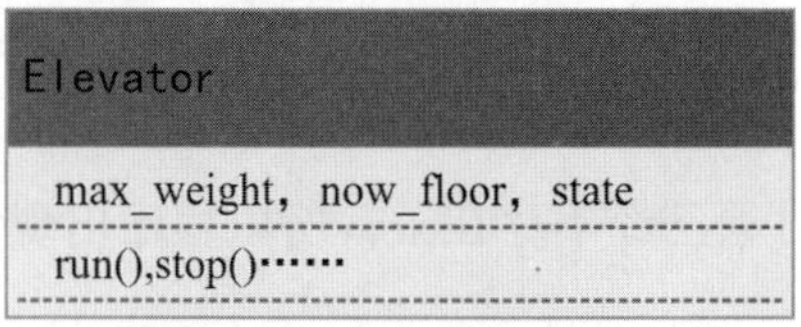

图 3-20　电梯类的设计

用户作为参与者，在此应用场景中具有的属性有体重（weight），具有的方法有按键（press）。同样，楼层实体作为参与对象，具有的属性是按动的按钮所处的楼层。

如果需要再细化项目，则需要考虑电梯的组成，如电梯内的每个按钮、楼层按钮和开关门按钮都是按钮类的派生，其中每个楼层按钮均是一个统一的楼层按钮类的实例化对象；电梯内的每个按钮都具有一个不同的值的楼层属性（floor）以及一个被按动的方法（after_pressed）；对于开关门按钮，也是实例化开关门按钮类，并且需要确定按钮是否在电梯内或在大楼的每一层。按钮类的设计如图 3-21 所示。

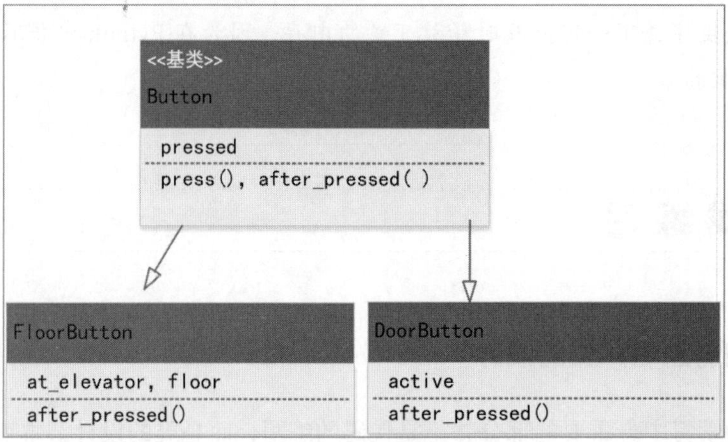

图 3-21　按钮类的设计

3.3.2　电梯类的实现

扫一扫，看视频

首先编写电梯按钮类，按钮应当具有被按动的状态，还需要按钮被按之后执行的内容，代码如下所示。

```
# 统一的按钮类
class Button():
    # 默认按钮状态没有被按
    pressed = False
```

```
    # 按钮被按动
    def press(self):
        self.pressed = True
        pass

    # 执行后续操作，空方法需要按钮子类的实现
    def after_pressed(self, elevator):
        pass
```

严格来说，每个楼层都应当具有两个位于电梯外的按钮，通过按动这两个按钮可以在当前楼层实现电梯的响应。

在类的设计时，这里进行适当的简化，认为每个楼层只有一个按钮，不进行电梯上下运行状态的判定，同时假设电梯是流水线设计，不存在响应多层的情况，所以开关门按钮类和楼层按钮类的设计代码如下所示。

```
# 楼层按钮类继承自按钮类
class FloorButton(Button):
    # 构造函数
    def __init__(self, at_elevator=True, floor=1):
        # 是否在电梯中，默认在电梯中
        self.at_elevator = at_elevator
        # 该按钮指定的楼层
        self.floor = floor

    # 实现按动后的操作，需要传入一个电梯实例
    def after_pressed(self, elevator):
        # 调用电梯的接收信号函数，并传入楼层作为参数
        elevator.save_sign(self.floor)


# 开关门按钮类
class DoorButton(Button):
    # 构造函数，默认是开门按钮
    def __init__(self, active="open"):
        # 开门或者关门行为
        self.active = active
```

```
    # 实现按动后的操作，需要传入一个电梯实例
    def after_pressed(self, elevator):
        elevator.open_close(self.active)
```

然后编写电梯类，在编写按钮类时已经使用了电梯开关门方法和响应方法，除此之外，电梯类还需要主动监测是否超重。

在开关门时需要检测电梯是否在运行状态，上升和下降时也需要判定目标楼层和当前电梯所处的楼层位置，电梯类的设计代码如下所示。

```
# 电梯类
class Elevator:
    # 最大承受重量
    max_weight = 800
    # 当前楼层
    now_floor = 1
    # 运行状态
    state = "stop"

    # 上升下降方法
    def run(self, direction):
        self.state = "run"
        pass

    # 停止方法
    def stop(self):
        self.state = "stop"

    # 接收信号，决定上升还是下降
    def save_sign(self, floor):
        # 下降
        if self.now_floor > floor:
            self.run("down")
        else:
            # 上升
            self.run("up")
        self.now_floor = floor
```

```
    # 开关门
    def open_close(self, active):
        # 只有停止时方可以开关门
        if self.state == "stop":
            # 执行开关门操作
            pass

    # 检测是否超重
    def check_full(self, weight):
        if weight > self.max_weight:
            # 超重警告
            pass
```

这样就完成了一个基本的电梯类的实现，虽然这个类并不能真正地操作电梯，但是可以模拟电梯的操作。这个项目中还有一些其他可能用到的类，代码如下所示。

```
# 大楼类
class Building:
    floors = 20


# 乘客类
class Human:
    # 构造方法，实例化时记录体重属性
    def __init__(self, weight):
        # 开门或者关门行为
        self.weight = weight

    # 按键方法
    @staticmethod
    def press(self, btn, elevator):
        btn.after_pressed(elevator)
```

注意： 如果读者感兴趣，可以自行编写启动代码，在每个方法中打印输出信息尝试实例化类，并在对象之间建立连接，通过调用类中的方法模拟电梯的运行。

3.4 小结、习题与练习

3.4.1 小结

本章主要介绍了 Python 中面向对象的开发，其中涉及类的创建和实例化，以及类中的属性和方法等内容。只有详细了解并能使用面向对象的基本概念，才能了解现代的软件工程开发，理解更多的设计模式和设计思想。

3.4.2 习题

1.（选择题）针对 Python 面向对象的说法，以下错误的是（　　）。

A. Python 中的类只能拥有一个父类，但是一个父类可以派生出多个子类

B. Python 中的类可以具有多个方法和多个不同的属性

C. Python 中的类支持定义静态函数，静态函数可以直接使用类进行调用

D. 通过类中的一个方法可以修改这个类的私有属性

2.（填空题）面向对象的三大特征是________、________、________。

3.（简答题）考虑面向对象的思想，完成一个学生和老师关系的对象设计。

3.4.3 练习

为了巩固本章所学知识，希望读者可以完成以下编程练习：

1. 熟悉面向对象的概念，并且可以将实体和联系转换为面向对象中的类。

2. 编写实战练习中电梯类的实现代码，并且可以完善类和类之间的关系，模拟电梯的运行。

第 4 章

Python 小工具开发

本章将介绍 Python 中几个常用模块，可以让读者尽快地开发出有用的小工具，达到提高办公效率的效果。

本章主要是项目实战，并没有难易之分，读者可以编写其中需要的部分代码，大部分应用场景在理解其中的思想后自行设计开发即可。

扫一扫，看视频

本章的主要内容：

- Python 中一些常用包的使用；
- 如何使用 Python 处理一些简单的工作；
- 如何使用 Python 完成一些重复的任务。

本章的思维导图：

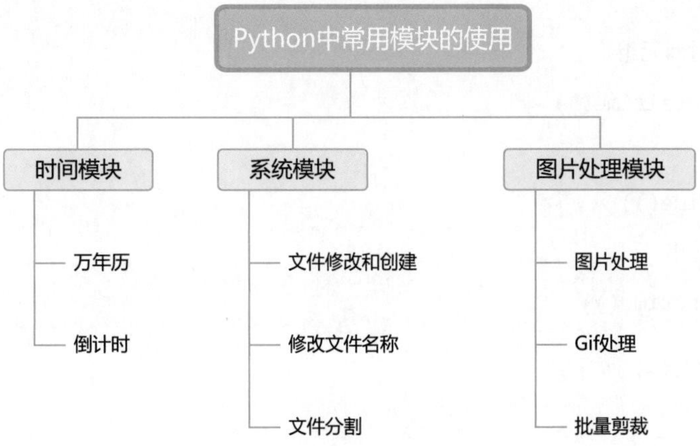

4.1 时间相关工具

在 Python 中有很多非常好用的小模块或第三方包。本节介绍 Python 中一些针对时间和日期处理的模块，并且基于这些时间和日期模块开发一些简单而实用的程序。

4.1.1 Python 中的 time 模块

扫一扫，看视频

Python 中的时间和日期模块或者包很多，其中使用最多的是 time 模块和 datetime 模块。这两个模块是 Python 内置包，在安装 Python 时已经被安装在本机环境中，可以在项目代码中引入。

在正式开发应用之前，必须明确的是计算机中的时间和真实世界并非完全一致。在 Python 中表示时间的方式一般有三种。

（1）时间戳：通常而言，时间戳是指 1970 年 1 月 1 日 00:00:00 开始按秒计算的偏移量，当然在一些语言中时间戳是以毫秒为基准单位的。

（2）时间元组：一个时间元组中包含 9 个元素，根据元组中的这些元素可以获得具体的日期和时间。

（3）格式化的时间字符串：Python 作为一种简单的工具语言，提供了直观的时间显示功能。

引入 time 模块的代码如下所示。

```
import time


# 打印本地的时间元组
print(time.localtime())
# 打印时间戳
print(time.time())
# 打印时间字符串
print(time.asctime())
```

运行结果如图 4-1 所示。

```
F:\anaconda\python.exe H:/book/python-book/python_book_basics/python-code/4/time.py
time.struct_time(tm_year=2021, tm_mon=1, tm_mday=10, tm_hour=18, tm_min=9, tm_sec=13, tm_wday=6, tm_yday=10, tm_isdst=0)
1610273353.7998924
Sun Jan 10 18:09:13 2021

Process finished with exit code 0
```

图 4-1　time 模块的使用

注意：time 模块的常用方法中，time.asctime() 方法实际上支持传入一个元组时间参数，如果没有传入参数，则默认将 time.localtime() 方法作为参数传入，所以在运行上述代码时会显示本地当前时间。

4.1.2　实战练习：万年历

扫一扫，看视频

除了在 4.1.1 节中介绍的 time 模块和还未提及的 date 模块以外，Python 在安装时自带了 calendar 模块，这个模块主要是为了实现与 UNIX 中日历程序类似的功能，并且通过这个模块可以方便地获取类似于“一个月中的天数”“某一个日期对应的星期”等数据。

可以使用 calendar 模块编写一个简单的万年历程序，代码如下所示，输入一个具体的年份时，可以自动生成当前一年的日历。

```
# 引入 calendar 模块
import calendar

# 输入指定年份
yy = int(input(" 输入年份 : "))

# 为了符合习惯，指定日历的第一天是星期天
calendar.setfirstweekday(firstweekday=6)
# 显示日历信息
calendar.prcal(yy, w=0, l=0, c=6, m=4)
```

万年历程序主要采用 calendar.prcal() 函数传入年份、格式及间隔等参数，该程序的运行结果如图 4-2 所示。

```
F:\anaconda\python.exe H:/book/python-book/python_book_basics/python-code/4/4-1-2.py
输入年份：2021
                                                  2021

      January                   February                   March                      April
Su Mo Tu We Th Fr Sa      Su Mo Tu We Th Fr Sa      Su Mo Tu We Th Fr Sa      Su Mo Tu We Th Fr Sa
                1  2          1  2  3  4  5  6          1  2  3  4  5  6                   1  2  3
 3  4  5  6  7  8  9       7  8  9 10 11 12 13       7  8  9 10 11 12 13       4  5  6  7  8  9 10
10 11 12 13 14 15 16      14 15 16 17 18 19 20      14 15 16 17 18 19 20      11 12 13 14 15 16 17
17 18 19 20 21 22 23      21 22 23 24 25 26 27      21 22 23 24 25 26 27      18 19 20 21 22 23 24
24 25 26 27 28 29 30      28                        28 29 30 31               25 26 27 28 29 30
31

        May                       June                      July                     August
Su Mo Tu We Th Fr Sa      Su Mo Tu We Th Fr Sa      Su Mo Tu We Th Fr Sa      Su Mo Tu We Th Fr Sa
                   1             1  2  3  4  5                   1  2  3       1  2  3  4  5  6  7
 2  3  4  5  6  7  8       6  7  8  9 10 11 12       4  5  6  7  8  9 10       8  9 10 11 12 13 14
 9 10 11 12 13 14 15      13 14 15 16 17 18 19      11 12 13 14 15 16 17      15 16 17 18 19 20 21
16 17 18 19 20 21 22      20 21 22 23 24 25 26      18 19 20 21 22 23 24      22 23 24 25 26 27 28
23 24 25 26 27 28 29      27 28 29 30               25 26 27 28 29 30 31      29 30 31
30 31

     September                  October                   November                  December
Su Mo Tu We Th Fr Sa      Su Mo Tu We Th Fr Sa      Su Mo Tu We Th Fr Sa      Su Mo Tu We Th Fr Sa
          1  2  3  4                      1  2          1  2  3  4  5  6                1  2  3  4
 5  6  7  8  9 10 11       3  4  5  6  7  8  9       7  8  9 10 11 12 13       5  6  7  8  9 10 11
12 13 14 15 16 17 18      10 11 12 13 14 15 16      14 15 16 17 18 19 20      12 13 14 15 16 17 18
19 20 21 22 23 24 25      17 18 19 20 21 22 23      21 22 23 24 25 26 27      19 20 21 22 23 24 25
26 27 28 29 30            24 25 26 27 28 29 30      28 29 30                  26 27 28 29 30 31
                          31

Process finished with exit code 0
```

图 4-2 万年历

4.1.3 实战练习：倒计时程序

扫一扫，看视频

本节介绍如何使用datetime模块和time模块。现实生活中经常有倒计时的需求，如记录离考试还有多少天，或者离亲人或朋友的生日还有几天。本节将完成一个简单的倒计时程序，可以结合第 5 章中 Python 数据库的操作或写入文件的方式，实现数据的持久化操作。

首先需要在用户输入中获取希望的目标时间和当前时间，并且实时运行，直到时间到达目标时间时，输出结果。

倒计时程序的具体流程如图 4-3 所示。

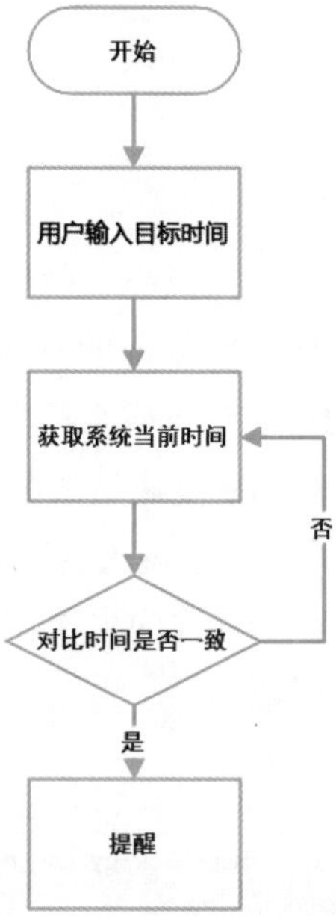

图 4-3　倒计时程序的具体流程

倒计时程序具体的代码如下所示。

```
import datetime, time


# 获取当前时间，转换为 int 形式
now_time = datetime.datetime.now()
print(" 当前时间为：", now_time)
target_date = input(" 输入时间以 - 分隔，例如 2020-1-1 23:10:10\n")
# 将字符串转换为 Python 的时间对象
target = datetime.datetime.strptime(target_date, "%Y-%m-%d %H:%M:%S")
# 打印转换后的时间对象
print(" 目标时间：",target)
while True:
    # 实时获取时间
    now_time = datetime.datetime.now()
    # 对比两个时间的差距，Python 中时间的 datetime 类型可以直接对比
    if target > now_time:
        print(" 时间未到，当前时间：", now_time)
        # 延迟一秒执行，不用实时判定
        time.sleep(1)
```

```
    else:
        # 目标时间已到
        print("时间已到")
        break
```

上述代码采用 datetime 模块的 now() 方法获得当前时间，在获得用户输入的目标时间后，使用 datetime.strptime() 方法将其转换为 Python 的时间对象。

在 Python 中，不仅仅是基本的数字对象或字符串对象可以进行对比，很多复杂对象也支持使用比较运算符进行对比，由 datetime 模块生成的时间对象就支持使用比较运算符进行比较。时间对象在比较时，未来的时间会大于过去的时间。

针对倒计时的判定，并不需要在一秒钟内多次执行，因为这是对资源的一种浪费，所以使用 time.sleep() 方法将代码的执行阻塞。

倒计时程序的运行结果如图 4-4 所示。

```
F:\anaconda\python.exe H:/book/python-book/python_book_basics/python-code/4/4-1-3.py
当前时间为： 2021-01-15 16:54:35.150796
输入时间以-分割，例如2020-1-1 23:10:10
2021-1-15 16:54:50
目标时间： 2021-01-15 16:54:50
时间未到，当前时间： 2021-01-15 16:54:40.407643
时间未到，当前时间： 2021-01-15 16:54:41.408167
时间未到，当前时间： 2021-01-15 16:54:42.408317
时间未到，当前时间： 2021-01-15 16:54:43.408709
时间未到，当前时间： 2021-01-15 16:54:44.409336
时间未到，当前时间： 2021-01-15 16:54:45.409442
时间未到，当前时间： 2021-01-15 16:54:46.410214
时间未到，当前时间： 2021-01-15 16:54:47.410894
时间未到，当前时间： 2021-01-15 16:54:48.411067
时间未到，当前时间： 2021-01-15 16:54:49.411259
时间已到

Process finished with exit code 0
```

图 4-4 倒计时程序的运行结果

4.2 文件修改工具

Python 之所以可以成为最受欢迎的脚本语言，主要得益于 Python 针对操作系统脚本的编写便捷性远远超过了系统自带的脚本语言。通过 Python 可以进行系统文件的输入 / 输出操作，甚至可以调用系统脚本实现更多、更复杂的功能。

4.2.1 Python 中的系统 IO

扫一扫，看视频

系统 IO 一般是指针对系统文件的输入 / 输出（Input/Output）。Python 作为一种脚本语言，最常见的应用是对系统中的文件进行更改、创建或删除，和系统自带的脚本语言可以实现相同的功能。

简单来说，系统 IO 本身就是数据的输入和输出。本节的重点是对系统中文件的读写及修改等操作。

当然，Python 最强大的能力并不是在系统中处理批处理语言能够完成的工作，而是作为这类脚本语言的补充，通过更好的数据处理性能和处理方式以及更便于编写的代码，使系统的操作更加便捷。

众所周知，在程序的运行过程中会出现大量的数据，这些数据会保存在计算机内存的一块区域中，方便程序的计算和调用。因为计算机的内存采用“断电即失”的设计逻辑，所以这些数据并不能持久化保存。

不仅如此，在 Python 程序设计中，一旦 Python 执行进程退出，为了及时释放资源，操作系统会自动清理 Python 占用的内存，无论代码中那些数据是否需要再次使用，都会直接消失。为了将这些数据及时保存下来，必须将内存中的数据以文件的形式保存，这些数据才能持续性地使用。

计算机的数据读取流程一般如图 4-5 所示。在这样的计算机结构下，内存是有限的资源，因为系统调用可能随时会替换数据。硬盘属于外存，采用的是永久化策略，保存在硬盘中的数据并不会因为时间长久或断电而消失。

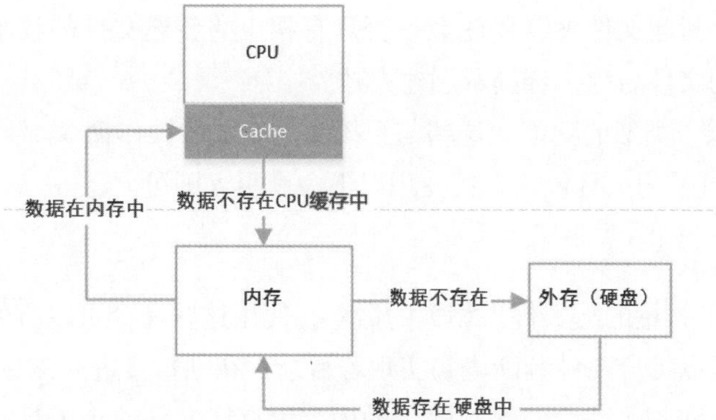

图 4-5　计算机的数据读取流程

上述数据的读写过程称为文件 IO。本节会针对文件系统进行操作，包括新建文件及对文件的修改等内容。

> **注意：** 随着技术的发展，现代的内存已经不再是一种稀缺资源。伴随着分布式和内存数据库的发展，持久化的数据也并不一定保存在外存中。

4.2.2 实战练习：新建文件夹

扫一扫，看视频

在文件系统中最常见的操作就是新建文件夹，在任何一个计算机系统中都允许将文件进行树状图的划分，这棵树的每个结点就是一个文件夹，最终的叶子结点就是需要分类的结点本身。

通常会采用一定的规律将相似或有一定联系的文件存放在一个文件夹中。在 Linux 或 Windows 系统中，新建文件夹的命令都是 mkdir 文件名，如图 4-6 所示。

```
H:\book\python-book\python_book_basics\python-code\4>mkdir test

H:\book\python-book\python_book_basics\python-code\4>dir
 驱动器 H 中的卷是 Temp
 卷的序列号是 000A-7866

 H:\book\python-book\python_book_basics\python-code\4 的目录

2021/01/23  20:52    <DIR>          .
2021/01/23  20:52    <DIR>          ..
2021/01/10  18:25               268 4-1-2.py
2021/01/15  16:49               813 4-1-3.py
2021/01/23  20:52    <DIR>          test
2021/01/10  18:10               158 time.py
               3 个文件          1,239 字节
               3 个目录 163,503,988,736 可用字节

H:\book\python-book\python_book_basics\python-code\4>
```

图 4-6　使用 mkdir 命令新建文件夹

在 Linux 系统中新建文件夹需要注意是否具有相应的新建文件的权限。如果所处的文件目录中已经有同样的文件名称，会提示创建失败。

Python 同样提供了类似的功能，这些与系统文件有关的操作命令都是由 os 包实现的。os 包是 Python 安装时自带的工具包，直接使用以下命令引入即可。

```
import os
```

在 os 包中提供了大量的与文件夹相关的命令，使用这些命令可以方便地判断当前文件夹所处的目录，并且可以结合条件判断语句实现若目录存在则直接进入该文件夹的功能。

如下代码所示，实现了一个将用户输入的内容保存成文件的小工具，其中包括文件夹是否存在的判定与新建文件夹，并且在该文件夹中创建了一个文件。

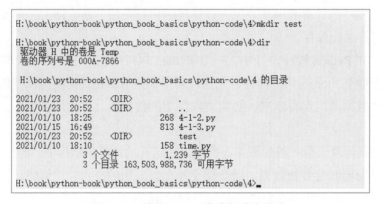

```
import os

# 创建文件的方法
def mkdir_file(f_p, f_t):
    i = 1
    while True:
        # 判断文件是否存在，如果不存在，则创建；如果存在，则改名
        f_p_intact = f_p + "\\text" + str(i) + ".txt"
        # 打印完整的文件名称
        print(f_p_intact)
        if not os.path.exists(f_p_intact):
            # 文件的写操作
            f = open(f_p_intact, "w+")
            f.write(f_t)
            # 关闭文件流
            f.close()
            break
        else:
            i += 1


file_name = input(" 请输入需要创建的文件夹名称：\n")
file_text = input(" 请输入需要写入文件的内容：\n")

# 获得当前目录
now_path = os.getcwd()
# 拼出文件夹的完整路径
file_path = now_path + '\\' + file_name
# 判断文件夹是否存在，如果不存在，则创建；如果存在，则在文件夹中创建文件
if os.path.exists(file_path):
    print(" 目录文件夹已存在 ")
    mkdir_file(file_path, file_text)
else:
    # 创建文件夹
    os.mkdir(file_path)
    print(" 创建目录是：", file_path)
    mkdir_file(file_text, file_text)
```

上述代码会自动判定是否存在需要创建的文件夹和文件，运行结果如图 4–7 所示，在目录中试图创建名为 test 的文件夹，但是 test 文件夹已经存在。

```
F:\anaconda\python.exe H:/book/python-book/python_book_basics/python-code/4/4-2-2.py
请输入需要创建的文件夹名称：
test
请输入需要写入文件的内容：
HelloWorld
目录文件夹已存在
H:\book\python-book\python_book_basics\python-code\4\test\text1.txt
H:\book\python-book\python_book_basics\python-code\4\test\text2.txt

Process finished with exit code 0
```

图 4–7　创建文件夹和文件

在 test 文件夹中直接创建文件，因为文件夹中已经存在 text1.txt 文件，所以会自动创建 text2.txt 文件，并将输入的内容存放在该文件中。

Python 可以直接使用 open() 函数创建一个文件，通过指定 open() 函数的第二个参数来确定对文件的操作。具体的文件操作模式如表 4–1 所示。

表 4–1　文件操作模式

操作模式	说　明	指针位置
r	以只读模式打开，在该模式下不会进行任何写操作和修改操作	文件开头
rb	以二进制的方式打开一个只读文件	文件开头
r+	打开一个文件用于读写	文件开头，但是追加新的内容在文件末尾
rb+	以二进制的方式打开一个文件用于读写	文件开头，但是追加新的内容在文件末尾
w	打开一个文件用于写入，如果该文件存在，则打开该文件，但会删除原本在其中的内容，如果文件不存在，则会创建	文件开头
wb	以二进制的方式打开一个文件用于写入，如果该文件存在，则打开该文件，但会删除原本在其中的内容，如果文件不存在，则会创建	文件开头
w+	打开一个文件用于读写，如果该文件存在，则打开该文件，但会删除原本在其中的内容，如果文件不存在，则会创建	文件开头
wb+	以二进制的方式打开一个文件用于读写，如果该文件存在，则打开该文件，但会删除原本在其中的内容，如果文件不存在，则会创建	文件开头

续表

操作模式	说　明	指针位置
a	打开文件进行追加，文件不存在则会自动创建	文件内容的最后
ab	以二进制的方式打开一个文件用于追加，文件不存在则会自动创建	文件内容的最后
a+	打开一个文件用于读写，如果该文件存在，则打开该文件，在所有内容后追加内容，如果不存在，则自动创建	文件内容的最后
ab+	以二进制的方式打开一个文件用于读写，如果该文件存在，则打开该文件，在所有内容后追加内容，如果不存在，则自动创建	文件内容的最后

注意： 对文件的操作，在大多数系统中需要一定的权限，如果不是使用 root 权限或具有权限的用户进行文件的创建，则会出现权限不足的系统错误。可以采用两种方式解决：①切换至由具有权限的用户执行；②对新建文件夹进行权限的赋予，使当前用户可以创建文件。

4.2.3 实战练习：统一修改文件名称

扫一扫，看视频

在实际生活中经常遇到的一种需求是统一修改某个文件夹中的文件名称，将这些文件加上特有的标识。

如果只是用手工操作的方式进行重命名，在只有一个或数个文件时，可以很快完成工作。如果有成千上万个文件，用手工操作的方式进行重命名是非常耗费时间和精力的。这样的工作使用 Python 可以方便地完成。

本实例中首先需要使用 os 模块获取目标文件夹中的所有文件，并通过遍历的方式进行文件名称的修改。

可以使用以下代码在 filename_test 文件夹中创建 10 个测试文件。

```
for i in range(0, 10):
    f = open('filename_test/' + str(i) + '.txt', 'a+')
    f.close()
```

要遍历 filename_test 文件夹中的所有文件，完成这个需求可以采用多种方式。os 模块提供了不同的获取文件的方法。使用 os.walk() 函数可以遍历文件夹中的所有文件，返回的是一个三元元组，包含目录的路径及子目录中的文件。使用 os.listdir() 函数可以得到路径下的所有文件，但是不包含子目录中的文件，可以使用递归方式获取文件名称。具体代码如下所示。

```
import os

path = input("请输入路径：")
print("该文件夹中的所有文件有：")
temp_file_name = []
# 获取目标文件夹中的全部文件
for f in os.listdir(path):
    # 打印所有的文件
    print(f)
    temp_file_name.append(f)
name = input("请输入需要修改的名称前缀：")
c_suffix = input("需要修改的后缀名（无须修改直接回车）：")
i = 0
# 使用 rename() 方法修改文件名称
for item in temp_file_name:
    # 获取文件的后缀
    if c_suffix == '':
        suffix = '.' + item.split('.')[-1]
    else:
        suffix = '.' + c_suffix
    os.rename(path + item, path + name + str(i) + suffix)
    i += 1
print("修改完成")
```

在文件名称中一般包含文件名称和后缀名，如果不是正确的后缀名，则不能正确地打开文件。如果在修改文件时不需要更改文件的后缀名，则需要获取文件名称中原本的后缀名并在重命名时将获取的后缀名添加在文件名称之后。

上述代码的运行结果如图 4-8 所示。

```
F:\anaconda\python.exe H:/book/python-book/python_book_basics/python-code/4/4-2-3.py
请输入路径：filename_test/
该文件夹中的所有文件有：
pp0.txt
pp1.txt
pp2.txt
pp3.txt
pp4.txt
pp5.txt
pp6.txt
pp7.txt
pp8.txt
pp9.txt
请输入需要修改的名称前缀：prefix_
需要修改的后缀名（无须修改直接回车）：exe
修改完成
```

图 4-8　修改文件名称

修改后的文件如图 4-9 所示，所有后缀名为 .txt 的文本文件被修改为后缀名为 .exe 的可执行文件。

prefix_0.exe	2021/2/1 20:07	应用程序
prefix_1.exe	2021/2/1 20:07	应用程序
prefix_2.exe	2021/2/1 20:07	应用程序
prefix_3.exe	2021/2/1 20:07	应用程序
prefix_4.exe	2021/2/1 20:07	应用程序
prefix_5.exe	2021/2/1 20:07	应用程序
prefix_6.exe	2021/2/1 20:07	应用程序
prefix_7.exe	2021/2/1 20:07	应用程序
prefix_8.exe	2021/2/1 20:07	应用程序
prefix_9.exe	2021/2/1 20:07	应用程序

图 4-9　修改后的文件

4.2.4　实战练习：文件分割

扫一扫，看视频

在文件处理中经常使用的另一个场景是对文件进行分割，尤其是文本文件，可以将一段长文本进行分割，最终生成数个小文本文件。

os 模块可以获取文件的地址，并且使用代码对该文件进行读取。为了防止一次读取大文件造成内存拥堵，可以按行的方式进行读取。这里使用 readlines() 函数进行文件的读取。为了防止读取文件时出现编码错误，所以使用 rb 模式读取。

文件分割的具体代码如下所示。

```
import os

# 获取具体的文件名称
file_path = input(" 输入具体的文件路径：")
file_cut = input(" 输入需要切分的行数：")
file = open(file_path, 'rb')
# 创建文件夹
has = os.path.exists('output')
if has:
    # 进入目录
    os.chdir('output')
else:
    # 如果不存在，则创建目录
    os.mkdir('output')
    # 创建目录后进入该目录
    os.chdir('output')

i = 0
# 读取文件和切分文件
while True:
    over = False
    f = open("out" + str(i) + ".txt", 'wb+')
    # 按行写文件
    j = 0
    while j < int(file_cut):
        line = file.readline()
        print(line)
        if line == b'':
            over = True
            break
        f.write(line)
        j += 1
    f.close()
    i += 1
    if over:
        break
```

上述代码的运行结果如图 4-10 所示。

名称	修改日期	类型	大小
out0.txt	2021/2/1 21:33	文本文档	1 KB
out1.txt	2021/2/1 21:33	文本文档	1 KB
out2.txt	2021/2/1 21:33	文本文档	1 KB
out3.txt	2021/2/1 21:33	文本文档	1 KB
out4.txt	2021/2/1 21:33	文本文档	1 KB
out5.txt	2021/2/1 21:33	文本文档	1 KB

图 4-10　文件分割的结果

4.3 图片处理工具

除了文本文件以外，图片处理工具也是经常使用的工具之一。Python 中有很多第三方包可以用于图片处理。在 AI 与机器学习中，也有很多针对图片的处理操作。

4.3.1 Python 图片处理

扫一扫，看视频

所有的计算机文件是可以被程序处理的。和人用肉眼观察图片不一样，在真实世界中图片本质是一种视觉刺激。这种刺激直接作用于大脑并在大脑中形成印象和反馈。

在计算机世界中，图片本质是保存在存储设备中的二进制代码，其本质与文本文件及其他的任何计算机文件都是一致的。也就是说，可以通过 Python 对这些二进制代码进行更改，这些更改都将作用于图片的具体显示。

图片处理是非常复杂的一个过程，不同的格式保存图片的方法也各有异同，有大量专用的软件可以针对图片进行处理，类似于 Photoshop 这样专业的图片处理软件，本质上是将用户的操作转换为相应的二进制代码进行保存。

在 Python 图片处理中最著名的是 PIL（Python Imaging Library）库，在 Python 3 中基于 PIL 库最常用的是 Pillow 包。

需要使用 pip 命令安装 Pillow 包，如图 4-11 所示。

```
H:\book\python-book\python_book_basics\python-code\4>pip install pillow
Looking in indexes: https://mirrors.aliyun.com/pypi/simple
Collecting pillow
  Downloading https://mirrors.aliyun.com/pypi/packages/a4/46/40a6b298d8b053287041
     |████████████████████████████████| 2.2 MB 6.8 MB/s
Installing collected packages: pillow
Successfully installed pillow-8.1.0
```

图 4-11　安装 Pillow 包

在计算机系统中，所有图片可以想象成由像素点组成的矩阵，其中每个点都是由三原色调和成某一种特定的颜色，所以在计算机中颜色一般采用 RGB 的形式。

RGB 色彩是红色（Red）、绿色（Green）、蓝色（Blue）组成的，每种颜色可以用 0~255（2^8-1）来表示。例如，RGB 色彩（0,0,0）代表黑色，（255,255,255）代表白色。

> **注意：** 在计算机中表示颜色也可以使用十六进制的方式，#fff 或 #ffffff 这样的形式都代表 RGB 类型的颜色。

4.3.2 实战练习：Python 图片转换

扫一扫，看视频

Pillow 包的功能非常强大，提供了大量 API 接口用于图片的处理。例如，需要将一张图片进行灰度化处理，也就是将一张彩色图转换为灰度图。转换原理非常简单，将图片中所有像素的 RGB 颜色值转换为对应的灰度颜色值即可。具体代码如下所示。

```
from PIL import Image

# 打开图片文件
im = Image.open("demo.png")
# 将读取的图片转换为灰度图
im2 = im.convert("L")
im2.show()
```

在 Python 中读取图片文件和读取文本文件的方式相同，读取后的文件会被放入内存中，调用 convert() 函数转换图片。图片转换为灰度图的结果如图 4-12 所示。

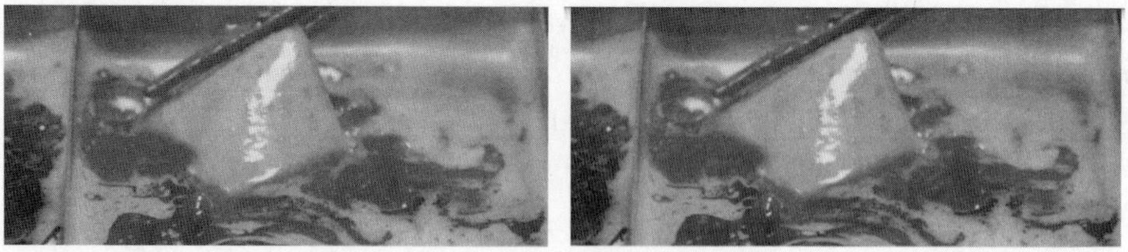

图 4-12 图片转换为灰度图

> **注意：** 上述代码中没有保存转换后的图片，使用 show() 函数可以直接打开在内存中暂存的图片，可以将该图片保存在硬盘中，实现持久化保存。

在 Pillow 包中提供了 9 种不同的图片模式，分别是 1、L、P、RGB、RGBA、CMYK、YCbCr、I、F，具体的说明如表 4-2 所示。

表 4-2 图片模式及其说明

模 式	说 明
1	二值图像，只有黑、白两种颜色
L	灰度图像
P	8 位色彩图像
RGB	红、绿、蓝色彩空间，每一种颜色值在 0~255 内
RGBA	对图像增加透明通道
CMYK	四色标准颜色，一般用于打印品
YCbCr	色度和亮度分量标准，YCbCr 是在计算机中应用最多的色彩标准
I	高清晰灰度标准，和 L 模式相比提供 32 位空间
F	灰度图像标准，保留转换后的浮点数

Pillow 包提供了大量方便使用的图片处理工具，可以在官方文档中查看 Pillow 包提供的这些 API 接口，地址为 https://pillow.readthedocs.io/en/stable/。

4.3.3 实战练习：使用 Python 生成 GIF 动图

扫一扫，看视频

Pillow 包不仅能处理静态图片，还可以针对 GIF 动图进行处理。GIF 的全称是 Graphics Interchange Format，是一种常用的网络图片格式。GIF 动图在最近流行的表情包中得到了广泛应用。

使用 Python 可以方便地处理图像文件，也可以将一系列的静态图像转换为 GIF 动图，同样可以从 GIF 动图中截取某一帧的图像。

代码如下所示，可以在 GIF 动图中截取某一帧的图像。

```
from PIL import Image, ImageSequence


# 打开 gif 文件
im = Image.open("demo.gif")
# 打印所有的帧数
print("GIF 一共有 %d 帧 " % ImageSequence.Iterator(im).__sizeof__())
num = input(" 需要截取的帧数：")
```

```
# 获取动图的具体帧
f = ImageSequence.Iterator(im)[int(num)]
f.show()
```

上述代码的运行结果如图 4-13 所示。

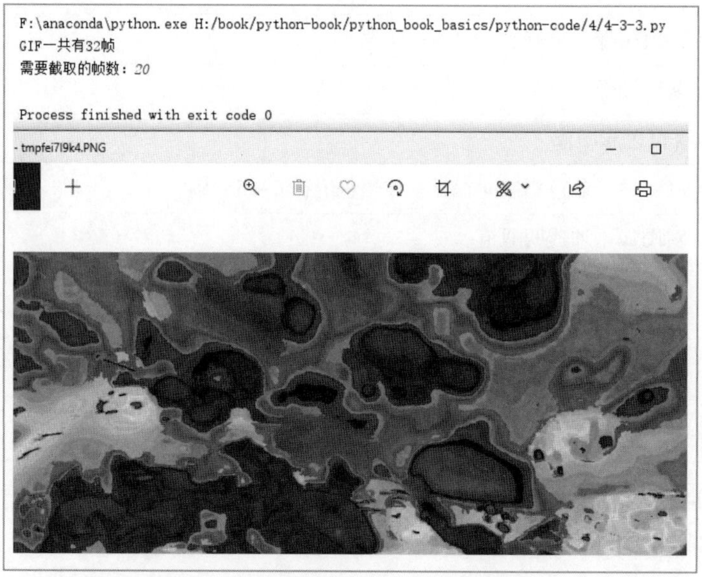

图 4-13　截取 GIF 动图某一帧的图像

扫一扫，看视频

如果要生成一幅 GIF 动图，则需要将一系列图片存放在同一个文件夹中。可以使用 os 模块的 os.listdir() 函数获取文件夹中的所有图片，将这些图片存放在列表中，之后使用 Pillow 包将其转换为图片序列。具体的代码如下所示。

```
import os
from PIL import Image

path = "img_seq"
seq = []
os.chdir(path)
# 获取目标文件夹中的全部文件
for f in os.listdir('.'):
    img=Image.open(f)
    seq.append(img)
print(seq)
seq[0].save('out.gif', save_all = True, append_images=seq[1:])
```

```
im=Image.open('out.gif')
im.show()
```

测试时将所有的图片存放在 img_seq 文件夹中，运行上述代码。将静态图片转换为 GIF 动图的结果如图 4-14 所示。

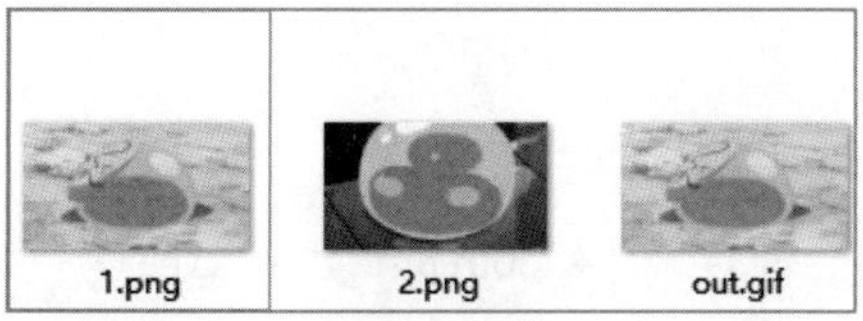

图 4-14　静态图片转换成 GIF 动图

4.3.4　实战练习：批量图片裁切

扫一扫，看视频

图片的批处理通常是影楼处理照片时进行的第一步操作，例如一寸照片的统一裁切，或者个人摄影照片的初步美化。

著名的图片处理软件 Photoshop 提供了批处理功能，"批处理"命令如图 4-15 所示，同时可以使用脚本控制图片的处理，但需要学会使用 Photoshop 才能使用这项功能。

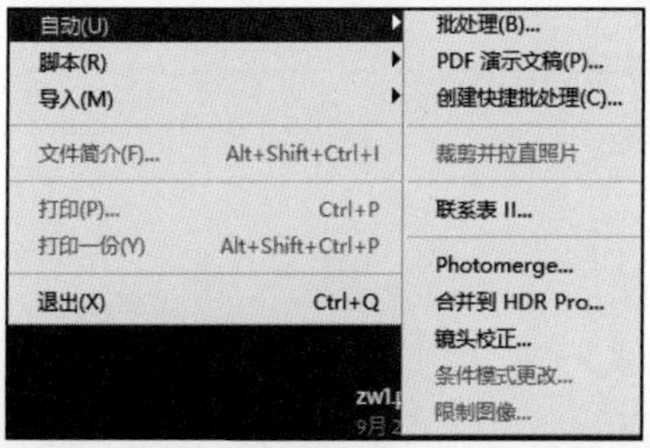

图 4-15　Photoshop 的"批处理"命令

其实使用 Python 编程对图片进行批处理也非常简单。Pillow 包提供了大量的图片优化和处理功能，影楼或数据部门可以方便地应用这些功能进行图片的批处理。使用 Pillow 包可以快速地进行图片的模糊、锐化或直方图处理。

结合 4.2 章节中的 os 模块，可以通过编写一个脚本将目标文件夹中的所有图片进行指定范围的裁切，代码如下所示。

```
import os
from PIL import Image

file_name = 'img_seq'
```

```
for file in os.listdir(file_name):
    img = Image.open(file_name + '/' + file)
    print(img.size)
    # 图片裁切 (left, upper, right, lower)
    cropped = img.crop((100, 100, 300, 300))
    # 图片展示
    Image._show(cropped)
    # 图片保存
    # cropped.save(file_name + '' + 'output_' + file)
```

运行上述代码，会将目标文件夹中的所有图片进行裁切处理，其中一张图片的结果如图 4-16 所示，裁切后的尺寸为 200 像素 ×200 像素。

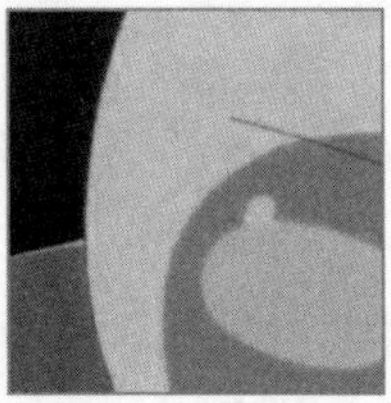

图 4-16　图片裁切处理

4.4 小结与练习

4.4.1 小结

本章介绍了 Python 中的小工具开发，可以详细了解如何使用 Python 中的时间模块、系统模块和图片处理模块，主要涉及用 Python 处理文本文件及图片文件。

在 Python 开发中有很多好用的模块或第三方包，这些模块或第三方包可以简单地处理平常看起来非常复杂的工作，合理使用这些模块或第三方包可以极大地提高开发程序的速度和质量。

4.4.2 练习

为了巩固本章所学习知识，希望读者可以完成以下编程练习：

1. 熟练使用 pip 命令安装所需模块。
2. 了解时间模块和日期模块的具体使用，了解计算机系统中时间和日期的存储。
3. 通过本章的实战练习，编程完成实用的小工具，可以根据自己的实际使用需求进行更改。

第 5 章

Python 操作表格和数据库

本章将介绍怎样使用 Python 操作 Excel 与其他的表格、数据库中的数据，并且介绍常用的基本存储和传输格式。通过学习本章，读者可以迅速地掌握如何针对个人存储的数据或公司数据库开发一个可以使用的脚本工具。

扫一扫，看视频

本章的主要内容：

- 基本的表格结构和 CSV 结构；
- Python 如何操作 Excel，处理表单和表结构；
- 常用的数据库和分类；
- 数据查询语言 SQL 基础入门；
- 如何使用 Python 连接数据库，并对数据库中的数据进行增删改查。

本章的思维导图：

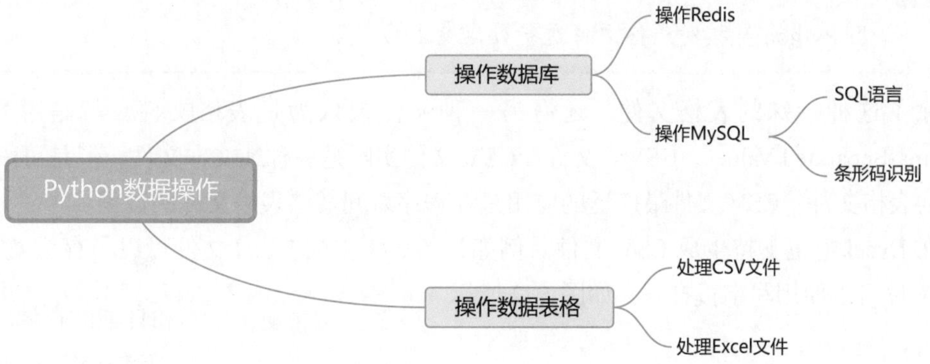

5.1 Python处理表格文件

办公中经常会使用表格文件来存储一些表结构的数据。相对于表结构的数据库系统，使用表格文件更加便捷和易用。

可以把常用的表格文件看作一种特殊结构的数据库表。Python 不仅可以对数据库进行操作，还可以直接对表格文件进行处理。处理后的表格文件可以直接导入数据库，也可以使用 Excel 等软件打开查看。

5.1.1 常用的表格文件

扫一扫，看视频

在实际使用过程中最常用的表格文件的后缀为 .xlsx 和 .xls，这两种格式的文件是 Excel 软件的专用表格文件，可以被 Excel 直接打开，并且以表格的形式显示。

Excel 是一款强大的数据分析与可视化工具，也是微软公司办公系列软件的套件之一，提供了非常强大的表格处理功能和科学计算功能。Excel 文件如图 5-1 所示。

	A	B	C	D	E	F
1	商品名称	sn码	价格	库存	进价	
2	牙膏	12312312	12	10	2	
3	电脑	213123333	1000	2	500	
4	牙刷	23441114	20	29	3	
5						

图 5-1　Excel 文件

> **注意**：Excel 软件的功能非常强大，针对一些软件没有直接提供的数据处理方式，可以直接通过编写宏进行处理。当然，对于专门学习一门新的工具语言而言，使用 Python 直接对表格文件进行处理更加方便。

除了这种特殊的表格文件，还有另一种文件被认为是表格文件，就是逗号分隔值（Comma-Separated Values，CSV）文件。CSV 文件实际是一种纯文本文件，但是可以被 Excel 解读为表格文件。CSV 文件最广泛的应用是在程序之间转移表格文件的数据。

在 Excel 中也支持生成 CSV 文件。例如，图 5-1 中的 Excel 文件可以另存为 CSV 文件。CSV 文件可以使用写字板打开，如图 5-2 所示。

```
商品名称,sn码,价格,库存,进价
牙膏,12312312,12,10,2
电脑,213123333,1000,2,500
牙刷,23441114,20,29,3
```

图 5-2　CSV 文件

需要注意的是，采用“,”分隔 CSV 文件虽然没有通用的行业标准，但是具有一定的书写规则。具体的规则如下所示：

- CSV 文件的开头无空白行，每一行在文件中也以行的形式显示。
- 第一行可含列名或不含列名，如果含列名，则认为是文件的第一行。
- 同行数据不跨行，数据之间无空行。
- 数据之间以半角逗号作为分隔符。

5.1.2　实战练习：Python 处理 CSV 文件

扫一扫，看视频

Python 针对 CSV 文件进行处理，本质是对文本文件进行处理。也就是说，可以使用 open() 函数进行文件的打开和读写操作。

例如，以下代码可以完成一个 CSV 文件的创建。

```
f = open("5-1-2-1.csv", "a+")
t_head = ["姓名", "性别", "年龄"]
t_body = ["张三", "男", "18", "李四", "女", "18", "王五", "男", "18"]
# 写表头
for i in t_head:
    f.write(i + ',')
f.write('\n')
# 写表体
j = 0
# 循环输出表体
while True:
    for i in range(0, len(t_head)):
        f.write(t_body[len(t_head) * j + i] + ',')
    # 换行
    f.write('\n')
    j += 1
    if j * len(t_head) == len(t_body):
```

```
        break
f.close()
```

上述代码的运行结果如图 5–3 所示。

	A	B	C	D
1	姓名	性别	年龄	
2	张三	男	18	
3	李四	女	18	
4	王五	男	18	
5				

图 5–3　创建的 CSV 文件

采用这种方式进行 CSV 文件的创建，其中的所有数据都需要手动进行循环读取和写入。为了简化这个流程，Python 提供了专门用于处理 CSV 文件的 CSV 模块，CSV 模块提供了对 CSV 文件的读写操作。使用 CSV 模块对文件进行读写操作的具体的代码如下所示。

```
import csv

# 打开 CSV 文件
f = open("test.csv")
# 读取文件中的内容
reader = csv.reader(f)
for i in reader:
    print(i)
```

如图 5–4 所示，可以看到所有数据直接被 CSV 模块转换为 Python 中的列表结构。使用 CSV 模块可以直接将 CSV 文件中的数据转换为 Python 可用的数据结构，也可以将 Python 中的列表结构直接转换为 CSV 文件存储。

```
F:\anaconda\python.exe H:/book/python-book/python_book_basics/python-code/5/5-1-2-2.py
['商品名称', 'sn码', '价格', '库存', '进价']
['牙膏', '12312312', '12', '10', '2']
['电脑', '213123333', '1000', '2', '500']
['牙刷', '23441114', '20', '29', '3']

Process finished with exit code 0
```

图 5–4　使用 CSV 模块读取文件

对于读到的结果可以进行处理，例如，计算图 5–1 中所有商品和库存的预期收益，具体的代码如下所示。

```
import csv

# 打开 CSV 文件
f = open("test.csv")
# 读取文件中的内容
reader = csv.reader(f)
index = 0
new_csv = []
# 循环计算数据，并且放入新的列表中
for i in reader:
    temp = []
    for j in i:
        temp.append(j)
    if index == 0:
        temp.append(" 预期收益 ")
    else:
        temp.append(str((int(i[2]) - int(i[4])) * int(i[3])))
    index += 1
    # 构建新的列表
    new_csv.append(temp)
    print(new_csv)
# 关闭读取的文件
f.close()
# 写文件，注意打开文件时需要指定换行时不空行
f = open("5-1-2-2.csv", "a+", newline='')
# 创建写 CSV 文件对象
write = csv.writer(f)
# 将所有的数据存入文件中
write.writerows(new_csv)
f.close()
```

上述代码的运行结果如图 5-5 所示。

	A	B	C	D	E	F	G
1	商品名称	sn码	价格	库存	进价	预期收益	
2	牙膏	12312312	12	10	2	100	
3	电脑	2.13E+08	1000	2	500	1000	
4	牙刷	23441114	20	29	3	493	
5							

图 5-5　计算所有商品和库存的预期收益

5.1.3 实战练习：Python 处理 Excel 文件

扫一扫，看视频

Excel 文件和 CSV 文件有相似的使用方式，但 Excel 文件是微软公司拥有的专利表格格式，所以不能通过直接读写文件的方式进行修改。

Python 可以通过一些第三方库进行 Excel 文件的创建、读取及修改。虽然通过 Python 并不能完全模拟 Excel 软件中的所有功能，但足以胜任 Excel 文件的处理工作。在 Python 中处理 Excel 文件的第三方库非常多，例如，pandas、openxy、xlrd、xlwt、xluntils 和 pyExcelerator 等库都可以完成 Excel 文件的处理工作。

除了上述第三方库以外，还可以通过 Windows 提供的系统模块进行 Excel 文件的处理，如 win32com 和 openpyxl 模块。

因为 Excel 文件一般作为数据存储和输入输出的格式，所以很多第三方库的数据处理模块包含了 Excel 文件的读取和输出功能，类似于 pandas 库的数据处理模块并不是专门用于 Excel 文件处理的，而是作为数据整理和处理工具。

Excel 文件和 CSV 文件不同之处在于，Excel 文件中可能并不只有一张表格，而是多张表格的合集，且每张表格中可能拥有自己独特的字体、颜色等样式。在读取数据时也应当注意，Excel 文件中的数据可能出现特殊字符和图片。

本节中使用 xlrd、xlwt 库进行 Excel 文件的读取和创建，其中，xlrd 库可以用于 Excel 文件的读取，xlwt 库可以用于 Excel 文件的创建。

代码如下所示，可以获取 Excel 文件的表格中的行数、列数、表名及目标表中的所有数据。

```
# 处理 Excel 文件
import xlrd

# 获取 Excel 对象
data = xlrd.open_workbook("test.xlsx")
print(" 该 Excel 一共具有 %d 张表 " % data.nsheets)
# 获取表对象
table = data.sheets()[0]
print(" 第一张表的名称为：{0}\n 具有的行数： {1}\n 具有的列数： {2}".format(table.name,
table.nrows, table.ncols))
for i in range(table.nrows):
    print(table.row(i))
```

通过上述代码读取如图 5-1 所示的 Excel 文件，结果如图 5-6 所示。

```
F:\anaconda\python.exe H:/book/python-book/python_book_basics/python-code/5/5-1-3.py
该Excel一共具有1张表
第一张表的名称为：Sheet1
具有的行数： 4
具有的列数： 4
[text:'商品名称', text:'sn码', text:'价格', text:'库存']
[text:'牙膏', number:12312312.0, number:12.0, number:10.0]
[text:'电脑', number:213123333.0, number:1000.0, number:2.0]
[text:'牙刷', number:23441114.0, number:20.0, number:29.0]

Process finished with exit code 0
```

图 5-6 获取 Excel 文件中的表格和数据

如果需要创建 Excel 文件，则需要使用 xlwt 库。需要注意的是，xlwt 库只能用于创建新的 Excel 文件。如果需要对原有的文件进行修改，可以将所有的数据读取后全部写入新的文件中。

具体代码如下所示，指定第一行的表头样式为黑体，红色文字。并且使用 write() 方法按单元格写入数据。例如，ws.write(0,0, 写入数据 , 样式) 语句会将数据改写为指定样式，并填入 Excel 文件第一行第一列的单元格中。

```
import xlwt

# 创建表格写对象
wb = xlwt.Workbook()
ws = wb.add_sheet(' 新建表格 ')
# 表格样式
style = xlwt.easyxf('font: name 黑体 , color-index red, bold on')
ws.write(0, 0, " 商品名称 ", style)
ws.write(0, 1, "sn 码 ", style)
ws.write(1, 0, " 牙刷 ")
ws.write(1, 1, 123124123)
wb.save('example.xls')
```

运行上述代码，会在代码同级文件夹中创建一个 example.xls 文件，第一行数据的样式为红色文字，黑体，第二行数据是默认样式的黑色文字，如图 5-7 所示。

	A	B	C
1	商品名称	sn码	
2	牙刷	123124123	
3			

图 5-7 创建的 example.xls 文件

注意：xlwt 库只能创建 Excel 97-2003 支持的 xls 格式的 Excel 文件，不能创建新版本的 xlsx 格式的 Excel 文件。如果需要完成更多的功能，可以使用其他的处理 Excel 文件的第三方库。如 openxy 库可以支持 Excel 文件的修改。

5.2 数据库入门

数据库是数据的管理仓库，是采用一定的关系和逻辑对数据进行保存的仓库。在计算机出现之前，人们进行文件的整理和入库的过程也就是建立数据库的过程。

伴随着计算机的出现和存储空间的增加，数据不再采用固定文件的方式在文件系统中保存，而是在存储数据的同时记录数据之间的关系，形成高效可用的存储和结构设计方式。在计算机系统的发展过程中，正是数据库的出现给系统提供了优秀的性能和高度可用的数据。

5.2.1 常用数据库和分类

扫一扫，看视频

数据库其实就是在记录数据的同时进行数据的分类和数据之间关系的存储。在真实世界中，数据之间的关系并没有所谓的最优关系，所以数据库的设计也各自不同。数据库一般分为两种——关系型数据库和非关系型数据库。

关系型数据库支持结构化查询语言（Structured Query Language），也就是常说的 SQL 语言，这种数据库查询语言根据数据库软件的不同可能出现略微的不同，这种数据库软件的代表是 Oracle、MySQL、SQL Server 等。

另一种数据库称为非关系型数据库，非关系型数据库软件的代表是 Redis、MongoDB、Cassandra、HBase 等。非关系型数据库的存储格式不统一，适合的使用场景差距也非常大。

关系型数据库和非关系型数据库的存储格式不同，适用场景和优势截然不同。一般认为关系型数据库拥有较好的数据逻辑关系，可以达到较少的数据冗余。一般非关系型数据库的性能高于关系型数据库，并且在分布式等应用场景中得到广泛使用。

在数据库软件的发展过程中，适合用户查看和理解的关系型数据库一度成为数据库的主流，但是伴随着内存技术的发展和系统应用性能的提升，越来越多的非关系型数据库因需求而被设计出来，这类数据库可以在特定的环境中提供性能优秀的功能。例如，Redis 这样的键值对（Key-Value）常驻内存数据库就常常被用在存储用户的登录状态中。

常用的数据库如表 5-1 所示。

表 5-1 常用的数据库

数据库名称	数据库类型	说 明
MySQL	关系型数据库	Oracle 公司旗下产品。MySQL 是最流行的关系型数据库管理系统之一
Oracle	关系型数据库	Oracle 公司主力产品，收费数据库，在数据库领域一直处于领先地位
PostgreSQL	关系型数据库	领先的开源关系型数据库，提供了相当多的现代化数据库特性
Redis	键值对数据库	常驻内存数据库，执行速度快，分布式，并发支持高
MongoDB	文件存储数据库	类似于 Json 的 bson 格式存储数据，支持查询语言，但是结构松散，介于关系型数据库与非关系型数据库之间
HBASE	面向列数据库	常用于分布式存储系统，是 Apache 公司的 Hadoop 项目的子项目。适用于非结构化数据存储的数据库

本书的后续项目中，将使用 Python 连接并使用这些数据库进行项目的创建和数据的读取。

5.2.2 数据库的安装

扫一扫，看视频

本节将介绍数据库软件中最具有代表性的两个数据库，一个是关系型数据库 MySQL；另一个是非关系型数据库 Redis。

1. MySQL

MySQL 是最知名的关系型数据库，也是如今使用广泛的关系型数据库之一。MySQL 经常用在 Web 系统服务中，因为其具有免费和易用的性质，所以成为当前数据库系统中最流行的数据库之一。

MySQL 的使用和安装非常简单，只需要在 MySQL 官网（https://www.mysql.com/）主页（如图 5-8 所示），下载对应系统的安装包，并且成功安装在本机系统中即可。

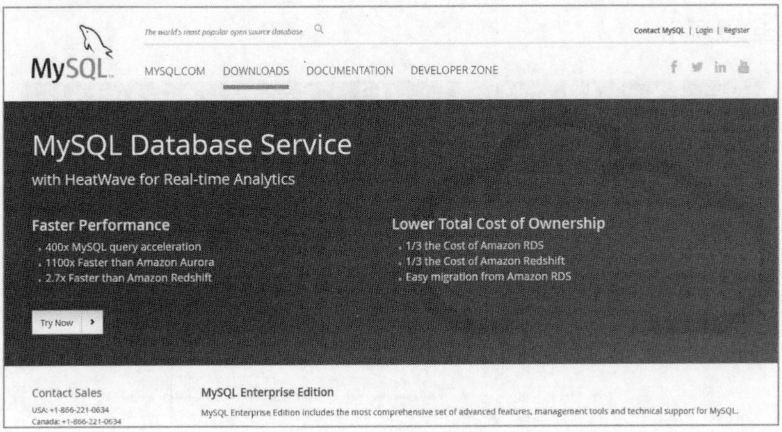

图 5-8 MySQL 官网主页

2. Redis

扫一扫，看视频

Redis 是一个开源的键值对数据库，使用 ANSI C 语言编写，支持网络连接，基于内存，也可以以文件形式持久化保存数据的日志型数据库。

Redis 官网地址为 https://redis.io/，可以在官网下载最新版本的 Redis 安装包，如图 5-9 所示。

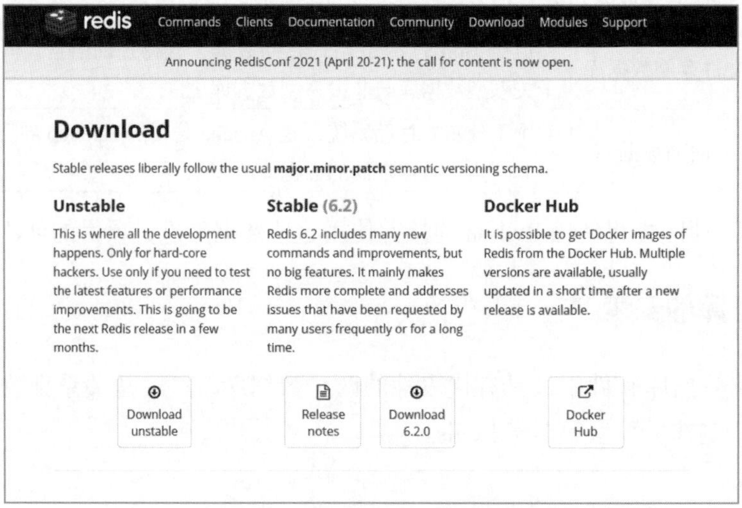

图 5-9　下载 Redis 安装包

对于 Windows 系统而言，Redis 的版本并没有跟随官方版本进行更新。Redis-win 是由微软公司在 Redis 基础上制作的 Windows 版本的 Redis 数据库，提供了 Windows 平台中的 Redis 基础服务，虽然已经在 2016 年停止了更新，但是可以在开发时作为测试使用。

Redis-win 开源在 GitHub 中，下载地址为 https://github.com/microsoftarchive/redis/releases，下载页面如图 5-10 所示。

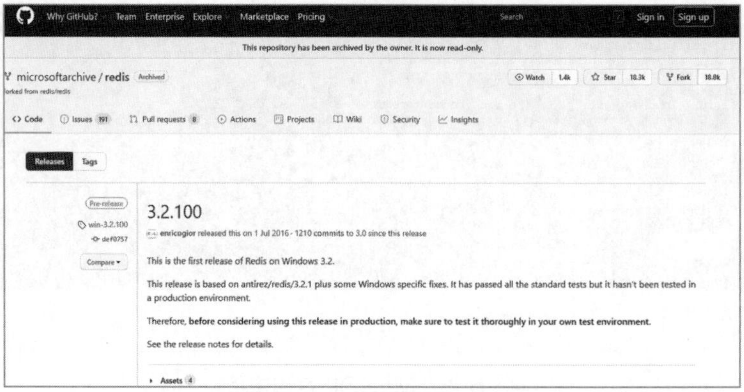

图 5-10　Redis-win 的下载页面

当然，在 Windows 系统中使用 Redis 并不是只能下载 Redis-win 版本，可以通过虚拟机或远程服务器的方式在 Linux 系统中安装最新版本的 Redis，通过网络连接使用。不仅如此，使用 Docker 中的 Redis 镜像更加方便，如果读者感兴趣，可以自行尝试安装。

5.2.3 MySQL 数据库的使用

扫一扫，看视频

MySQL 数据库是关系型数据库的代表，其中 MySQL 数据库的重点结构是数据表结构，所有数据都是以数据表的形式存放在数据库中的。

数据表之间具有一定的关系，数据之间的关系可以在数据库中使用外键进行连接。这种关系并不一定存储在数据库中，在代码中也可能存放这种数据关系。需要注意的是，MySQL 数据库中的数据引擎不同，支持的数据库细节也不同。

在服务器中安装 MySQL 数据库后，可以使用命令行工具或者 Linux 系统中的终端进行操作，在登录数据库后，可以采用 SQL 语句完成对数据库的操作。

MySQL 数据库安装完成后，可以使用下面的命令启动，结果如图 5-11 所示。如果下载的是非安装版本，则需要在解压后的 MySQL 程序文件夹的 bin 文件夹中使用。

```
mysqld --console
```

或者

```
net start mysql
```

```
G:\phpStudy\MySQL\bin>mysqld --console
210224 13:17:02 [Note] --secure-file-priv is set to NULL. Operations related to importing and exporting data are disable
d
210224 13:17:02 [Note] mysqld (mysqld 5.5.53) starting as process 17292 ...
210224 13:17:02 [Note] Plugin 'FEDERATED' is disabled.
210224 13:17:02 InnoDB: The InnoDB memory heap is disabled
210224 13:17:02 InnoDB: Mutexes and rw_locks use Windows interlocked functions
210224 13:17:02 InnoDB: Compressed tables use zlib 1.2.3
210224 13:17:02 InnoDB: Initializing buffer pool, size = 47.0M
210224 13:17:02 InnoDB: Completed initialization of buffer pool
210224 13:17:02 InnoDB: highest supported file format is Barracuda.
InnoDB: The log sequence number in ibdata files does not match
InnoDB: the log sequence number in the ib_logfiles!
210224 13:17:02  InnoDB: Database was not shut down normally!
InnoDB: Starting crash recovery.
InnoDB: Reading tablespace information from the .ibd files...
InnoDB: Restoring possible half-written data pages from the doublewrite
InnoDB: buffer...
210224 13:17:02  InnoDB: Waiting for the background threads to start
210224 13:17:03 InnoDB: 5.5.53 started; log sequence number 1669686
210224 13:17:04 [Note] Server hostname (bind-address): '0.0.0.0'; port: 3306
210224 13:17:04 [Note]   - '0.0.0.0' resolves to '0.0.0.0';
210224 13:17:04 [Note] Server socket created on IP: '0.0.0.0'.
210224 13:17:05 [Note] Event Scheduler: Loaded 0 events
210224 13:17:05 [Note] mysqld: ready for connections.
Version: '5.5.53'  socket: ''  port: 3306  MySQL Community Server (GPL)
```

图 5-11 启动 MySQL 数据库

启动 MySQL 数据库后，可以在命令行中使用以下命令查看 MySQL 数据库的运行状态。

```
service mysqld status
```

在确定启动了 MySQL 数据库后，可以使用以下命令建立 MySQL 数据库的连接，结果如图 5-12 所示，建立连接后就可以输入 SQL 命令处理数据。

```
mysql -h localhost -u root -p
```

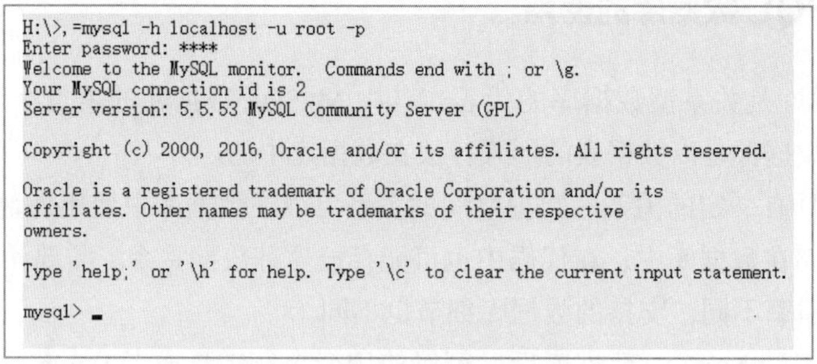

图 5-12　MySQL 数据库的命令行操作

注意： 在 5.2.4 节将会介绍一些简单的 SQL 语句。

针对 MySQL 数据库，虽然使用 SQL 语句可以对数据库中的数据进行操作，但是并不直观。对于初学者而言，学习 SQL 语言是必需的，但是针对本书的应用并不需要掌握复杂的 SQL 语言。

为了方便开发者使用 MySQL 数据库，很多软件提供了可以操作的图形界面，如 SQLyog、Navicat 等桌面端软件，又或者网页版本的 phpMyAdmin、Workbench 等软件。Navicat 软件的操作界面如图 5-13 所示。

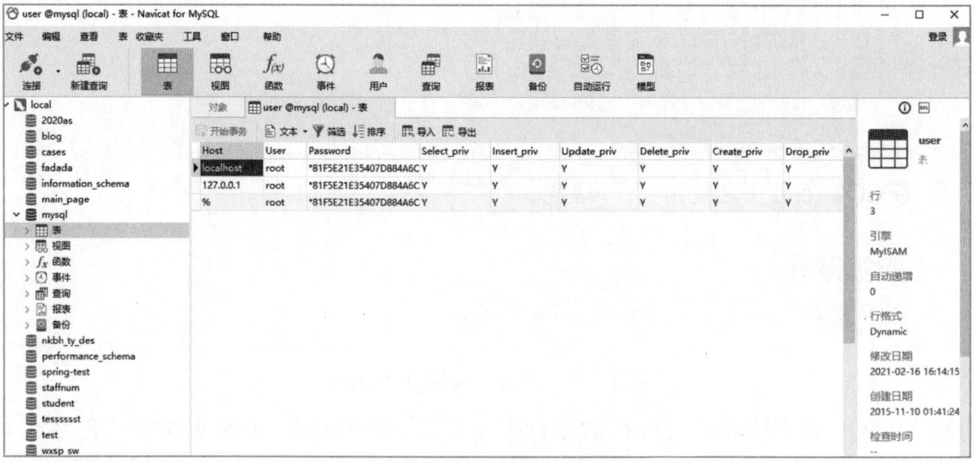

图 5-13　Navicat 软件的操作界面

5.2.4 常用的 SQL 语句

扫一扫，看视频

SQL 是指结构化查询语言，可以理解为一种通用的数据库操作语言，可以针对关系型数据库中的数据进行操作。

在数据库的操作中最常用的是增（增加数据）、删（删除数据）、改（修改数据）、查（数据查询）。本节将介绍这些常用的 SQL 语句。

1. 数据库操作语句

（1）查看当前系统中所有的数据库，语句格式如下：

```
show databases;
```

（2）创建数据库，语句格式如下：

```
create database 数据库名称 ;
```

（3）使用数据库，语句格式如下：

```
use 数据库名称 ;
```

如果选择的数据库不存在，则会报告 Unknown 数据库的错误；如果选择的数据库存在，则会自动切换数据库，也就是说，之后的 SQL 语句都是在选择的数据库中执行，如图 5-14 所示。

```
mysql> use student1
ERROR 1049 (42000): Unknown database 'student1'
mysql> use student;
Database changed
mysql>
```

图 5-14　选择数据库

（4）查看当前选择的数据库中的数据表，语句格式如下：

```
show tables;
```

注意： SQL 语句对大小写不敏感，支持大小写混写。在某些数据库系统中要求单条 SQL 语句一定使用“;”结尾。

2. 增加数据语句

（1）在选定的数据库中增加数据表，语句格式如下，语句格式如下：

```
create table 表名称 ( 列名称 指定列类型 );
```

例如：

```
create table student('id' int);
```

注意：MySQL 中并不支持在同一个数据库中存在两张同名表，但是对于表名而言，依旧存在大小写不敏感的情况。

（2）在表中插入数据，语句格式如下：

```
insert into 表名称（列名称 1 列名称 2）values（值 1 值 2）;
```

例如：

```
insert into student (name)values('test3');
```

如图 5–15 所示，如果执行成功，会在 MySQL 中显示执行的时间和当前 SQL 语句影响的数据行数。

```
mysql> insert into student (name)values('test3');
Query OK, 1 row affected (0.27 sec)

mysql>
```

图 5–15 插入数据

3. 删除数据语句

删除数据表中的行数据，语句格式如下：

```
delete from 数据表 where 条件;
```

例如：

```
delete from student where id =3;
```

在 where 语句之后跟随的是 SQL 语句的限定条件，如果上述语句中不包含“id=3”这个条件，则会导致删除整个数据表中的全部数据。同时，where 语句可以用于查询数据的条件或者修改数据的条件等。

在使用 delete 语句的环境中，如果删除的数据并不存在于数据表中，则会导致数据删除失败，但是不会导致数据库报告删除失败的错误，如图 5–16 所示。

```
mysql> delete from student where id =3;
Query OK, 1 row affected (0.27 sec)

mysql> delete from student where id =3;
Query OK, 0 rows affected (0.00 sec)

mysql>
```

图 5–16 删除数据

4. 修改数据语句

修改指定的数据，语句格式如下：

```
update 数据表名 set 列名称 = 新值;
```

5. 查询数据语句

查询所有的数据，语句格式如下：

```
select * from 表名称;
```

例如，查询 student 表中的全部数据，运行结果如图 5–17 所示。

```
mysql> select * from student;
+----+-------+
| id | name  |
+----+-------+
|  1 | test  |
|  2 | test2 |
+----+-------+
2 rows in set (0.00 sec)

mysql>
```

图 5–17　查询 student 表中的全部数据

> **提示：** SQL 语句支持的语法非常丰富，不同的 SQL 语句相互组合也可以完成不同的查询方法。SQL 语句可能在不同的关系型数据库中出现不同的语法细节，但是针对增、删、改、查等操作的 SQL 语句都有通用标准。

5.2.5　Redis 数据库的使用

扫一扫，看视频

Redis 数据库和 MySQL 数据库不同，Redis 数据库中一般不会存放非常复杂的数据关系，一般的数据都是以单独的键值对存在的，如以下结构。

```
Key:Value
```

在 Redis 数据库中 Key 值是使用者指定的。在 Redis 数据库中存在多种存储格式，但基本的存储结构就是以键值对存在的。

安装完成的 Windows 版本的 Redis 服务可以在系统服务中查看，如图 5–18 所示。

Quality Windows Audio Video Experience	优质 Windows 音频视频体验(qWave)是用于 IP 家庭...	正在...	手动
Redis	This service runs the Redis server	正在...	自动
Remote Access Auto Connection Manager	无论什么时候，当某个程序引用一个远程 DNS 或者 N...		手动
Remote Access Connection Manager	管理从这台计算机到 Internet 或其他远程网络的拨号...	正在...	自动
Remote Desktop Configuration	远程桌面配置服务(RDCS)负责需要 SYSTEM 上下文的...		手动
Remote Desktop Services	允许用户以交互方式连接到远程计算机。远程桌面和远...		手动

图 5–18　查看 Redis 服务

也可以使用以下命令进行 Redis 服务的启动，结果如图 5–19 所示。

```
redis-server redis.windows.conf
```

```
E:\DB\Redis-win>redis-server redis.windows.conf
[18656] 24 Feb 14:56:16.365 # Creating Server TCP listening socket 127.0.0.1:6379: bind: No error

E:\DB\Redis-win>
```

图 5-19　启动 Redis 服务

可以直接使用命令行或者 Linux 系统中的终端来管理 Redis 数据库中的数据。可以使用以下命令进行 Redis 服务的连接，如图 5-20 所示。

```
redis-cli.exe -h localhost -p 6379
```

```
E:\DB\Redis-win>redis-cli.exe -h localhost -p 6379
localhost:6379>
```

图 5-20　连接 Redis 服务

注意：连接 Redis 服务时如果设计了密码或者指定了专用的端口，需要在上述命令中进行修改，其中 localhost 代表本机的 ip 地址，如果需要连接其他服务器中的 Redis 服务，则需要指定可以访问的 ip 地址和端口。

Redis 数据库中常用的命令如表 5-2 所示。

表 5-2　Redis 数据库中常用的命令

命　令	说　明
keys *	查询数据库中的所有键
exists key	检查指定键是否存在，存在则返回 1，不存在则返回 0
del key	删除指定键，返回结果为删除的键的数量
set key value 参数	设置指定键的值
get key	获取指定键的值
mget key	批量获取键对应的值

提示：本节主要介绍常用的字符串的键值对操作。在 Redis 数据库中还有 List 、set、zset 等数据类型，如果读者感兴趣，可以深入了解。

5.3 Python数据库操作

在 5.2 节中主要介绍了常用数据库的安装和基本使用方法，本节将介绍如何使用 Python 进行数据库的操作。

5.3.1 实战练习：使用 Python 处理 MySQL 数据库

扫一扫，看视频

MySQL 数据库是关系型数据库的代表，在 Python 中拥有大量第三方库可以建立与 MySQL 数据库的连接，一般分为两种，一种是基于 SQL 语句进行数据库操作，另一种是基于 ORM 框架，即通过建立在 SQL 语句基础上的关系对象映射进行数据的处理。使用 ORM 框架可以将对象操作转换为可以执行的 SQL 语句，并且直接在数据库中执行，而不用手动编写 SQL 语句。

本节还是采用基础方式进行 MySQL 数据库的连接和 SQL 语句的执行。首先需要建立存储数据的数据库，使用 Navicat 软件或 SQL 语句均可，将建立的数据库命名为 student，数据表也命名为 student。student 表的结构如图 5-21 所示。

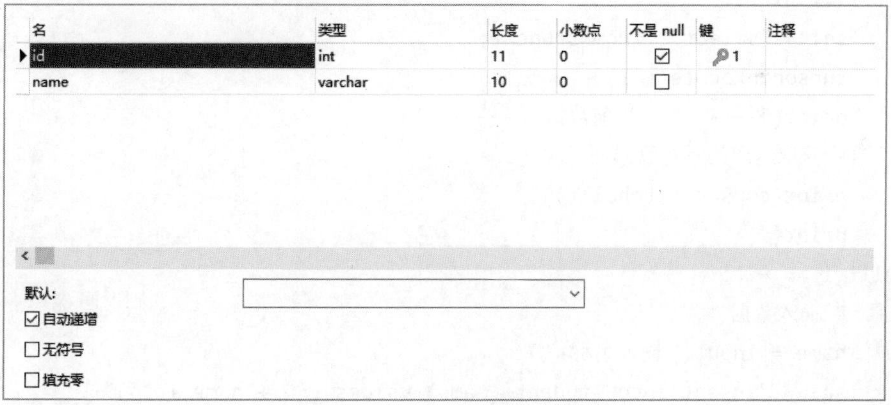

名
类型
长度
小数点
不是 null
键
注释
id
int
11
0
1
name
varchar
10
0
默认:
自动递增
无符号
填充零

图 5-21　student 表的结构

在建立表结构时，设置 id 为主键，并且设置为自动递增，也就是说，在插入数据时不需要传入 id，数据库会自动生成，用来作为数据的唯一 id。

在本实例中使用 pymysql 模块，如果本机中没有安装此模块，需要使用 pip 命令进行安装。

```
pip install pymysql
```

要创建数据库连接，需要指定主机 ip、操作的数据库和用户名及密码。例如，建立一个针对本机的数据库连接，该数据库的用户名为 root，密码也为 root，操作的数据库为 student，代码如下所示。

```
import pymysql

# 打开数据库连接
conn = pymysql.connect(host='localhost', user="root", passwd="root", db="student")
print(conn)
# 建立数据库执行对象
cursor = conn.cursor()
# 数据库操作
……
```

对数据库最常执行的操作就是增、删、改、查，可以根据输入的数值对数据进行查询、插入等操作，代码如下所示。

```
while True:
    # 输入指令
    i = input("1. 查询当前数据 \n2. 插入数据 \n3. 删除数据 \n4. 更新数据 \n 输入操作 \n")
    # 查询数据
    if i == '1':
        sql = "select * from student;"
        cursor.execute(sql)
        print("--------- 当前数据 ---------")
        # 获取返回的所有数据
        print(cursor.fetchall())
        print("___________________________")
    elif i == '2':
        # 插入数据
        name = input(" 输入名称：")
        sql = "insert into student (name) values ('" + name + "')"
        cursor.execute(sql)
    elif i == '3':
        # 删除数据
        id = input(" 输入需要删除的 id：")
        sql = "delete from student where id=" + id
        cursor.execute(sql)
    elif i == '4':
        # 更新数据
```

```
        id = input(" 输入需要更新数据的 id：")
        t_sql = 'select * from student where id=' + id
        cursor.execute(t_sql)
        # 打印原有数据
        print(cursor.fetchone())
        # 修改数据
        name = input(" 输入更改的名称：")
        sql = "update student set name='" + name + "' where id =" + id
        cursor.execute(sql)
    else:
        print(" 退出 ")
        break
```

上述代码的运行结果如图 5-22 所示。

```
F:\anaconda\python.exe H:/book/python-book/python_book_basics/python-code/5/5-3-1.py
<pymysql.connections.Connection object at 0x000001D185F8BDC8>
1.查询当前数据
2.插入数据
3.删除数据
4.更新数据
输入操作
1
---------当前数据---------
((1, 'test'), (2, 'test2'))
--------------------------
1.查询当前数据
2.插入数据
3.删除数据
4.更新数据
输入操作
```

图 5-22　数据库的操作结果

在代码的最后可以主动关闭数据库连接，代码如下所示。

```
# 提交数据库修改
conn.commit()
# 关闭数据库连接
cursor.close()
conn.close()
```

5.3.2　实战练习：使用 Python 处理 Redis 数据库

Python 针对 Redis 数据库的操作更为简单，Redis 数据库的操作并不需要构建 SQL 语句，连接后可以直接进行查询和数据操作。

扫一扫，看视频

在使用 Python 操作 Redis 数据库时需要安装操作模块 redis，可以使用以下命令进行 redis 模块的安装。

```
pip install redis
```

Redis 数据库的操作和 MySQL 数据库相似，不过在进行数据的查询时，首先必须知道数据的键，所以需要使用 keys() 函数查询所有数据的键。

具体代码如下所示。

```
import redis

# 获得 Redis 连接
conn = redis.Redis(host='localhost', port=6379, decode_responses=True)
while True:
    # 输入指令
    i = input("1. 查询所有键 \n2. 通过键查询数据 \n3. 插入数据 \n4. 删除数据 \n 输入操作 \n")
    # 查询数据
    if i == '1':
        # 查询所有键
        print(conn.keys())
    elif i == '2':
        # 通过键查询数据
        id = input(" 输入键：")
        print(conn.get(id))
    elif i == '3':
        # 插入数据
        id = input(" 输入插入的 id ：")
        name = input(" 输入插入的数据：")
        conn.set(id, name)
    elif i == '4':
        # 删除数据
        id = input(" 输入插入的 id ：")
        conn.delete(id)
    else:
        print(" 退出 ")
        break
# 关闭连接
conn.close()
```

上述代码的运行结果如图 5-23 所示。

```
输入键：book:article:3
{"title":"测试文字2","writer":"admin1","text":"这是一篇测试文字，用于测试。
1. 查询所有键
2. 通过键查询数据
3. 插入数据
4. 删除数据
输入操作
3
输入插入的id：test1
输入插入的数据：这是测试数据
1. 查询所有键
2. 通过键查询数据
3. 插入数据
4. 删除数据
输入操作
2
输入键：test1
这是测试数据
```

图 5-23　查询 Redis 数据库的数据

5.3.3　实战练习：超市条形码扫码系统

扫一扫，看视频

超市的结账系统的常用功能是条形码扫码系统，这种系统通过扫码枪扫描条形码，将条形码转换为一串字符，通过对数据库这串字符的识别来确定商品的价格。

条形码如图 5-24 所示，扫条形码后得到条形码下方的数字串。

586458762556

图 5-24　条形码

在本实例中将使用 Python 识别一个条形码图片，将图片中的条形码转换为数字存入数据库中，并且为其增加名称、价格和库存等信息。

本实例提供两个功能，一个是管理库存的添加功能；另一个是条形码的查询功能。具体的条形码扫码系统的流程如图 5-25 所示。

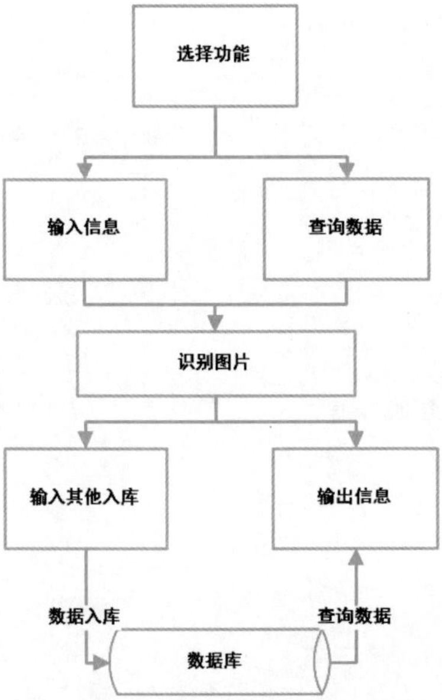

图 5-25　条形码扫码系统的流程

使用 MySQL 作为数据库，首先建立一个 shop_test 数据库作为测试数据库，在 shop_test 数据库中增加一个数据表，命名为 shops，该数据表的结构如图 5-26 所示。

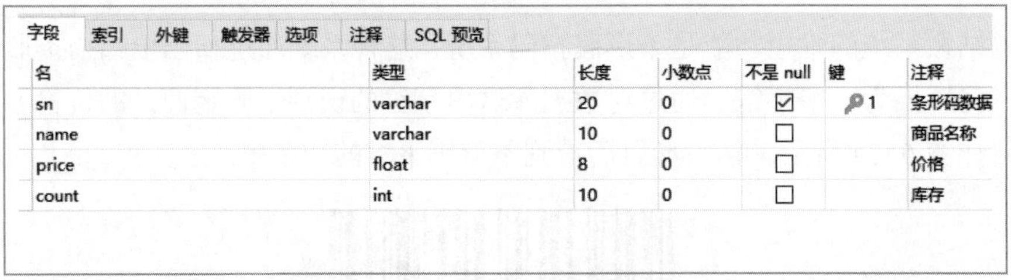

名	类型	长度	小数点	不是 null	键	注释
sn	varchar	20	0	☑	1	条形码数据
name	varchar	10	0	☐		商品名称
price	float	8	0	☐		价格
count	int	10	0	☐		库存

图 5-26　shops 数据表的结构

对于条形码扫码系统而言，最关键的功能是对条形码图片的处理，需要使用 pyzbar 模块进行条形码的处理，使用 pillow 包读取图片。

pillow 包和 pyzbar 模块需要使用 pip 命令进行安装，命令如下所示。

```
pip install pillow
pip install pyzbar
```

其中，pyzbar 模块可以用来处理条形码和二维码，以下代码就是一个简单的条形码识别实例。

```
import pyzbar.pyzbar as p
from PIL import Image
#读取图片
srcImg = Image.open(image_path)
codes = p.decode(srcImg)
```

将条形码图片和识别代码进行整合，编写为一个调用方法，通过传递一个条形码图片的地址返回条形码的数据，代码如下所示。

```
import pyzbar.pyzbar as p
from PIL import Image

# 识别图片中的条形码
def get_code(image_path):
    srcImg = Image.open(image_path)
    codes = p.decode(srcImg)
    code_data = codes[0].data.decode("utf-8")
    print(" 识别代码为: ", code_data)
    return code_data
```

这个系统具有两个功能，一个是商品的插入功能；另一个是商品的查询功能。建立数据库连接后，通过输入一个数值进行判定，代码如下所示。

```
import pymysql

# 打开数据库连接
conn = pymysql.connect(host='localhost', user="root", passwd="root", db="shop_
test")
print(conn)
# 建立数据库执行对象
cursor = conn.cursor()
while True:
    c = input("1、增加数据 \n2、查询数据 \n 选择功能: \n")
    if c == '1':
        sql = save_data()
        cursor.execute(sql)
        conn.commit()
    elif c == '2':
        sql = select_data()
```

```
            cursor.execute(sql)
            data = cursor.fetchone()
            print(data)
        else:
            break
    # 关闭数据库连接
    cursor.close()
    conn.close()
```

当输入数值为 1 时，增加数据，调用保存数据的方法，save_data() 方法会根据输入创建一条 SQL 语句并返回。save_data() 方法的代码如下所示。

```
# 增加数据 SQL
def save_data():
    image_path = input(" 输入需要入库的条形码地址：")
    # 获取条码数字
    sn = get_code(image_path)
    name = input(" 输入商品名称：")
    price = input(" 输入商品价格：")
    count = input(" 输入商品库存：")
    return "insert into shops values('" + sn + "','" + name + "','" + price + "','"
+ count + "')"
```

当输入数值为 2 时，调用查询数据的方法，select_data() 方法通过输入传入一个图片地址，调用 get_code() 方法获得唯一的 sn 码。

```
# 查询数据 SQL
def select_data():
    image_path = input(" 输入商品条形码地址 ")
    # 获取条码数字
    sn = get_code(image_path)
    return "select * from shops where sn='" + sn + "'"
```

上述代码的运行结果如图 5-27 所示，首先根据一个条形码图片（见图 5-24）创建一个商品，再根据此条形码图片查询商品的结果。

```
F:\anaconda\python.exe H:/book/python-book/python_book_basics/python-code/5/5-3-3.py
<pymysql.connections.Connection object at 0x0000020B193F8488>
1、增加数据
2、查询数据
选择功能:
1
输入需要入库的条形码地址:条形码.png
识别代码为: 586458762556
输入商品名称:测试商品
输入商品价格:100
输入商品库存:20
1、增加数据
2、查询数据
选择功能:
2
输入商品条形码地址条形码.png
识别代码为: 586458762556
('586458762556', '测试商品', 100.0, 20)
```

图 5-27　条形码系统的运行结果

5.4 小结、习题与练习

5.4.1 小结

本章主要介绍了 Python 针对数据库的连接和操作，并且通过快速入门的方式进行了数据库的介绍和 SQL 语句的讲解。Python 针对数据库的操作非常简单，但是涉及很多复杂的数据库概念及 SQL 语句等难点，需要读者认真地学习和阅读。

本书并不是一本针对数据库或数据库操作的书籍，所以只是通过简单的实例让读者可以使用数据库。针对实例中实际使用的数据库存在非常多的难点和待优化之处，这些知识可以通过其他专业书籍获取。

5.4.2 习题

1.（选择题）针对数据库的说法，以下错误的是（　　）。

A. 数据库是用于存储数据的一种软件

B. 数据库一般分为关系型数据库和非关系型数据库

C. 一个系统的数据库只能运行在一台主机中

D. SQL 语句在不同的关系型数据库中可能不一样

2.（简答题）如果需要将数据（姓名，张三；性别，男；年龄，25）插入 student 数据表，应当如何编写 SQL 语句？

3.（简答题）对比 Redis 和 MySQL 的应用场景和优缺点。

5.4.3 练习

为了巩固本章所学知识，希望读者可以完成以下编程练习：

1. 熟悉数据库的概念，了解关系型数据库和非关系型数据库的区别。

2. 编写代码进行 Python 与 MySQL 数据库的连接和基本操作，并且优化代码，为数据的增删改查增加更多的功能。

3. 编写代码进行 Python 与 Redis 数据库的连接和基本操作，熟悉键值对的操作。

4. 完成实战练习，尝试使用其他二维码或条形码进行商品信息的建立和查询。

第 6 章

Python 桌面应用开发

本章将介绍怎样开发 Python 的桌面应用。在真实的开发需求中，虽然 Python 桌面应用的开发并不是 Python 的主流应用场景，但是针对小工具的开发而言，Python 是非常好用的脚本语言，可以开发一款简单的 GUI 界面来操作这些脚本。

扫一扫，看视频

不仅如此，本章还涉及 Qt 框架这样通用的桌面应用开发框架，读者在学习的过程中可以获益良多。

本章的主要内容：

- Python Tkinter 桌面应用开发；
- Python Qt 桌面应用开发；
- Python 桌面应用的打包。

本章的思维导图：

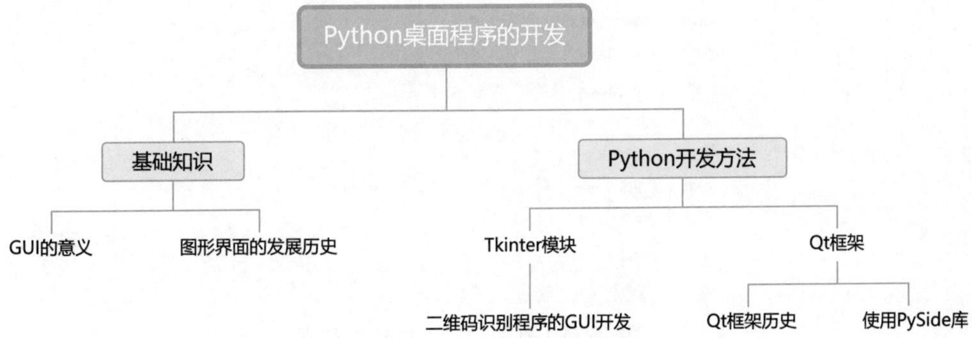

6.1 桌面应用开发入门

计算机桌面应用曾经是非常流行的一种应用模式，随着 B/S 架构和手机 APP 的崛起，计算机桌面应用的市场越来越小，但是无论如何，现在桌面应用依旧是必要的操作环境，大量的应用软件依旧选择桌面应用程序的方式。

6.1.1 桌面应用的发展历史

扫一扫，看视频

从计算机出现了图形化界面开始，桌面应用就以各种形式出现在计算机屏幕上，从 IE 浏览器、Photoshop 这样的大型软件到小脚本的配置器，又或者桌面端游戏，都是桌面应用开发的一种方式。

从 Windows 系统、Mac Os 系统到开源的 Linux 系统、UNIX 系统，每一个桌面应用都存在非常庞大的桌面端应用软件群体。这些桌面端应用软件为每个操作系统提供了丰富的功能，也是这些系统的特色所在。

桌面端应用软件在计算机软件出现初期，一般是基于单机的一些软件应用，这种 GUI 程序一般通过软盘或光盘的形式进行传播，在本地计算机中安装使用。随着网络服务的崛起，微软公司为桌面应用开发者提供了方便使用的 Visual Basic 语言、MFC 应用方案。

随着桌面应用的发展，越来越多的开发方案出现在桌面应用市场上，微软公司的 .NET 平台的 MFC 应用方案、通用平台的 Qt 框架和 Windows 平台下的 Duilib 等都拥有大量的使用者。基于 Duilib 的软件列表如图 6–1 所示。

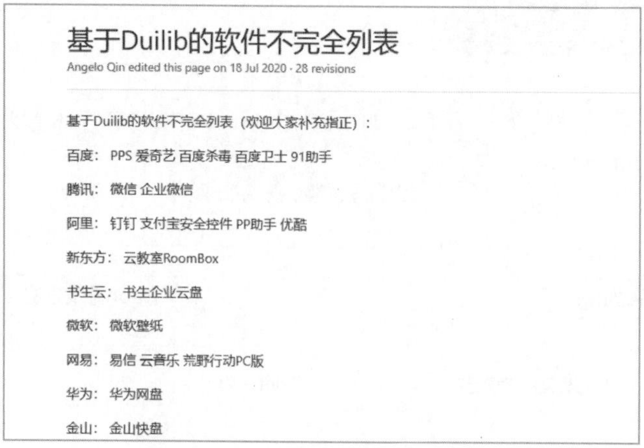
基于Duilib的软件不完全列表

Angelo Qin edited this page on 18 Jul 2020 · 28 revisions

基于Duilib的软件不完全列表（欢迎大家补充指正）：

百度：PPS 爱奇艺 百度杀毒 百度卫士 91助手

腾讯：微信 企业微信

阿里：钉钉 支付宝安全控件 PP助手 优酷

新东方：云教室RoomBox

书生云：书生企业云盘

微软：微软壁纸

网易：易信 云音乐 荒野行动PC版

华为：华为网盘

金山：金山快盘

图 6–1 基于 Duilib 的软件列表

C/S 架构曾经是使用最广泛的软件设计架构，虽然随着网络的发展 B/S 架构已经代替了原本大量的桌面端应用软件，但是 B/S 这种架构本身是基于浏览器的，而浏览器本身就是桌面端应用软件的代表。

6.1.2 Python GUI 开发框架

扫一扫，看视频

Python 的使用范围非常广泛，针对桌面端应用软件的开发其功能也非常强大。Python 提供了非常多的第三方库，其中最著名的就是 Qt 框架的 Python 版本 PyQt 库。使用 PyQt 库开发的软件支持 Qt 框架标准，可以在所有 Qt 框架标准支持的平台中编译显示符合系统风格的用户界面。梅赛德斯 - 奔驰的汽车面板就是使用 Qt 框架开发的，如图 6–2 所示。

图 6–2　梅赛德斯 – 奔驰的汽车面板

不仅如此，Python 的标准库也提供了 GUI 工具包 Tkinter 模块。Tkinter 模块是 Python 自带的 GUI 工具包，可以直接生成在 UNIX 平台下运行的 GUI 应用软件，也支持在 Windows 系统中运行。

Python 中还有很多强大的第三方库，如 wxPython、PySide 等。本章将会介绍最具代表性的 Tkinter 模块和 PySide 库。

6.2 Python Tkinter桌面应用开发

Tkinter 模块是 Python 的标准 Tk GUI 工具包的接口，也是 Python 中最简单的桌面应用开发工具。Tkinter 模块可以在不同的系统跨平台使用，也可以根据系统的不同实现本地窗口风格。

6.2.1 实战练习：Python Tkinter 桌面应用开发入门

扫一扫，看视频

Python Tkinter 桌面应用开发不需要编写专用的 XML 或 HTML 格式的配置文档，所有的控件通过代码的方式进行插入。

Tkinter 模块提供各种控件，具体的控件如表 6-1 所示。

表 6-1 Tkinter 模块的各种控件

控件名称	说明
Button	按钮控件
Checkbutton	复选框控件
Entry	输入框控件
Label	标签控件
Listbox	列表控件
Menubutton	菜单按钮控件
Menu	菜单控件
Message	消息控件
Radiobutton	单选按钮控件
Text	文本控件
Canvas	画布控件
Frame	矩形框控件
Scale	范围控件
Scrollbar	滚动条控件
Toplevel	对话框容器控件
Spinbox	可指定范围输入控件
PanelWindow	窗口布局控件
LabelFrame	容器控件
tkMessageBox	应用程序消息控件

如果需要创建一个 Tk 应用程序，首先需要实例化 Tk 对象，并且调用 mainloop() 方法创建窗口消息循环。

代码如下所示，创建了一个简单的 Tk 应用程序窗口。

```
import tkinter
```

```
t = tkinter.Tk()
# 进入消息循环
t.mainloop()
```

上述代码创建的 Tk 应用程序的窗口中不包含任何控件，Tk 应用程序默认在创建时会自动在窗口的右上角增加关闭等按钮，如图 6-3 所示。

图 6-3　创建 Tk 应用程序

6.2.2　实战练习：Python Tkinter 二维码识别程序

扫一扫，看视频

本节的实战练习将 5.3.3 节中的条形码识别程序进行改造，可以通过按钮获得图片文件的地址，并且可以在用户界面中显示图片的识别结果。

用户界面上需要三个控件，两个 Label 控件分别用来显示图片和识别结果，一个 Button 按钮控件用于打开文件选择窗口，并且设置窗口的大小和标题，具体代码如下所示。

```
import tkinter
from tkinter import filedialog
import pyzbar.pyzbar as p
from PIL import Image

t = tkinter.Tk()
# 设置窗口大小和偏移量
t.geometry('500x300+500+200')
# 设置窗口标题
t.title(' 二维码识别程序 ')

l_img = tkinter.Label(t)
l_img.pack()
# 创建识别的字符串 Label 控件
```

```
l = tkinter.Label(t, text=" 得到结果 ")
l.pack()
# 创建获取图片的文件浏览安装
tkinter.Button(t, text=" 识别图片文件 ", command=callback).pack()
# 进入消息循环
t.mainloop()
```

通过 Button 按钮绑定了一个回调方法，命名为 callback()，用户单击此按钮时，打开文件选择窗口，并且读取图片，更新 Label 中的图片并读取图片地址，代码如下所示。

```
# 浏览图片按钮的回调方法
def callback():
    # 获取文件
    file_name = filedialog.askopenfilename(defaultextension=".png",
                                  filetypes=[("PNG", ".png"), ("GPF", ".gpf"), ("JPG", ".jpg")])
    print(file_name)
    img = tkinter.PhotoImage(file=file_name)
    # 更新图片
    l_img.config(image=img)
    # 需要对 Label 对象进行更改才能在界面中显示图片
    l_img.image=img
    return get_code(file_name)
```

获得图片后，通过 pyzbar 模块获得图片中的数据，并且显示在窗口的界面中，代码如下所示。

```
# 识别图片中的条形码
def get_code(image_path):
    srcImg = Image.open(image_path)
    codes = p.decode(srcImg)
    code_data = codes[0].data.decode("utf-8")
    print(" 识别代码为：", code_data)
    l.config(text=" 二维码结果是：" + code_data)

    return code_data
```

这款用 Python 编写的应用软件可以支持条形码和二维码的读取与识别，识别二维码的结果如图 6-4 所示。

图 6-4　识别二维码的结果

6.2.3　实战练习：打包 EXE 可执行文件

扫一扫，看视频

Python 是一种编译解释型语言，无法在没有安装 Python 的环境中使用。因此之前制作的所有脚本都只能在本机上运行。也就是说，编写好的 .py 文件无法在没有安装 Python 环境的计算机中打开。

如果想要在其他计算机中运行代码，必须保证目标计算机中的 Python 环境和本机的 Python 环境如出一辙。这无疑对软件的使用和移植造成了非常大的困难。同时针对只需要使用软件的用户而言，不需要了解 Python 执行过程中的细节和流程。Python 提供了打包可执行文件的工具。

Python 应用程序打包可以使用 pyinstaller 模块，使用以下命令进行安装。

```
pip install pyinstaller
```

安装完成后，可以在命令行工具中查看 pyinstaller 模块的版本，如图 6-5 所示。

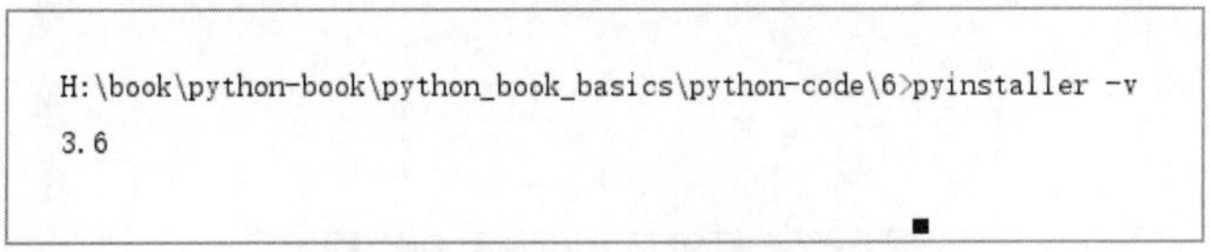

图 6-5　查看 pyinstaller 模块的版本

可以尝试打包 6-2-1.py 文件中的代码，通过以下命令可以完成打包操作，应用程序的打包过程如图 6-6 所示。

```
pyinstaller -F -w 6-2-1.py
```

```
H:\book\python-book\python_book_basics\python-code\6>pyinstaller -F -w 6-2-1.py
98 INFO: PyInstaller: 3.6
98 INFO: Python: 3.7.4 (conda)
99 INFO: Platform: Windows-10-10.0.18362-SP0
111 INFO: wrote H:\book\python-book\python_book_basics\python-code\6\6-2-1.spec
115 INFO: UPX is not available.
135 INFO: Extending PYTHONPATH with paths
['H:\\book\\python-book\\python_book_basics\\python-code\\6',
 'H:\\book\\python-book\\python_book_basics\\python-code\\6']
135 INFO: checking Analysis
135 INFO: Building Analysis because Analysis-00.toc is non existent
136 INFO: Initializing module dependency graph...
141 INFO: Caching module graph hooks...
148 INFO: Analyzing base_library.zip ...
6544 INFO: Caching module dependency graph...
6668 INFO: running Analysis Analysis-00.toc
6692 INFO: Adding Microsoft.Windows.Common-Controls to dependent assemblies of final executable
  required by f:\anaconda\python.exe
```

图 6-6　应用程序的打包过程

如果打包时出现警告“××××.dll 不存在”，但是依旧成功地打包生成了 EXE 文件，可以查看运行时是否出现问题再进行修改。如果是系统变量原因导致 ××××.dll 未找到，可以配置如下地址到系统变量中。

```
C:\Windows\System32
C:\Windows\System32\downlevel
```

打包后的程序是一个单一的 EXE 文件，可以在 Windows 平台上运行，可以直接双击 EXE 文件打开，结果如图 6-7 所示。

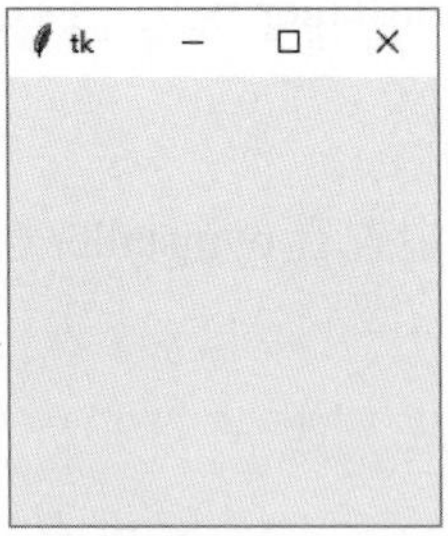

图 6-7　打包 Windows 应用程序

需要注意的是，如果要打包 Python 脚本，在执行完成后会自动退出脚本，即使出现提示或错误也会因为闪退而无法看清。为了解决这个问题，可以使用 os 模块提供的暂停功能，代码如下所示。

```
# 等待执行完毕不闪退
os.system("pause")
```

6.3 Python Qt桌面应用开发

Qt 框架是一套用于应用开发的代码库，提供了优秀的用户界面和跨平台支持，可以支持在任意平台进行应用的部署。同时 Qt 框架已经作为一种设计标准和原理实现，支持用多种编程语言进行逻辑编写，得到大量的全球顶尖企业的青睐。

6.3.1 Qt 框架入门

扫一扫，看视频

Qt 框架至今已经更新了数个版本，分为收费的企业版本和开源的免费版本，Qt 框架的官网地址为 https://www.qt.io/，其主页如图 6–8 所示。

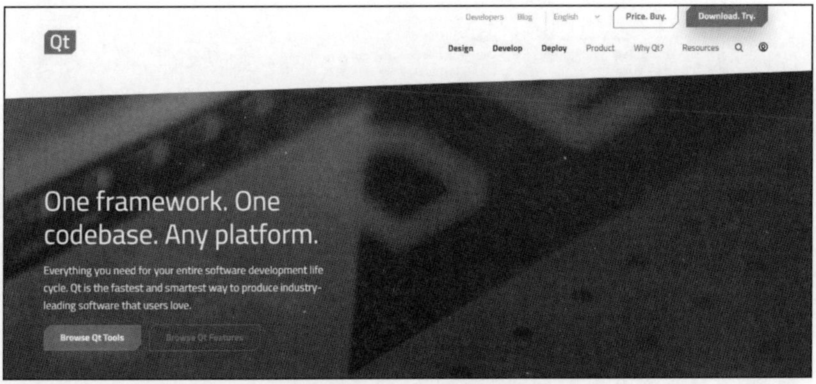

图 6–8　Qt 框架的官网主页

相对于 Tkinter 模块而言，Qt 框架提供了更多的组件和自定义功能。最初 Qt 框架由挪威 TrollTech 公司于 1995 年年底出品，作为一个 C++ 图形用户界面库，于 2008 年 1 月被 Nokia 公司收购。从 Qt 4.6 开始，支持跨平台开发，如今已经被众多的企业选为开发标准。

Python 中的 Qt 框架最常用的是 PyQt 库和 PySide 库，其中，PyQt 库是由 Riverbank Computing 维护的，采用 GPL 开源协议。GPL 开源协议要求所有基于该开源协议的软件都必须开源，而不能商用，所以一般在商用项目中使用 PySide 库的项目较多。PySide 库采用 LGPL 协议，支持开发者将 PySide 库用在商用项目中。

首先需要安装 PySide 库，使用以下命令即可完成安装。PySide 库的安装包较大，需要的下载时间较长，需要耐心等待，安装过程如图 6–9 所示。

```
pip install pyside6
```

```
F:\anaconda\Scripts>pip install pyside6
Looking in indexes: https://mirrors.aliyun.com/pypi/simple
Collecting pyside6
  Downloading https://mirrors.aliyun.com/pypi/packages/ff/85/e42eb3a590a1835c71c98e815b32ff64314aab5154f35f0de962ece78c9
5/PySide6-6.0.1-6.0.1-cp36.cp37.cp38.cp39-none-win_amd64.whl (66.8 MB)
     |████████████████████████████████| 66.8 MB 6.4 MB/s
Collecting shiboken6==6.0.1
  Downloading https://mirrors.aliyun.com/pypi/packages/46/9e/184d748359ff977e79a4921f7631bc950a10fa81283c57a3a316f039705
b/shiboken6-6.0.1-6.0.1-cp36.cp37.cp38.cp39-none-win_amd64.whl (2.3 MB)
     |████████████████████████████████| 2.3 MB 6.4 MB/s
Installing collected packages: shiboken6, pyside6
Successfully installed pyside6-6.0.1 shiboken6-6.0.1
```

图 6-9　pyside6 的安装过程

安装完 PySide 库之后，需要创建用户，Qt 变量将 PySide6 路径下的 plugins\platforms 添加到系统环境变量的用户变量中，如图 6-10 所示。

图 6-10　新建用户变量

提示：Python 也可以在代码中指定临时系统变量，代码如下所示，指定系统变量 QT_QPA_PLATFORM_PLUGIN_PATH 指向目标文件夹。

```
import os
import PySide6
# 设置临时系统变量
plugin_path = 目标文件夹
os.environ['QT_QPA_PLATFORM_PLUGIN_PATH'] = plugin_path
```

PySide 库的使用和 Tkinter 模块有相似的地方，可以直接创建一个 Qt 应用，增加一个 Label 控件，并且显示文字“HelloWorld！”，具体代码如下所示。

```
import sys
from PySide6.QtWidgets import QApplication, QLabel
# import os
# import PySide6
#
# 设置临时系统变量（出现 This application failed to start because no Qt platform pligin 错误缺少 dll）
# plugin_path = os.path.join( os.path.dirname(PySide6.__file__), 'plugins', 'platforms')
# os.environ['QT_QPA_PLATFORM_PLUGIN_PATH'] = plugin_path

# 创建一个 app
app = QApplication(sys.argv)
# 创建一个 Label 控件
label = QLabel("HelloWorld!")
# 显示 Label 控件
label.show()
# 进入消息循环
app.exec_()
```

上述代码的运行结果如图 6-11 所示。

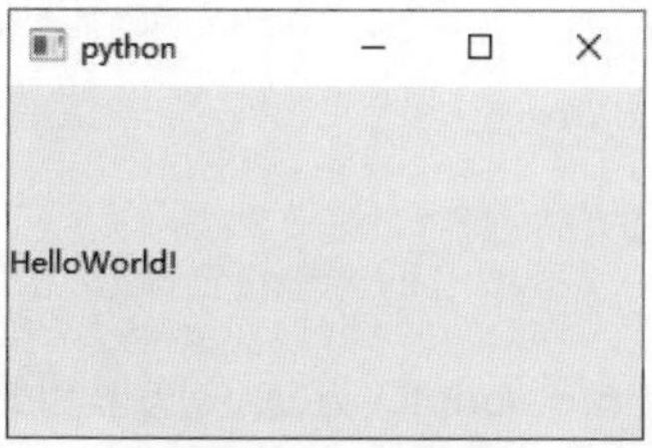
python
HelloWorld!

图 6-11　Qt 应用

6.3.2　实战练习：Python Qt 脚本调用器

扫一扫，看视频

本节将会设计一个脚本执行器的 Qt 应用，用于运行目标文件夹中的所有 Python 脚本并显示结果。

首先需要遍历循环文件夹中的脚本文件，并且使用 for 循环为 Qt 应用增加运行按钮（Button 控件），代码如下所示。

```
import sys
from PySide6.QtWidgets import QApplication, QPushButton, QLabel, QWidget, QVBoxLayout
```

```
import os

# 创建一个 app
app = QApplication(sys.argv)
window = QWidget()
# 创建垂直管理布局
layout = QVBoxLayout()
file = "script/"
scripts = os.listdir(file)
btns = [0] * len(scripts)
# 绘制按钮
for i in range(0, len(scripts)):
    btns[i] = QPushButton(scripts[i])
    btns[i].script = scripts[i]
    btns[i].clicked.connect(lambda: run_script(i))
    layout.addWidget(btns[i])
window.setLayout(layout)
window.show()
# 显示 Label 元件
# 进入消息循环
app.exec_()
```

为按钮增加一个运行脚本的 run_script() 方法，这里可以在该 Python 代码中执行其他的 Python 脚本，需要使用 os 模块，代码如下所示。

```
# 调用脚本
def run_script(index):
    # 使用 mkdir 命令
    print(index)
    s = 'python ' + btns[index].script
    return os.popen(s, 'r', 1)
```

测试执行 6.2.2 节中的实例，直接打开 6-2-1.py 文件的运行界面，脚本调用器如图 6–12 所示。

图 6-12　脚本调用器

Qt 应用除了支持使用代码编写控件，还可以使用 Qt 框架提供的 Qt Designer 作为界面的设计工具。Qt Designer 可以使用鼠标拖拽进行界面的设计，实现可见即可得的 UI 设计效果，该软件的主界面如图 6-13 所示。

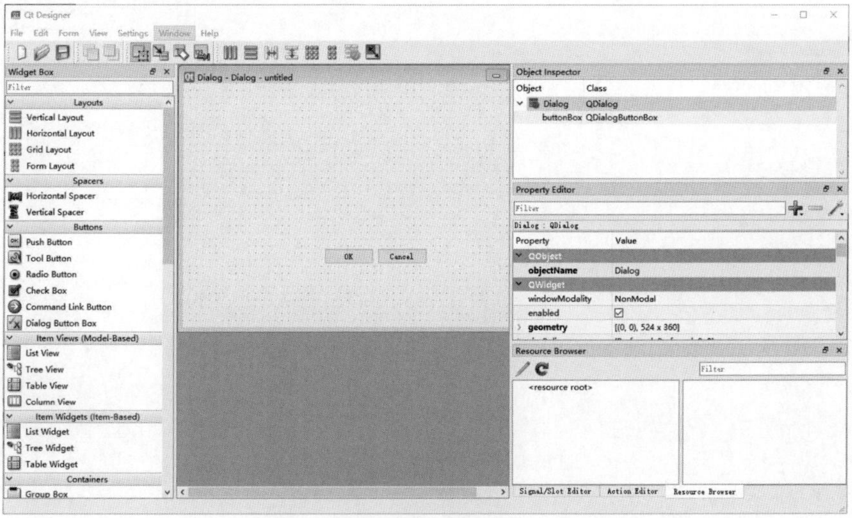

图 6-13　Qt Designer 主界面

6.4 小结与练习

6.4.1 小结

本章主要介绍了使用 Python 进行桌面应用开发的过程和常用框架。使用 Python 开发大型的桌面应用并不是一个主流的选择，但因为 Python 可以编写非常好用的脚本应用，所以参考 6.3.2 节的实例使用 Python 为自己的脚本制作一个脚本调用器，也是非常不错的想法。

6.4.2 练习

为了巩固本章所学知识，希望读者可以完成以下编程练习：

1. 编写 Tk 应用程序，将之前的脚本转换为 GUI 应用。
2. 了解 Qt 框架和 Qt Designer 软件，可以尝试开发简单的 Qt 桌面应用。
3. 尝试打包 Python 脚本或 GUI 应用，并解决可能出现的问题。

第 7 章

Python 游戏开发

本章将会介绍怎样使用 Python 开发具有界面的游戏，学会使用简单的游戏引擎，通过 Python 编写游戏逻辑，并将游戏打包发布。

虽然使用 Python 开发游戏不是游戏类应用开发的主流，但使用 Python 开发一款休闲娱乐的单机游戏是一件非常有趣的事情。

扫一扫，看视频

本章的主要内容：

- 游戏开发历史和游戏开发技术简介；
- 使用 Pygame 库开发游戏；
- 使用游戏引擎开发游戏。

本章的思维导图：

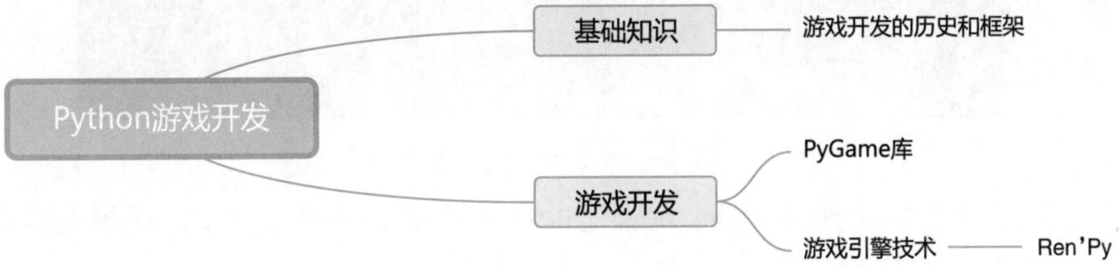

7.1 游戏开发入门

游戏开发是软件开发中非常重要的版块，也是每个初学者感兴趣的技术之一。Python 也具有开发游戏的能力，可以开发简单的小游戏并支持在多端运行。

7.1.1 游戏开发的历史

扫一扫，看视频

游戏的历史和人类的历史一样久远，即使只说电子游戏，从 20 世纪 50 年代开始就进入萌芽时期，第一款计算机游戏是由剑桥大学计算机科学家 A.S. Douglas 开发的井字棋游戏。从此开始，计算机游戏开始出现在大众视野中。

1961 年麻省理工学院的学生史蒂芬·罗素(Steven Russell)和他的同学为 PDP-1 设计的《太空大战》(Spacewar!) 游戏被认为是实际意义中最早的计算机游戏鼻祖。《太空大战》游戏没有色彩，没有音效，运行在重达 27 吨的 PDP-1 计算机中，在阴极射线管显示器中显示，如图 7-1 所示。它给之后的计算机游戏开拓了一片天地。

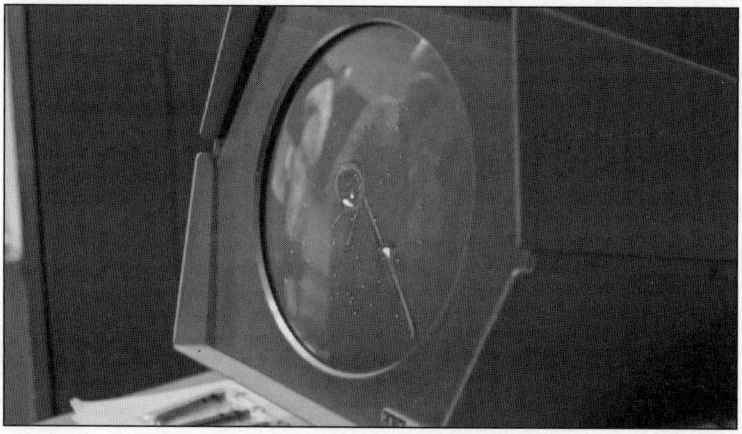

图 7-1 《太空大战》游戏

在《太空大战》游戏中支持两个玩家通过专用的控制器进行操作，控制飞船在屏幕上左右飞行，并且可以使用“导弹”和“激光”相互攻击。

随着计算机技术和显示技术的不断发展，计算机进入了家用领域。越来越多的计算机游戏出现在计算机中，从简单的平面游戏到复杂的 3D 游戏、网络游戏，越来越多的游戏种类和玩法出现，给全世界的人们带来了欢乐。

计算机游戏的开发也随着游戏的发展越来越简单，从一开始只能使用编程语言编写图形、效果、游戏玩法到 Canvas 画布组件的诞生，可以在画布上进行交互和游戏判定。现代游戏引擎的诞生更是简化了游戏开发的流程，甚至只需要拖动一些控件就可以完成一个简单小游戏的搭建。

游戏引擎一般是指对专业游戏进行开发的软件系统。游戏引擎将游戏中可能需要的所有功能进行打包和封装，可以通过简单地调用 API 的形式实现游戏需要的复杂功能，提高游戏的开发效率。

现代大型游戏开发一般会采用游戏引擎的方式进行游戏的编写。Unity 是全球应用非常广泛的实时内容开发平台，为游戏、汽车、建筑工程、影视动画等广泛领域的开发者提供强大且易于上手的工具来创作、运营和实现 3D、2D、VR 与 AR 可视化，Unity 已经成为独立开发者和小中型公司的首选。Unity 官网主页如图 7-2 所示。

图 7-2　Unity 官网主页

除了 Unity 以外，Cocos creater、虚幻 4、cryEngine 都是优秀的游戏引擎，并且都有用其开发游戏的代表作。

7.1.2　Python 游戏开发框架和思想

扫一扫，看视频

Python 作为游戏开发语言并不是主流，这是因为 Python 语言的性能在未经优化时并不算优秀，直接使用 Python 作为游戏开发工具可能不是一种好的选择，所以 Python 中并没有特别出色的游戏开发库。

不仅如此，几乎所有的顶级游戏引擎都没有选择 Python 作为游戏脚本编辑语言，这是因为 Python 代码的设计并不适合大规模游戏代码的开发。曾经 Cocos-2D 一度支持 Python 作为游戏脚本语言，但是使用者寥寥，所以 Cocos-2D 已经停更。

但使用 Python 依旧可以开发一些自娱自乐的小游戏，Pygame 库就是其中之一。Pygame

库是对游戏开发库 SDL 的封装，可以实现游戏的简单功能。

本章将会介绍基本的 Pygame 库的使用，以及使用 Python 作为脚本语言的简单游戏引擎。

7.2 Pygame库入门

Pygame 库是 Python 中流行的游戏开发库，也是 Python 中基础的游戏开发技术。本节介绍使用 Pygame 库进行游戏开发。

7.2.1 Pygame 库的安装

Pygame 库的官网地址为 https://www.pygame.org/，在官网主页中提供了开发文档和实例，如图 7-3 所示。

扫一扫，看视频

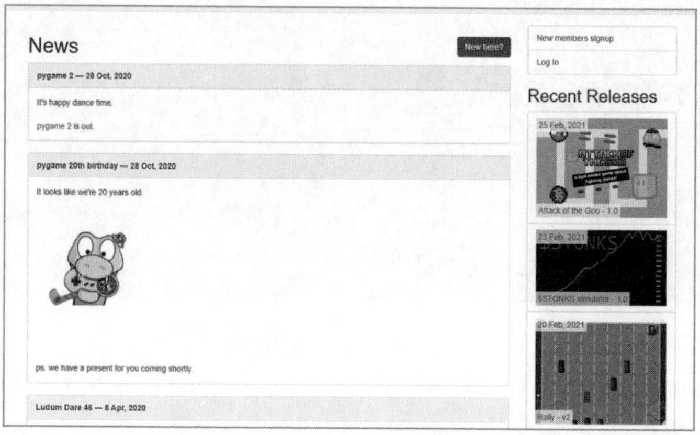

图 7-3　Pygame 官网主页

Pygame 库是 Python 中的游戏开发库，和所有的其他第三方库一致，可以使用如下 pip 命令进行安装：

```
pip install pygame
```

可以将 Pygame 库看作一个 GUI 开发库，需要初始化窗口后通过死循环将游戏窗口显示在桌面中，代码如下所示。

```
import pygame
import sys

# 初始化 pygame 主程序
```

```
pygame.init()
# 设置窗口大小并显示窗口
size = (500, 500)
screen = pygame.display.set_mode(size)
# 死循环显示窗口并监听事件
while True:
    # 检测捕获的所有事件
    for e in pygame.event.get():
        print(e)
        # 如果是关闭事件，则退出窗口
        if e.type == pygame.QUIT:
            sys.exit()
```

上述代码会在系统中打开一个 Pygame 窗口，如图 7-4 所示。

图 7-4　Pygame 窗口

需要注意的是，Pygame 库会捕获用户的所有操作，包括鼠标的移动和键盘的按动事件，在代码中设置将这些事件打印在命令行中，如图 7-5 所示。

```
<Event(4-MouseMotion {'pos': (475, 40), 'rel': (10, -2), 'buttons': (0, 0, 0), 'window': None})>
<Event(4-MouseMotion {'pos': (494, 39), 'rel': (19, -1), 'buttons': (0, 0, 0), 'window': None})>
<Event(4-MouseMotion {'pos': (499, 39), 'rel': (5, 0), 'buttons': (0, 0, 0), 'window': None})>
<Event(1-ActiveEvent {'gain': 0, 'state': 1})>
<Event(2-KeyDown {'unicode': '', 'key': 119, 'mod': 0, 'scancode': 17, 'window': None})>
<Event(3-KeyUp {'key': 119, 'mod': 0, 'scancode': 17, 'window': None})>
<Event(2-KeyDown {'unicode': '', 'key': 119, 'mod': 0, 'scancode': 17, 'window': None})>
<Event(3-KeyUp {'key': 119, 'mod': 0, 'scancode': 17, 'window': None})>
<Event(2-KeyDown {'unicode': '', 'key': 119, 'mod': 0, 'scancode': 17, 'window': None})>
<Event(3-KeyUp {'key': 119, 'mod': 0, 'scancode': 17, 'window': None})>
<Event(2-KeyDown {'unicode': '', 'key': 49, 'mod': 0, 'scancode': 2, 'window': None})>
<Event(3-KeyUp {'key': 49, 'mod': 0, 'scancode': 2, 'window': None})>
<Event(1-ActiveEvent {'gain': 0, 'state': 2})>
```

图 7-5　打印鼠标和键盘事件

可以利用系统捕获的鼠标事件或键盘事件完成游戏中的操作。如下代码就是检测鼠标的移动事件，当鼠标移动到窗口时，自动在黑色的背景中绘制红色的框图，并且在每一次绘制后都更新显示。

```
RED = pygame.Color(255, 0, 0)
# 死循环显示窗口并监听事件

while True:
    # 检测捕获的所有事件
    for e in pygame.event.get():
        print(e)
        if e.type == pygame.MOUSEMOTION:
            pygame.draw.rect(screen, RED, (e.pos[0], e.pos[1], 5, 5), 10)
            pygame.display.update()
        # 如果是关闭事件，则退出窗口
        if e.type == pygame.QUIT:
            sys.exit()
```

运行结果如图 7–6 所示。在运行中捕获的鼠标移动位置会被存放在捕获的事件 e 中，赋值为事件 e 的 pos 属性。

图 7–6　绘制鼠标移动轨迹

7.2.2　实战练习：使用 Pygame 库开发射击小游戏

扫一扫，看视频

自从《太空大战》游戏出现后，许多电子游戏选择的场景都是太空中的航天战争。在游戏发展史上，射击游戏《雷电 1》于 1990 年在日本上市，受到众多街机迷的喜爱，在街机或家用机上总是会有它们的身影。

本节将使用 Pygame 库开发一款简单的射击小游戏，可以通过鼠标和键盘进行游戏角色的控制，可以发射“子弹”攻击敌人。

游戏需要捕获的键盘事件如下。

- 发射“子弹”的空格键：KeyDown 事件，值为 32。
- 控制游戏角色的方向键：KeyDown 事件，上键值为 273；下键值为 274；左键值为 276；右键值为 275。

注意： 如果在监听键盘事件时不知道键盘键位代表的 key，可以打印在命令行中以查看具体键位。

该游戏也可以使用鼠标来控制，鼠标事件具体如下。

- 发射“子弹”的鼠标左键：MouseButtonDown 事件，button 值为 1。
- 控制游戏角色的鼠标移动：MouseMotion 事件，数据保存在 Event.pos 对象中。
- 用来发射大招的鼠标右键：MouseButtonDown 事件，button 值为 2。

首先需要准备游戏素材，也就是相应的游戏图片，需要飞机图片、敌人图片和背景图片。现代的游戏素材都是通过绘图软件绘制的，一般不会使用代码编写这些图片素材。

注意： 对于本节出现的游戏素材，读者可以自行替换为需要的其他素材。

将所有的游戏素材图片存放在项目文件夹的 img 文件夹中，如图 7-7 所示，包括背景图片 bg.jpg、开始按钮图片 start.png、游戏结束显示分数的图片 over.png、玩家图片 play.png 和敌人图片 enemy.png 等。

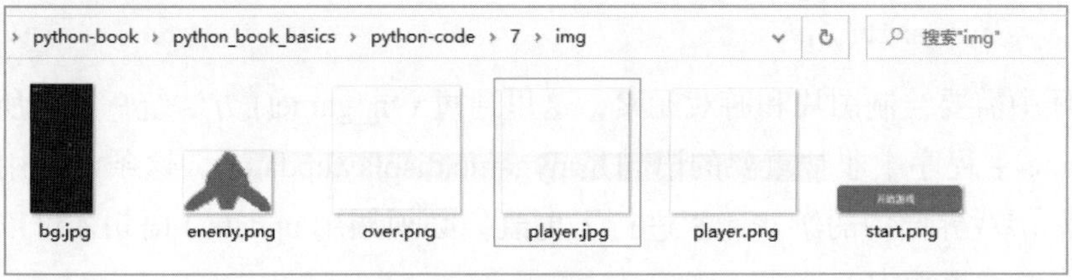

图 7-7　游戏素材图片

初始化 Pygame 主程序，指定窗口的大小，将游戏的背景图片载入 Pygame 游戏界面中，并且捕获鼠标事件和键盘事件，代码如下所示。

```
import pygame
import sys
import random
```

```
# 初始化 pygame 主程序
pygame.init()
# 设置窗口大小并显示窗口
SCREEN_HEIGHT = 800
SCREEN_WIDTH = 400
size = (SCREEN_WIDTH, SCREEN_HEIGHT)
# 屏幕对象
screen = pygame.display.set_mode(size)
# 导入背景
BG = pygame.image.load(r"img\bg.jpg")

# 死循环显示窗口并监听事件
while True:
    run_game()
    pygame.display.update()
    # 检测捕获的所有事件
    for e in pygame.event.get():
        # 键盘控制游戏
        if e.type == pygame.KEYDOWN:

        # 鼠标控制游戏
        if e.type == pygame.MOUSEMOTION:

        # 如果是关闭事件，则退出窗口
        if e.type == pygame.QUIT:
            sys.exit()
```

在死循环中需要绘制图片和游戏元素，这里通过 run_game() 方法统一执行所有的游戏代码。在 Pygame 主程序中非常重要的语句是 pygame.display.update()，这条语句用于刷新游戏界面。如果对游戏界面中的游戏元素进行了更改，必须调用 update() 语句才可以让游戏元素的更改显示在游戏界面中。

在游戏的设计中有一个非常重要的概念是 Sprite，类似于面向对象代码中类的概念。所有的游戏角色都认为是一个 Sprite，这个 Sprite 是一系列游戏元素的合集，可以包括图集资源、属性和方法等。

最常见的 Sprite 是玩家，所有的玩家相当于从玩家 Sprite 中实例化的对象，每个玩家对象都拥有自己独立的装备、等级、模型等。针对游戏中的敌人，同样也是从 Sprite 中派生的对象。在射击小游戏中需要使用三个 Sprite，分别是玩家 Sprite、敌人 Sprite 和子弹 Sprite。

首先需要编写子弹类。子弹类应当具有自身的速度作为属性，当检测到用户的键盘输入时，需要在玩家的当前位置创建一颗子弹，该子弹派生于子弹类，会根据子弹速度自行移动，更改界面中 Y 坐标系的位置。具体代码如下所示。

```
# 子弹类
class Bullet(pygame.sprite.Sprite):
    def __init__(self, b_pos, screen):
        pygame.sprite.Sprite.__init__(self)
        # 子弹速度
        self.speed = -10
        # print(b_pos)
        self.screen = screen
        # 指定子弹的位置
        self.rect = pygame.Rect(b_pos[0], b_pos[1], 10, 10)

    # 子弹移动方法
    def move(self):
        print(self.rect)
        self.rect.top += self.speed
        pygame.draw.rect(self.screen, (255, 215, 0), self.rect)
```

在子弹类中传入一个 screen 对象，该对象是在创建 Pygame 主程序时传入的 screen 对象，通过 pygame.draw.rect() 语句绘制一个矩形作为子弹。

接下来编写玩家类。玩家类中需要射击方法、键盘控制和鼠标控制方法，以及玩家的绘制方法。不仅如此，玩家类需要通过对鼠标事件和键盘事件的监听实现对元素位置的改变，分别设计两个不同的方法，用来对玩家的位置进行更改。具体代码如下所示。

```
# 玩家类
class Player(pygame.sprite.Sprite):
    def __init__(self, p_pos, screen):
        pygame.sprite.Sprite.__init__(self)
        # 玩家图片
        self.image = pygame.image.load(r"img\player.png")
        self.rect = self.image.get_rect()
        # 图片大小，需要时可以进行更改
        self.size = (96, 92)
```

```
        self.p_pos = {"x": p_pos[0], "y": p_pos[1]}
        self.screen = screen
        # 玩家使用键盘时的速度
        self.speed = 10
        # 玩家发射子弹列表
        self.bullets = pygame.sprite.Group()
        self.is_live = True

    # 发射子弹
    def shoot(self):
        bullet = Bullet((self.p_pos['x'], self.p_pos['y']), self.screen)
        self.bullets.add(bullet)

    # 键盘控制方法
    def key_broad_down(self, key):
        if key == 32:
            # 发射子弹
            print(self.p_pos)
            self.shoot()
            print('sss')
        if key == 273:
            # 上键，不能超过上边界
            if self.p_pos['y'] <= 0:
                self.p_pos['y'] = 0
            else:
                self.p_pos['y'] -= self.speed
        if key == 274:
            # 下键，向下移动，需要判断边界
            if self.p_pos['y'] >= SCREEN_HEIGHT:
                self.p_pos['y'] = SCREEN_HEIGHT
            else:
                self.p_pos['y'] += self.speed
        if key == 276:
            # 左键，向左移动，需要判断边界
            if self.p_pos['x'] <= 0:
                self.p_pos['x'] = 0
```

```
            else:
                self.p_pos['x'] -= self.speed
        if key == 275:
            # 右键，向右移动，需要判断边界
            if self.p_pos['x'] >= SCREEN_WIDTH:
                self.p_pos['x'] = SCREEN_WIDTH
            else:
                self.p_pos['x'] += self.speed

    # 鼠标控制方法
    def mouse_move(self, t_pos):
        self.p_pos['x'] = t_pos[0]
        self.p_pos['y'] = t_pos[1]

    # 绘制玩家
    def draw_player(self):
        self.screen.blit(self.image, (self.p_pos['x'] - self.size[0] / 2, self.p_pos['y'] -
self.size[1] / 2))
```

敌人类类似于玩家类，不同的是，敌人需要出现在游戏界面中的不同位置，并且会自动移动位置。这里简单地采用随机数的方法来完成敌人随机出现和随机移动的需求，设置敌人可以自动出现在界面的上半部分。具体代码如下所示。

```
# 敌人类
class Enemy(pygame.sprite.Sprite):
    def __init__(self, screen):
        pygame.sprite.Sprite.__init__(self)
        # 敌人图片
        self.image = pygame.image.load(r"img\enemy.png")
        self.rect = self.image.get_rect()
        # 随机出现在不同的位置
        self.rect.left = random.randint(0, 400)
        self.rect.top = random.randint(0, 400)
        self.screen = screen
        # 敌人飞机所发射的子弹的集合
        self.bullets = pygame.sprite.Group()
        # 敌人是否被击败
```

```
        self.is_live = True

    # 敌人的射击类
    def shoot(self):
        bullet = Bullet((self.rect.top, self.rect.left), self.screen)
        self.bullets.add(bullet)

    # 绘制敌人
    def draw_enemy(self):
        # 是否出界的判定
        if self.rect.left < 0:
            self.rect.left = 0
        if self.rect.left > 400:
            self.rect.left = 400
        if self.rect.top < 0:
            self.rect.top = 0
        if self.rect.top > 800:
            self.rect.top = 800
        self.rect.left = self.rect.left + random.randint(-2, 2)
        self.rect.top = self.rect.top + random.randint(-2, 2)
        self.screen.blit(pygame.transform.flip(self.image, False, True), (self.
rect.left, self.rect.top))
```

注意：本游戏只是作为示例，如果读者感兴趣，可以通过更好的随机方式来移动敌人，也可以让敌人创建子弹类，向玩家发射子弹。

接下来在主程序中实例化玩家类，创建可以用于显示的文字对象，设定最大敌人数目和当前敌人数目，并创建一个敌人列表来存放创建的敌人对象。

```
…
# 分数
score = 0

player = Player((200, 700), screen)
enemy_count = 5
now_count = 0
# 敌人列表
```

```
enemies = []
# 初始化字体
pygame.font.init()
my_font = pygame.font.SysFont("Arial", 20)
```

然后编写主程序中调用的 run_game() 方法，在游戏运行时，需要实时更新分数，及子弹、玩家和敌人的运动轨迹。

在移动子弹的同时需要进行是否攻击到敌人的判定。如果子弹的位置在敌人的位置范围内，则认为击中了敌人，此时消灭敌人，将敌人和子弹从列表中移除，并且将分数加 1，代码如下所示。

```
# 游戏运行函数
def run_game():
    global now_count, enemy_count, score
    # 绘制背景
    screen.blit(BG, (0, 0))
    # 分数
    text = my_font.render(str(score), True, (255, 255, 255))
    screen.blit(text, (70, 22))
    player.draw_player()
    for bullet in player.bullets:
        # 以固定速度移动子弹
        bullet.move()
        # 判断是否攻击到敌人
        for enemy in enemies:
            # 击中的判定
            if bullet.rect.top < enemy.rect.top and bullet.rect.bottom < enemy.rect.
bottom and bullet.rect.left > enemy.rect.left  and bullet.rect.right < enemy.rect.
right:
                # 击败敌人后加分
                score += 1
                # 敌人数量减少
                now_count -= 1
                enemy.is_live = False
                # 子弹攻击完后也要删除
                player.bullets.remove(bullet)
        # 移动出屏幕后删除子弹
```

```
        if bullet.rect.bottom < 0:
            player.bullets.remove(bullet)
    # 敌人数量
    if enemy_count > now_count:
        enemy = Enemy(screen)
        enemies.append(enemy)
        now_count = now_count + 1
    # 判定敌人是否已经被击中
    for enemy in enemies:
        enemy.draw_enemy()
        if enemy.is_live == False:
            enemies.remove(enemy)
```

接下来为游戏添加控制器，编写 player 对象的移动监听方法，具体代码如下所示。

```
# 死循环显示窗口并监听事件
while True:
    run_game()
    pygame.display.update()
    # 检测捕获的所有事件
    for e in pygame.event.get():
        # 键盘控制游戏
        if e.type == pygame.KEYDOWN:
            player.key_broad_down(e.key)
        # 鼠标控制游戏
        if e.type == pygame.MOUSEMOTION:
            player.mouse_move(e.pos)
        # 如果是关闭事件，则退出窗口
        if e.type == pygame.QUIT:
            sys.exit()
```

这样就创建了一个射击小游戏的主要框架，每攻击一个敌人，就会销毁一个敌人，得 1 分。射击小游戏的运行界面如图 7-8 所示。

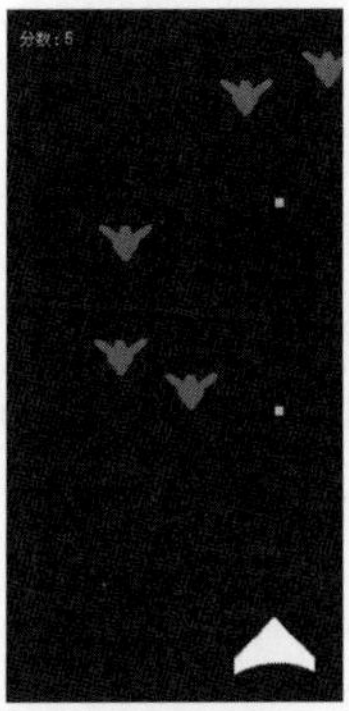

图 7-8　射击小游戏的运行界面

7.3 Python 小说游戏引擎

在 Python 的游戏开发中，除了使用传统的 Pygame 库进行开发以外，还可以通过游戏引擎快速开发一款游戏。

本节介绍的 Ren'Py 引擎是可以用于 Python 开发的一款游戏引擎。Ren'Py 引擎不同于 Unity 这样的大型游戏引擎，它是一款专注于视觉小说类游戏的引擎，Steam 中已经有大量通过 Ren'Py 引擎开发的游戏。

7.3.1 Ren'Py 引擎的安装

扫一扫，看视频

Ren'Py 引擎专注于视觉小说类游戏，已经有大量的创作者使用这款游戏引擎开发出多端平台中的视觉小说类游戏。Ren'Py 引擎的官网地址为 https://www.renpy.org/，其主页如图 7-9 所示。

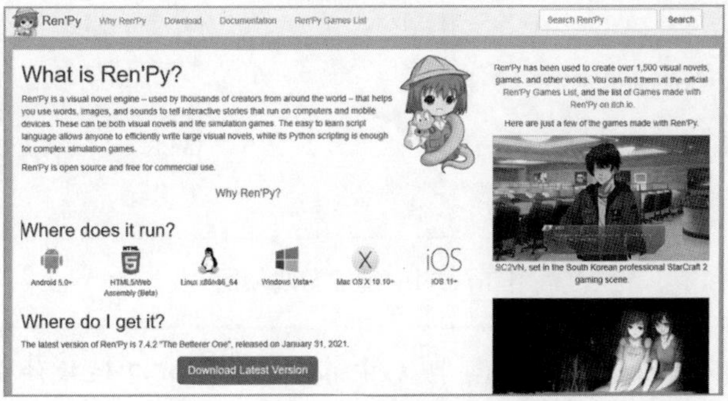

图 7-9　Ren'Py 引擎的官网主页

视觉小说类游戏是有声读物（Audio book）的衍生产物。可以将视觉小说理解为具有声音和图片的电子书，视觉小说是介于冒险游戏和电子书的中间产物，即具有交互效果的电子书。在日本这类游戏非常多，其中代表作是 fate 系列、《命运石之门》等。

使用 Ren'Py 引擎前需要下载该游戏引擎，Ren'Py 引擎并不是 Python 中的一个独立的第三方库，所以需要下载整个游戏引擎才能进行游戏的开发。在官网主页中单击 Download 菜单可以进行游戏引擎的下载，如图 7-10 所示。

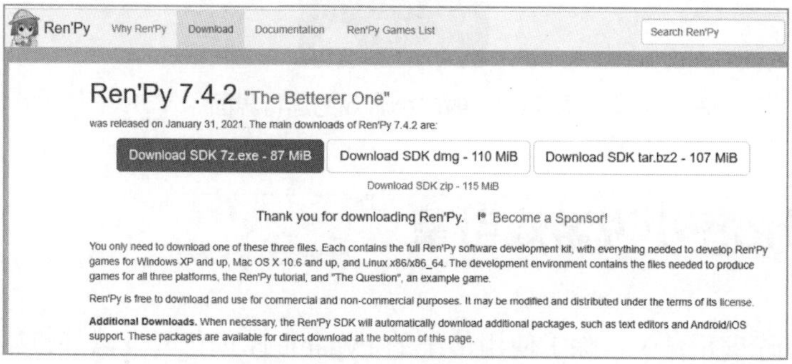

图 7-10　下载游戏引擎

下载符合系统版本的安装包后，解压可以得到整个游戏引擎，双击 renpy.exe 文件启动 Ren'Py 引擎，可以创建游戏项目，如图 7-11 所示。

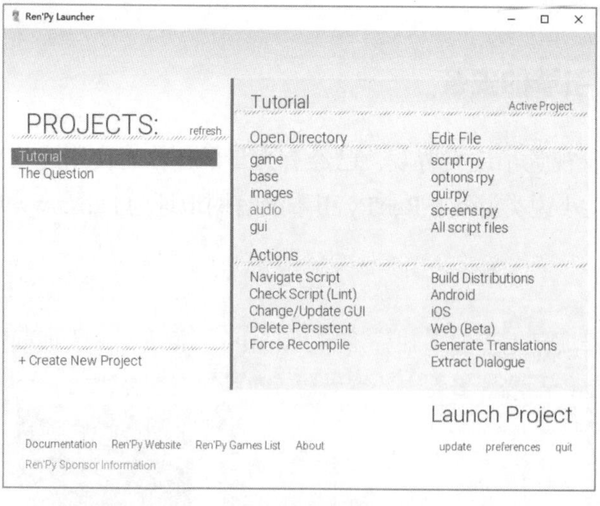

图 7-11　创建游戏项目

注意： Ren'Py 引擎在 Windows 版本中 64 位软件和 32 位软件是同一个安装包，可以根据不同的启动入口区分版本。

7.3.2 实战练习：开发视觉小说游戏

扫一扫，看视频

Ren'Py 引擎提供了一套完整的项目管理，在双击 renpy.exe 文件启动应用后，可以创建游戏项目。Ren'Py 引擎已经实现了多语言的支持，在图 7-11 的启动界面中单击右下角的 preferences 选项，选择 Simplified Chinese，如图 7-12 所示，将项目修改为简体中文界面。

图 7-12 修改为简体中文界面

编写一个视觉小说游戏首先需要单击“创建新项目”选项，选择项目文件夹后，单击“继续”按钮，输入项目名称，如图 7-13 所示，可以创建一个新工程。

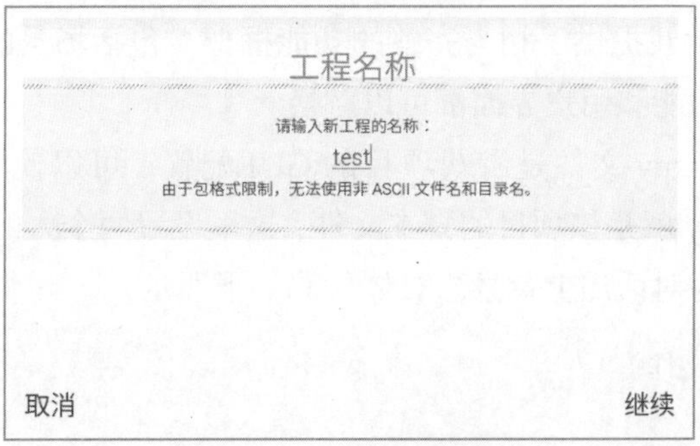

图 7-13 创建新工程

接下来，需要选择项目工程的基础分辨率，Ren'Py 引擎支持放大或同比缩小窗口，此刻项目选择的是初始化时的尺寸，一般选择主流计算机和手机的显示屏分辨率为 1280×720，如图 7-14 所示。

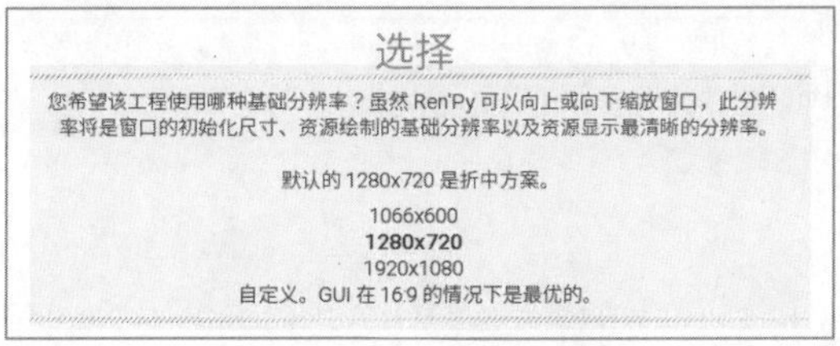

图 7-14 分辨率的选择

下面需要选择主要游戏部件和背景的颜色，这里的颜色配置是游戏项目在运行时的样式，可以根据游戏风格进行选择，颜色包括暗色系和亮色系两类，一共有 20 种颜色。

选择颜色后单击“继续”按钮，程序会自动创建工程，在工程创建完成后，会自动返回项目启动初始化列表中，工程列表中出现 test 工程。

选择 test 工程后，单击右下角的“启动工程”，可以进入创建的游戏进行试玩，如图 7-15 所示。

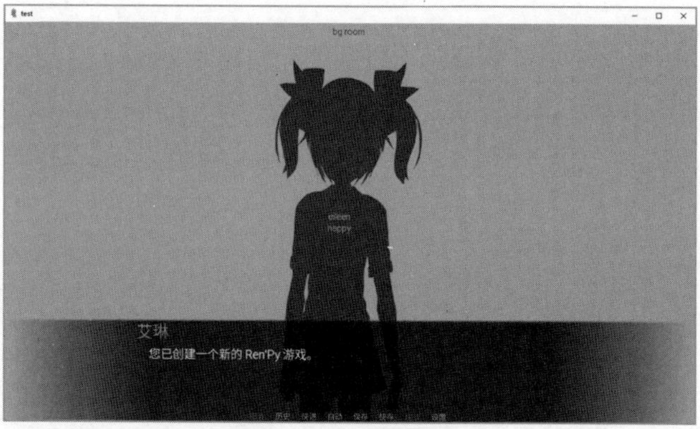

图 7-15　启动游戏试玩

Ren'Py 引擎已经为游戏提供了相当完整的功能框架，包括场景的切换和文字速度，以及存档等功能。当然这些功能和用户界面都可以替换。

在项目文件夹中 gui.rpy 文件是游戏项目的 GUI 配置，可以使用代码进行细节的调整，在项目文件夹中 script.rpy 就是该项目的脚本文件，这里设置两个人的对话，一个人名为李雷，一个人名为韩梅梅，并为对话加上背景。具体代码如下所示。

```
# 游戏的脚本可置于此文件中

# 声明此游戏使用的角色。颜色参数可为角色姓名着色

define l = Character(" 李雷 ")
define h = Character(" 韩梅梅 ")
# 设置背景
image background = im.FactorScale("bg.jpg",0.3)
# 游戏在此开始

label start:
    scene background
```

```
# 显示一个背景。此处默认显示占位图，也可以在图片目录添加一个文件
# 命名为“bg room.png”或“bg room.jpg”来显示
h "Hello!"
l "Hello!"
h "My name is Han Meimei.What is your name?"
l "My name is LI lei."

# 此处为游戏结尾

Return
```

背景图片存放在 images 文件夹中，Ren'Py 引擎会自动查找游戏文件夹中的所有图片文件，所以无须指定图片的地址和后缀名。下面的代码可以完成背景的设置。

```
# 设置背景
scene bg
```

上述代码会自动在游戏文件夹的资源文件中查找 bg.jpg 和 bg.png 等图片文件，并且会自动将此文件设置为背景。

> **注意**：本项目使用的背景图片较大，所以使用 Ren'Py 引擎提供的 im.FactorScale() 进行缩放。

游戏的运行结果如图 7-16 所示。

图 7-16　游戏的运行结果

Ren'Py 引擎提供了多个平台的游戏导出功能，支持导出 Android、iOS、HTML、PC 版本的游戏发行版，只需要在项目管理文件夹中选择对应平台进行打包即可。例如，生成 Windows 版本的分发包游戏，如图 7-17 所示。

game 2021/2/26 23:30 文件夹
lib 2021/2/26 23:30 文件夹
renpy 2021/2/26 23:31 文件夹
log.txt 2021/2/26 23:31 文本文档 9 KB
test.exe 2021/1/31 0:27 应用程序 282 KB
test.py 2021/1/9 2:07 Python File 7 KB
test.pyo 2021/2/26 23:31 Compiled Pytho... 4 KB
test-32.exe 2021/1/31 0:27 应用程序 277 KB

图 7-17　导出 Windows 版本的游戏应用

7.4 小结与练习

7.4.1 小结

本章主要介绍了如何使用 Python 进行游戏开发。相对于主流游戏开发，Python 的游戏开发比较原始，并不能像 Unity 游戏引擎一样可以快速构建一款体量较大的游戏。如果个人只是想要开发一款简单的独立游戏，Python 是不错的选择。

不仅如此，Python 的开发技术中存在很多小众好用的第三方游戏开发包，或者 Ren'Py 这样在某一领域提供快速开发的游戏引擎，读者可以自行学习。

7.4.2 练习

为了巩固本章所学知识，希望读者可以完成以下编程练习：

1. 在本机开发环境中安装 Pygame 库，并尝试开发简单的小游戏。

2. 在本机环境中安装 Ren'Py 游戏引擎，感兴趣的读者可以自行设计角色对话、CG 图片及剧情分支。

3. 感兴趣的读者可以自行查找其他使用 Python 作为开发语言的游戏引擎，并尝试开发游戏。

第 8 章

Python Web 开发

Web 开发是 Python 开发中非常重要的一部分。对于金融企业而言，涉及大量的数据分析，这些数据的展示就是 Python Web 开发的一个重要部分。

本章将简单介绍使用 Flask 框架进行简单的 Python Web 开发，以及 HTML 和 CSS 的基础知识，HTTP 协议和相关的请求说明。

扫一扫，看视频

本章的主要内容：

- Web 开发基础知识；
- HTML 和 CSS 基础知识；
- 如何使用 Python 开发简单的 CGI Web 应用；
- 使用 Python Web 框架开发较复杂的 Web 程序。

本章的思维导图：

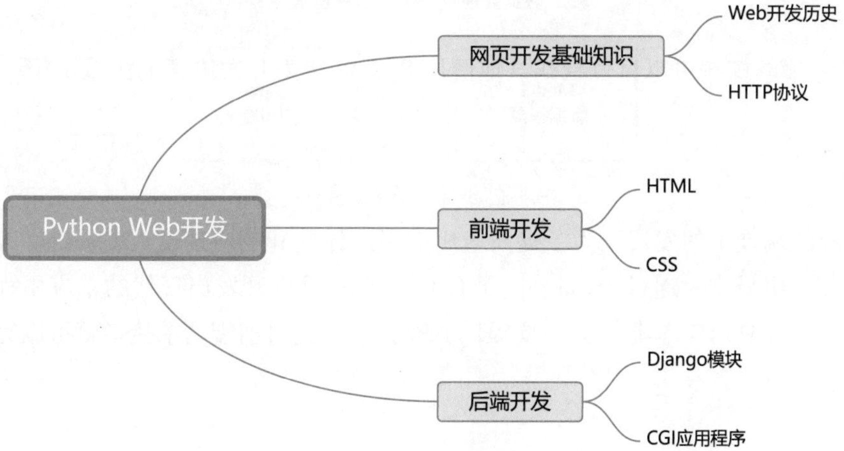

8.1 Web开发基础知识

Web 开发是整个 Python 开发中的一个大类，同时 Web 开发是一门复杂的技术混合类开发，只了解 Python 编程语言并不能开发出完整的 Web 应用。

本章将介绍 Web 开发中的常用技术，包括 HTML 和 CSS 基础知识，以及实现动态效果的 JavaScript 等技术。

8.1.1 Web 开发历史

扫一扫，看视频

伴随着网络技术的发展和 HTTP 技术的出现，Web 技术为网络时代提供了大量的资讯和交互网站。

现代的网站技术一般分为前端开发和后端开发。前端开发技术包括 HTML、CSS、JavaScript，其中 HTML 指超文本标记语言，是一种标记语言，所有的网站技术最终都会转换为 HTML 标签才能被浏览器解析。后端技术是指 Python、Java、Golang 或者 Node.js 和数据库进行交互，对用户传输的数据进行处理并和客户端进行交互。

传统的后端技术一般采用经典的 MVC（Model-View-Controller）模式，Model 是指数据模型；View 是指视图，即用户界面；Controller 是指控制器，如图 8-1 所示。MVC 模式实现了代码的分离。

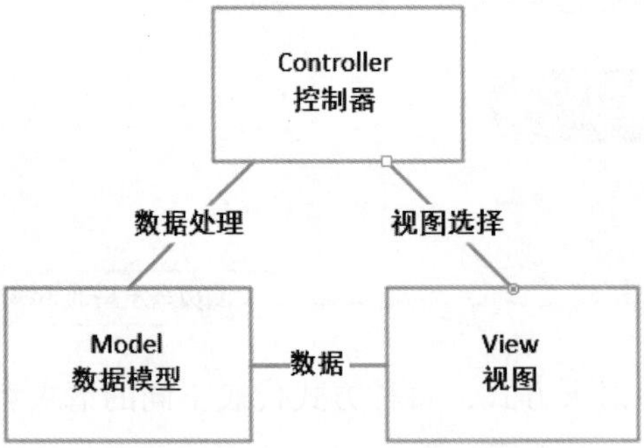

图 8-1　MVC 模式

伴随着前端技术的发展，为了提高应用的使用体验和响应速度，React.js、Vue.js 技术出现在前端开发市场中。通过 JavaScript 结合 CSS 技术可以开发出现代的单应用程序，后端系统不再需要渲染 HTML 模板，只需要提供 API 接口，通过前端请求接口就可以完成一个 Web 应用。

这类 Web 应用设计称为 MVVM 模式，对于一个全栈开发工程师来说，懂前端技术才会开发出更好的后端应用，同理，懂后端技术才会开发出更好的前端应用。本章将主要介绍使用 Python 进行 Web 系统的开发，同时无可避免地介绍 HTML 以及简单的 JavaScript、CSS 等技术。

8.1.2 HTTP 网络请求

扫一扫，看视频

HTTP 是超文本传输协议（Hypertext Transfer Protocol）的简称，是一种客户端和服务器端的传输协议，在 TCP 协议的基础上运行，一般常用于网页的访问请求。1990 年，HTTP 成为 WWW 的支撑协议。

HTTP 是 B/S 架构的通信基础，互联网中所有的网页访问都采用 HTTP 的形式进行，一个网页可能包括主要的 HTML 页面和不定数量的样式文件和图片、字体等媒体文件，这些文件通过 HTML 确定样式和位置，通过浏览器显示在客户端中。

例如，访问百度网站，官网地址为 http://www.baidu.com，其主页如图 8-2 所示，百度 logo 就是一张图片，根据 CSS 定位在页面的中间，最终显示为百度的搜索页面。

图 8-2 百度网站主页

> **注意：** HTTPS 协议（Hyper Text Transfer Protocol over SecureSocket Layer）是在 HTTP 协议基础上增加了传输加密协议 SSL/TLS 之后的传输协议，通过具有资质的公司发布的证书，增强了传输数据的安全性。

HTTP 协议规定了 8 种请求方式，每种方式代表不同的请求意义，不同的请求方式代表对数据不同的操作，如表 8-1 所示。

表 8-1 HTTP 协议的请求方式

请求方式	说 明
GET	请求指定的页面，不对服务器数据或资源进行操作
HEAD	类似于 GET 请求，应该用于获取情报头数据

续表

请求方式	说　明
POST	向指定的数据或资源发起请求，一般用于创建新的资源或对资源的修改
PUT	向指定的数据和资源发起请求，用于更新资源
DELETE	向指定的数据和资源发起请求，用于删除资源
COMMECT	预留协议，用于将服务器作为代理服务器访问资源
OPTIONS	用于查看服务器的性能
TRACE	用于回显服务器接收的请求、测试或服务器状态诊断

需要注意的是，在 HTTP 请求中并没有强制要求使用某一种请求方式用于数据的请求，即无论是否使用 GET、POST、DELETE、PUT 请求方式，都可以实现对数据的删除、更新和新增。

在 HTTP 请求中，请求中通用的部分称为请求头，由服务器答复请求的头部信息称为响应头。在请求头或响应头中均包含一些有意义的数据信息，这些数据信息是 HTTP 服务器需要的部分，也是确定浏览器身份的唯一凭证，代码如下所示。

```
Request URL: https://www.baidu.com/
Request Method: GET
Status Code: 200 OK
Remote Address: 36.152.44.95:443
Referrer Policy: strict-origin-when-cross-origin
```

在 HTTP 请求中，请求头部信息和响应头部信息都是以键值对形式存放的，其中 Request URL 指向请求的网址，Request Method 是请求网址的方法，Status Code 是 HTTP 请求的状态码。

在 HTTP 请求中，所有的状态码都有自己独特的意义，HTTP 状态码由一个三位数构成，按开头的数字分成 5 个类别，表示当前请求的最终结果。基本的状态码说明如表 8–2 所示。

表 8–2　基本的状态码说明

状态码	实例和说明
1××	100、101 等，临时响应请求状态，需要继续进行操作
2××	200、201 等，所有正确的请求都应当返回 2xx 系列的状态码
3××	300、304 等，重定向状态码
4××	401、404 等，请求发生错误的情况
5××	500、503 等，服务器端错误

一个 HTTP 请求发送到服务器之后，服务器也会返回一个具有头部信息的内容，响应头部信息也是由键值对形式存在的，代码如下所示。

```
Bdpagetype: 1
Bdqid: 0xb4823ae100062d69
Cache-Control: private
Connection: keep-alive
Content-Encoding: gzip
Content-Type: text/html;charset=utf-8
Date: Sat, 27 Feb 2021 09:08:54 GMT
Expires: Sat, 27 Feb 2021 09:08:25 GMT
Server: BWS/1.1
Set-Cookie: BDSVRTM=0; path=/
Set-Cookie: BD_HOME=1; path=/
Set-Cookie: H_PS_PSSID=33273_31254_33570_26350; path=/; domain=.baidu.com
Strict-Transport-Security: max-age=172800
Traceid: 1614416934035053927413007023411841871209
Transfer-Encoding: chunked
X-Ua-Compatible: IE=Edge,chrome=1
```

常见的响应头和说明如表 8-3 所示。对于 HTTP 服务而言，无论是请求头还是响应头，大多数内容都不是必需的，用户或服务器可以按需更改头部信息。

表 8-3　常见的响应头和说明

名　称	说　明
Cache-Control	Cache-Control 字段相当于是缓存信息的标识，表示是否可以被浏览器缓存或者其他缓存相关信息的标志
Connection	当 client 和 server 通信时对长连接如何进行处理，如等待或保持等
Content-Encoding	响应的压缩编码格式
Content-Type	网站页面代码的内容，包括响应的文档的类型
Date	当前的日期和时间
Expires	用于控制缓存的失效时间
Server	指明 HTTP 服务器的软件信息
Set-Cookie	设置 Cookie 值，用于识别该浏览器的状态
Transfer-Encoding	传输编码，用来改变报文格式
Vary	告知下游的代理服务器应当如何对以后的请求协议头进行匹配

例如，请求百度网站的请求头部信息，代码如下所示。

```
Accept-Encoding: gzip, deflate, br
Accept-Language: zh-CN,zh;q=0.9
Cache-Control: no-cache
Connection: keep-alive
Cookie:
Host: www.baidu.com
Pragma: no-cache
Sec-Fetch-Dest: document
Sec-Fetch-Mode: navigate
Sec-Fetch-Site: none
Sec-Fetch-User: ?1
Upgrade-Insecure-Requests: 1
User-Agent: Mozilla/5.0 (Windows NT 10.0; Win64; x64) AppleWebKit/537.36 (KHTML, like Gecko) Chrome/88.0.4324.182 Safari/537.36
```

常见的请求头和说明如表 8–4 所示。

表 8–4 常见的请求头和说明

名 称	说 明
Accept	当前客户端浏览器可以接收的信息数据类型
Accept-Encoding	当前客户端浏览器可以解析的压缩编码操作
Accept-Language	当前客户端所使用的语言
Cache-Control	浏览器缓存的控制，标识是否保持缓存等操作
Connection	长连接的情况，是否保持或切断连接
Cookie	当前的浏览器记录 Cookie 值
Host	当前访问站点的地址信息
Pragma	缓存的老版本控制方法
Upgrade-Insecure-Requests	支持 https，支持使用该操作
User-Agent	用户端标识符，可能会出现的用户系统标识、浏览器类型或手机型号

8.1.3 开发者工具的使用

扫一扫，看视频

Web 开发中需要实时进行页面代码的检查，此时需要使用浏览器自带的开发者工具进行页面代码或网站请求的查看。一般在浏览器中按 F12 键可以打开开发者工具，其界面如图 8–3 所示。

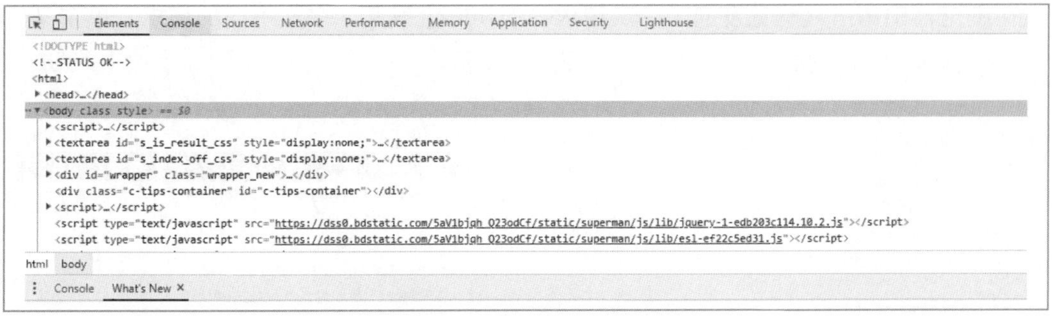

图 8-3 开发者工具界面

提示： 为了增加 Web 页面的兼容性，一般推荐使用 Google 开发的 Chrome 浏览器进行 Web 应用的开发。需要注意的是，如果需要兼容某些老版本的 IE 浏览器，则需要使用对应老版本的 IE 浏览器进行查看。

在开发者工具中提供了几个重要的功能，最常用的是 Elements 选项卡，如图 8-3 所示，显示的是本页面中所有的 HTML 结点。使用 Elements 选项卡左上角的结点选定功能，可以通过页面中的显示快速定位相关的代码，如图 8-4 所示。

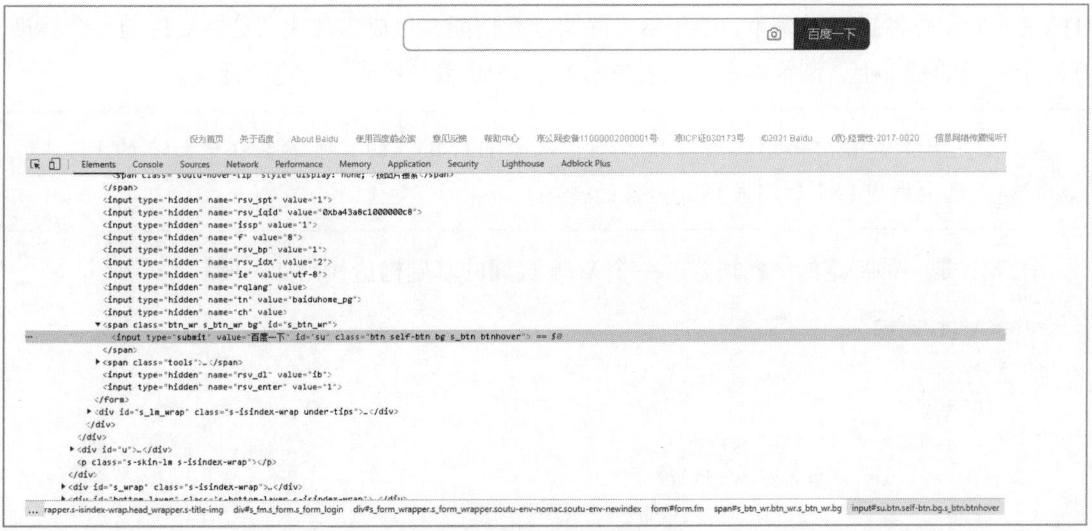

图 8-4 选定元素

Console 选项卡提供与页面的交互功能，所有在 JavaScript 中打印输出的内容或出现的程序的错误都会显示在此选项卡中。

在 Network 选项卡中可以查看当前请求中所有资源数据的请求。在发起一个 HTTP 请求时，虽然在浏览器中用户只感觉发起了一次请求，但实际上发起了多次不同的请求。单击某一项请求可以查看具体的内容、请求头等，如图 8-5 所示。

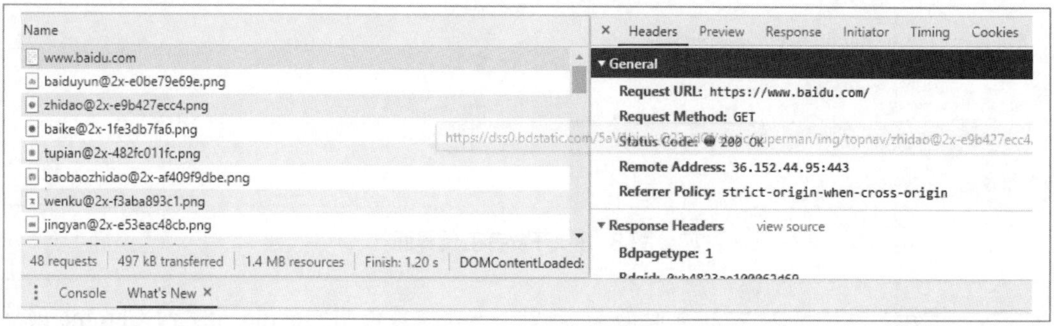

图 8-5　Network 选项卡

8.1.4　HTML 入门

扫一扫，看视频

HTML 全称为超文本标记语言，是在浏览器中描述网站结构的描述性文本。在 Web 开发中通过指定有意义的 HTML 标签，完成整个 Web 页面的搭建和结构化。

HTML 的最新版本是 2008 年发布的 HTML 5（HyperText Markup Language 5）。HTML 5 为浏览器提供了视频、Canvas、存储等新功能，也成为现代浏览器支持的一个标准，在这个标准的基础上，浏览器中的元素显示与 HTML 编写形成了一定的规范。

> **注意：**本书中介绍的所有元素都是基于 HTML 5 的，可能会在老版本的 IE 浏览器中出现显示偏移或样式错乱的情况。

HTML 是一种特定的文档格式，一个 Web 页面的基础构造代码如下所示。

```
<!DOCTYPE html>
<html>
    <head>
        <meta charset="utf-8">
        <title> 网页名称 </title>
    </head>
    <body>
        <h1> 文章标题 </h1>
        <p> 文章段落 </p>
    </body>
</html>
```

在上述代码中,以“< >”包裹的语句称为 HTML 标签或 HTML 元素。其中,<!DOCTYPE html> 标签为 HTML 5 文档结构的声明;<html> 标签是 HTML 页面的根元素声明，并且和 </html> 标签形成一个闭标签，这两个标签中的其他标签和数据内容都是在 <html> 标签中的子标签。

在一个 HTML 页面中，分为网页头部和网页体。其中，<head> 标签内部的元素都属于网页头部的内容，头部的所有内容都是本网页的声明或指定信息，不会显示在页面中。一般样式文件（<style> 标签）、网站标题（<title> 标签）、关键字等元数据（<meta> 标签）等都会在此处引用。

```
<! DOCTYPE html>
<html>
    <head>
         <link rel="stylesheet" type="text/css" href="CSS 样式文件 ">
         <link rel="shortcut icon" href=" 标题头标签 ">
         <title> 网站标题 </title>
     </head>
……
```

<body> 标签中的内容都是 Web 页面的网页体中的内容，如一个基本的文章页面，代码如下所示。

```
<!DOCTYPE html>
<html lang="en">
<head>
    <meta charset="UTF-8">
    <title> 网站 </title>
</head>
<body>
    <h1>Web 开发技术栈 </h1>
    <h3> 前端技术 </h3>
    <p>HTML</p>
    <p>CSS</p>
    <p>JavaScript</p>
    <h3> 后端技术 </h3>
    <p>Python</p>
</body>
</html>
```

将上述代码存放在一个文件中，将文件重命名为 index.html，就可以直接在任何浏览器中打开。显示效果如图 8-6 所示。

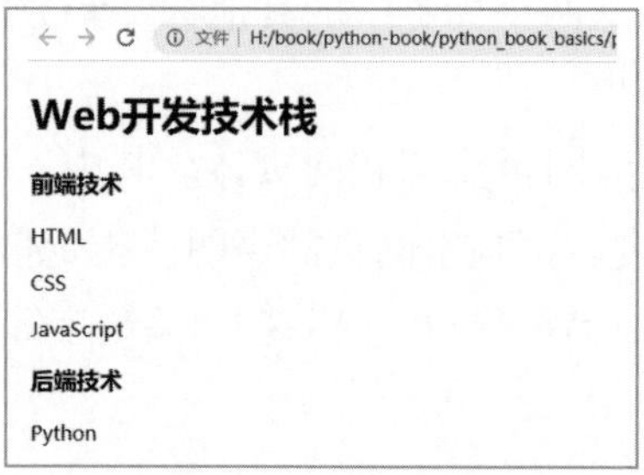

图 8-6　Web 页面

8.1.5　CSS 入门

扫一扫，看视频

随着 HTML 和网络技术的发展，单调的网页不再被使用者接受，CSS（Cascading Style Sheets，层叠样式表）为了满足设计者的要求应运而生。CSS 是一种用来表现 HTML 或 XML 样式的计算机语言，CSS 可以静态地修饰网页，让 HTML 的显示不再是单调的样式。

CSS 能够对网页中元素位置的排版进行像素级的精确控制，支持几乎所有的字体、字号、样式。CSS 通过不同的元素选择器获得目标元素，随机使用 CSS 样式对选定的元素进行美化和修饰，形成最终效果。

例如，下面的代码实现了对 <body> 元素中的文章内容居中显示，设置了 <p> 元素中所包含文字的颜色。

```
<style>
    body{
         text-align:center
    }
    p{
        color:#ababab
    }
</style>
```

将 <style> 标签的内容放在 8.1.4 节代码的 <head> 标签内部，再次打开网页文件，网页加载了 CSS 样式，如图 8-7 所示。

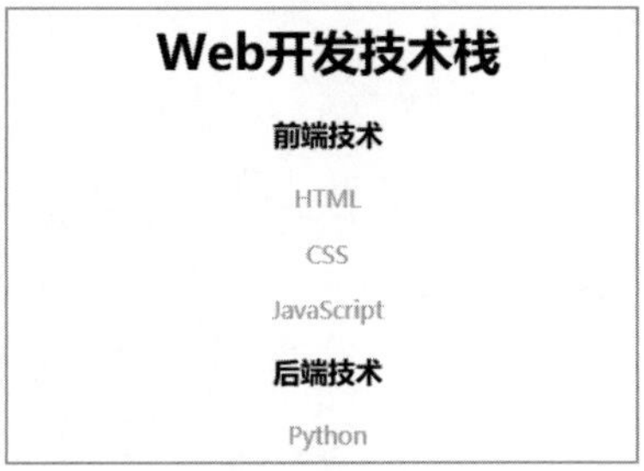

图 8-7　CSS 样式

CSS 中最重要的概念就是盒模型，CSS 认为 HTML 中的所有元素都符合 CSS 的盒模型。在 CSS 中可以把所有 HTML 元素看作一个盒子，每个盒子都包括边距、边框、内边距和内容，如图 8-8 所示。

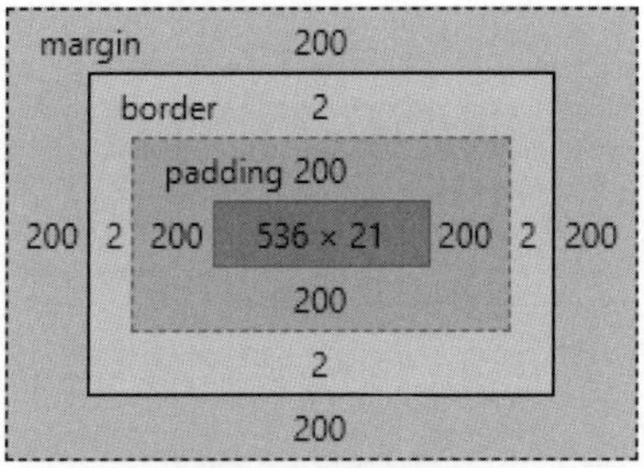

图 8-8　盒模型

可以使用 <div> 元素和 CSS 样式结合来展示盒模型，代码如下所示。

```
<!DOCTYPE html>
<html lang="en">
<head>
    <meta charset="UTF-8">
    <title> 网站 </title>
    <style>
        .box{
            padding:200px;
            border:2px solid;
            margin:200px;
        }
        #inside{
            background-color:red;
        }
```

```
    </style>
</head>
<body>
    <div class="box">
        <div id="inside">测试</div>
    </div>
    <div class="box">
    </div>
</body>
</html>
```

显示结果如图 8-9 所示。

图 8-9 <div> 标签的盒模型

8.2 Python基础网站开发

所有的后端语言都支持简单的 Web 网站的开发和前端语言的输出与渲染。使用 Python 作为后端语言开发网站和开发脚本一致，只需要安装对应的模块编写逻辑和样式代码即可。本节将介绍使用 Python 开发简单的网站页面。

8.2.1 Python 基础 CGI 开发

扫一扫，看视频

CGI（Common Gateway Interface，通用网关接口）是外部扩展应用程序与 Web 服务器交互的一个标准接口，也就是说，该接口运行在服务器中，通过该接口，服务器可以获得客户端发送的请求和相关的数据信息；客户端通过该接口发送请求后，也可以获得由浏览器解析的 HTML 或者其他的相关内容。

简单来说，CGI 就是所开发网站的服务器程序本身，是网站程序代码和服务器执行的过程。CGI 可以用任何一种语言编写。

在 8.1 节中编写的 HTML 代码只能在本机中打开来查看网页，这些网站代码并不能通过网络访问。如果需要将开发的网站被其他用户访问，必须将代码存放在网站服务器中，并且指定服务器运行的 IP 地址和端口。

服务器程序较为知名的有 Tomcat、Nginx、Apache 以及 Windows 平台的 IIS 等。在 Python 开发中，Python 自带了一个测试服务器，可以使用下面的命令启动一个 HTTP 服务器，在本机的 8000 端口自动启动，如图 8-10 所示。

```
python -m http.server [ 端口号，默认 8000]
```

```
H:\book\python-book\python_book_basics\python-code\8>python -m http.server
Serving HTTP on :: port 8000 (http://[::]:8000/) ...
::1 - - [27/Feb/2021 23:15:44] "GET / HTTP/1.1" 200 -
::1 - - [27/Feb/2021 23:15:45] code 404, message File not found
::1 - - [27/Feb/2021 23:15:45] "GET /favicon.ico HTTP/1.1" 404 -
```

图 8-10　启动 HTTP 服务器

访问 http://localhost:8000/ 可以进入服务器的根目录，在根目录中可以看到 8.1 节中开发的页面，可以单击 HTML 文件查看，如图 8-11 所示。

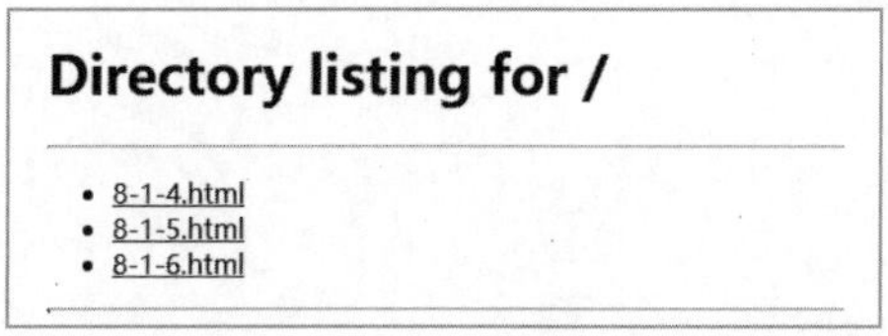

图 8-11　根目录

如果使用 Windows 运行服务器，需要允许应用通过防火墙，这样才可以在公用网络的其他计算机中访问，如图 8-12 所示。如果使用 Linux 服务器，则需要编写防火墙策略才可以允许外部访问。

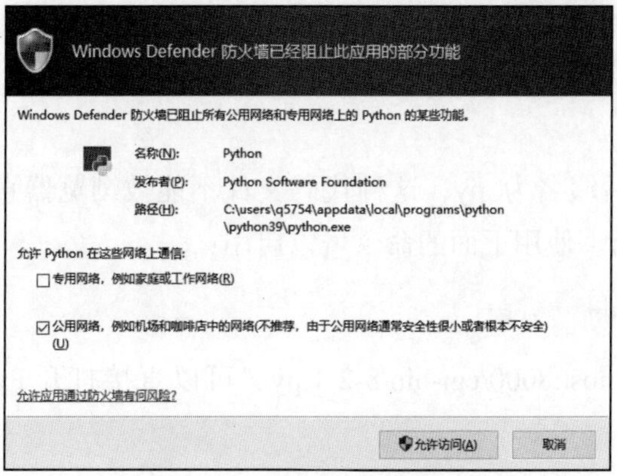

图 8-12　运行通过防火墙

在本地计算机中可以使用下面的命令获得本机的 IP 地址（见图 8–13），通过 IP 地址加上端口号和具体的页面路径，就可以进行网站的访问了。

```
ipconfig
```

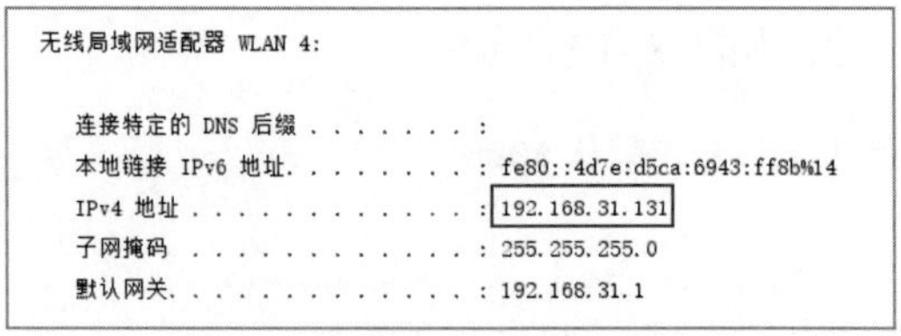

无线局域网适配器 WLAN 4:
连接特定的 DNS 后缀 . . . . :
本地链接 IPv6 地址. . . . . : fe80::4d7e:d5ca:6943:ff8b%14
IPv4 地址 . . . . : 192.168.31.131
子网掩码 . . . . : 255.255.255.0
默认网关. . . . . : 192.168.31.1

图 8–13　IP 地址

接下来，不使用 HTML 文件，而完全使用 Python 代码制作一个简单的 HTML 页面。首先在项目文件夹中创建一个 cgi-bin 文件夹，在此文件夹中编写标准的 Python 代码文件，命名为 8-2-1.py。

8-2-1.py 文件的代码如下所示，设定了一个长字符串对象，使用 print() 函数输出这个字符串。

```
html = '''
<!DOCTYPE html>
<html lang="en">
<head>
    <meta charset="UTF-8">
    <title> 网站 </title>
</head>
<body>
<h1>Python-CGI</h1>
</body>
</html>
'''
print(html)
```

Python 代码文件的后缀名为 .py，这种代码文件不能被浏览器直接解析，需要启动服务器提供的解析器进行解析。使用下面的命令可以启用：

```
python –m http.server - -cgi
```

访问地址 http://localhost:8000/cgi-bin/8-2-1.py，可以直接打开 Python 编写的网页，执行效果如图 8–14 所示。

图 8-14　Python CGI 网页

在访问页面地址的同时，在执行 Python 命令的命令行窗口中可以看到 Python 代码的具体执行过程，可以看到本机中安装的 Python 虚拟机负责解析 Python 编写的代码文件，如图 8-15 所示。

```
::1 - - [28/Feb/2021 00:17:44] CGI script exited OK
::1 - - [28/Feb/2021 00:17:54] "GET /cgi-bin/8-2-1.py HTTP/1.1" 200 -
::1 - - [28/Feb/2021 00:17:54] command: C:\Users\q5754\AppData\Local\Programs\Python\Python39\python.exe -u H:\book\python-book\python_book_basics\python-code\8\8-2-1\cgi-bin\8-2-1.py ""
::1 - - [28/Feb/2021 00:17:54] CGI script exited OK
```

图 8-15　Python CGI 的执行过程

8.2.2　实战入门：Python Web HelloWorld

扫一扫，看视频

现代的 Web 应用一般是具有交互性的网站，如果只是静态的效果展示，只需要使用静态 HTML 文件就可以完成，所以 Python Web 开发中与用户交互是非常重要的一部分。

在 8.1 节介绍的 HTTP 请求中，可以使用 GET 或 POST 方式发送用户数据，在 Python 代码中进行数据的判定并且回显在页面中。

如果需要在 Python 代码中获取用户传输的数据，则需要引入 cgi 包，通过用户输入获得两个数字，最终在网站的页面中输出加和的结果。具体代码如下所示。

```
import cgi

html = '''
<!DOCTYPE html>
<html lang="en">
<head>
    <meta charset="UTF-8">
    <title> 数字加和 </title>
</head>
<body>
    <h2>HelloWorld!!!</h2>
```

```
    <p>%s+%s=%s</p>
</body>
</html>
'''
# 获得参数内容
form = cgi.FieldStorage()
# 得到 a 的值
a = form['a'].value
# 得到 b 的值
b = form['b'].value
print(html % (a, b, int(a) + int(b)))
```

上述代码完成了在 Python 代码中获得传输的两个参数 a 和 b，并且对获得的两个参数进行处理，输出加和的结果，最终通过模板的方式将发送的参数构建在 html 字符串中，通过 print() 函数输出 html 字符串。

在 Python 代码中可以通过 GET 方式在访问路径（URL）中加入需要的参数，一个参数名称为 a；另一个参数为 b。完整的 URL 传参方式如下所示：

```
http://URL? 参数 1= 参数 1 值 & 参数 2= 参数 2 值 &……
```

启动本机的 Python 服务器，访问网址为 http://localhost:8000/cgi-bin/8-2-2.py?a=3&b=2，代表参数设定为 a=3，b=2。执行效果如图 8–16 所示。

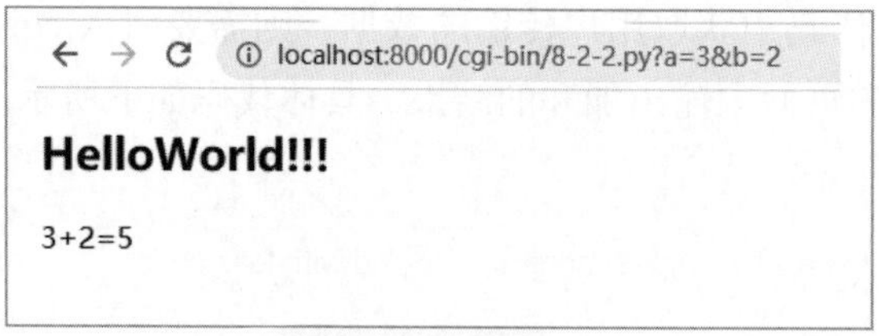

图 8–16 Python CGI 网页

注意： 参数可以通过 GET 方式在 URL 中显式传递，也可以使用 POST 方式在请求中传参。

8.3 Python 框架网站开发

在现代的 Web 开发中，复杂的业务逻辑导致了从头开发一个 Web 应用系统非常烦琐，但是随着现代工程化的发展，出现了一系列新的工程设计模式，大量通用性的 Web 开发框架出现在开发市场中。使用这些框架可以快速开发出容易使用、性能优异的 Web 应用。

8.3.1 Python 框架简介

扫一扫，看视频

在后端语言中，工程化做得最出色的无疑是 Java 语言。在使用 Java 作为后端开发语言的应用场景中，大量的应用框架和设计模式都得到了广泛的应用。对于 Python 这门后端语言，同样有大量优秀的 Web 开发框架。

开发框架一般会为 Web 应用提供一整套方案，一般包括 Web 的请求、URL 路由设计、数据库连接和中间件的处理等。当然，开发框架的设计思想不同，提供的功能也略有不同。在 Python Web 开发框架中最著名的是 Django 框架。

Django 是一个开放源代码的 Web 开发框架，用 Python 写成，也是一种 MVC 模式（在 Django 框架说明中是 MTV 模式，这两种模式本质上一致）的框架。最初 Django 是一个可以进行配置的 CMS（内容管理系统）软件，主要是管理劳伦斯出版集团旗下的一些以新闻内容为主的网站。2005 年 7 月发布了 Django 的开源版本，2019 年 12 月发布了 Django 3.0。

Django 官网地址为 https://www.djangoproject.com/，其主页如图 8-17 所示，提供了 Django 的 API 说明文档和各个版本的下载说明。

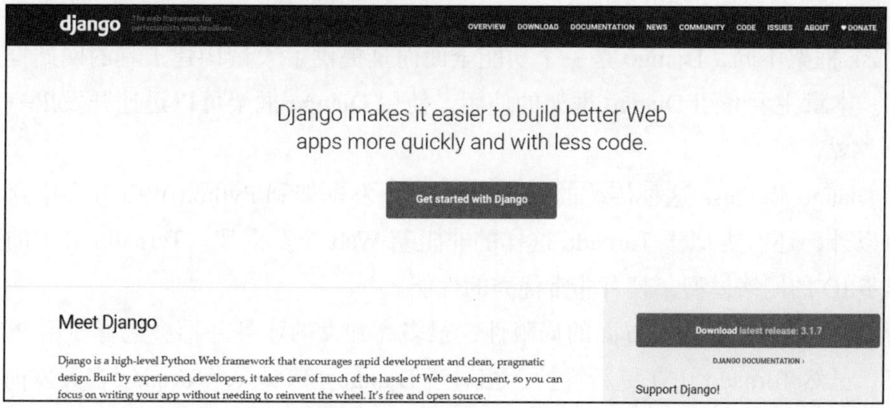

图 8-17 Django 官网主页

在 Python 中除了 Django 框架，另一个出色的 Web 开发框架是 Flask。Flask 的官网地址为 https://flask.palletsprojects.com/，其主页如图 8-18 所示。

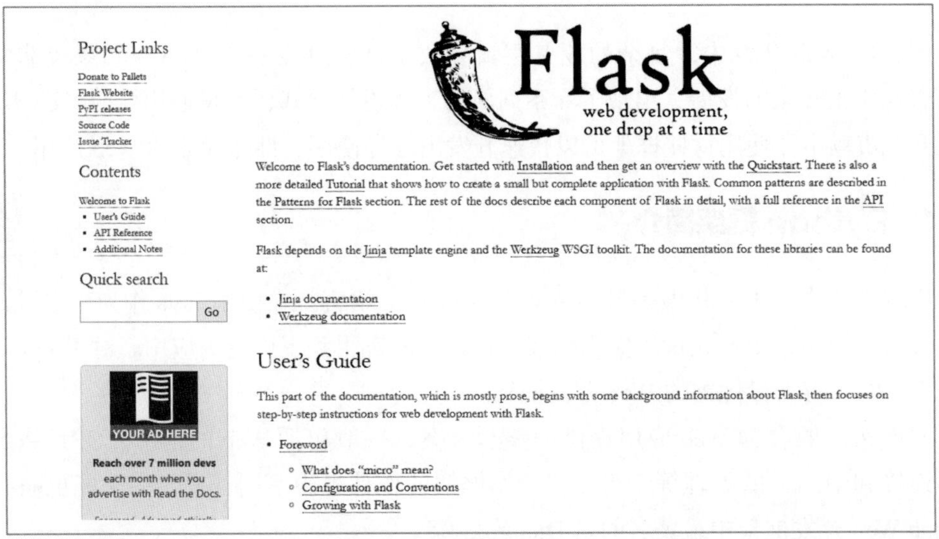

图 8-18 Flask 官网主页

这两种框架的差别在于，Flask 框架是一个“微型”的框架，代码精简且非常适合在 Flask 框架的基础上进行二次开发，增配符合需求的第三方代码或库，可以实现项目需求的相关功能。

注意： 虽然现阶段使用 Python 进行 Web 开发时 Flask 框架并没有 Django 框架用得多，但是 Flask 框架中的设计模式和代码编写非常优秀，值得学习。

与 Flask 框架不同，Django 是一个功能全面而且提供了大量构建工具的网站框架，支持开箱即用。本章主要介绍 Django 框架的使用，使用 Django 框架可以迅速开发出一个功能全面的 Web 网站。

除了 Django 和 Flask 这种传统的 Python Web 开发框架和 Python Web 开发中众多的 Web 开发引擎以外，还有类似于 Tornado 这样的非阻塞 Web 开发框架。Tornado 采用的是单进程单线程异步 IO 的网络模型，具有非常优秀的性能。

由于 Python 在 Web 开发方面的局限性，很多高并发的业务并不会选择使用 Python 语言进行开发。虽然 Tornado 还在更新维护，相对于 Django 和 Flask，Tornado 在开发前后端分离的项目时可以提供更好的性能，但是市场占有率在逐渐减少。

8.3.2 实战练习：Django 留言系统

扫一扫，看视频

Django 作为 Python Web 开发中使用最广泛的网站框架之一，在 Django 框架中提供了非常多的功能，适合快速完成工作需求。Django 框架只需要调用框架提供的 API 就可以完成数据表的建立，以及数据的增删改查等功能。

Django 框架非常适合开发单人项目或企业内部项目等，这些项目的性能要求不高，运行稳定，开发时间短。

使用 Django 框架需要安装对应的 Django 包，使用下面的命令可以进行 Django 包的安装，安装结果如图 8-19 所示。

```
pip install django
```

```
H:\book\python-book\python_book_basics>pip install django
Looking in indexes: https://mirrors.aliyun.com/pypi/simple
Collecting django
  Downloading https://mirrors.aliyun.com/pypi/packages/b8/6f/9a4415cc4fe9228e26ea53cf2005961799b2abb8da0411e519fdb74754fa/Django-3.1.7-py3-none-a
ny.whl (7.8 MB)
     |████████████████████████████████| 7.8 MB 99 kB/s
Collecting sqlparse>=0.2.2
  Downloading https://mirrors.aliyun.com/pypi/packages/14/05/6e8eb62ca685b10e34051a80d7ea94b7137369d8c0be5c3b9d9b6e3f5dae/sqlparse-0.4.1-py3-none
-any.whl (42 kB)
     |████████████████████████████████| 42 kB 203 kB/s
Collecting pytz
  Downloading https://mirrors.aliyun.com/pypi/packages/70/94/784178ca5dd892a98f113cdd923372024dc04b8d40abe77ca76b5fb90ca6/pytz-2021.1-py2.py3-non
e-any.whl (510 kB)
     |████████████████████████████████| 510 kB 6.4 MB/s
Collecting asgiref<4,>=3.2.10
  Downloading https://mirrors.aliyun.com/pypi/packages/89/49/5531992efc62f9c6d08a7199dc31176c8c60f7b2548c6ef245f96f29d0d9/asgiref-3.3.1-py3-none-
any.whl (19 kB)
Installing collected packages: sqlparse, pytz, asgiref, django
Successfully installed asgiref-3.3.1 django-3.1.7 pytz-2021.1 sqlparse-0.4.1
```

图 8-19　安装 Django 包

使用下面的代码可以查看 Django 包是否安装成功，本书选择安装 Django 3，Django 版本的显示如图 8-20 所示。

```
python -m django -version
```

```
H:\book\python-book\python_book_basics>python -m django --version
3.1.7
```

图 8-20　查看 Django 版本

Django 框架提供了非常强大的 Web 构建 API，所有的命令都通过 django-admin 进行管理，可以使用下面的命令初始化一个 Django 项目。

```
django-admin startproject message_board
```

上述命令会在项目文件夹中创建 Web 项目，项目结构如图 8-21 所示。其中，manage.py 是项目启动脚本；urls.py 是项目路由设置；settings.py 是项目设置和中间件设置；wsgi.py 是 Web 服务器网关接口设置。

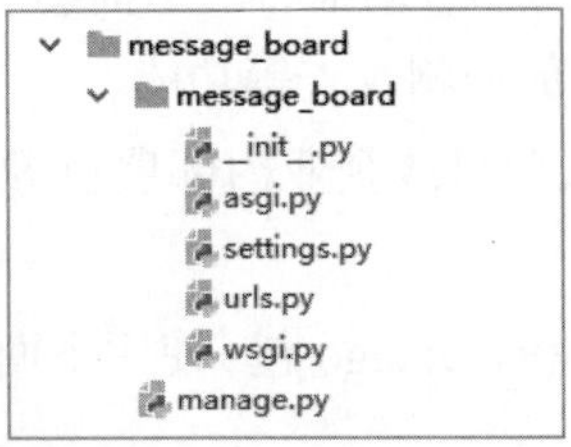

图 8-21　Web 项目结构

本节将编写一个简单的 Web 应用，Django 已经为开发者准备了后端管理工具和相关页面，只需要进行简单的配置就可以开箱使用。

在 Django 创建文件时，默认使用的数据库是 SQLite，SQLite 是一个简单的文件型关系数据库，默认的配置代码如下所示。

```
# Database
# https://docs.djangoproject.com/en/3.1/ref/settings/#databases

DATABASES = {
    'default': {
        'ENGINE': 'django.db.backends.sqlite3',
        'NAME': BASE_DIR / 'db.sqlite3',
    }
}
```

Python 内置了 SQLite 数据库，所以不需要在系统中安装。本节的实例会将数据库切换为 MySQL，以达到更好的性能和扩展性。

在 Django 中使用 MySQL 数据库，需要在项目文件夹的 settings.py 脚本中进行修改，代码如下所示。

```
DATABASES = {
    'default': {
        'ENGINE': 'django.db.backends.mysql',
        'NAME': 'web_test',
        'USER': 'root',
        'PASSWORD': 'root',
```

```
        'HOST': '127.0.0.1',
        'PORT': '3306',
    }
}
```

在 Django 框架中使用 MySQL 数据库，需要安装 mysqlclient 模块，才能实现与 MySQL 数据库的连接，如图 8-22 所示。

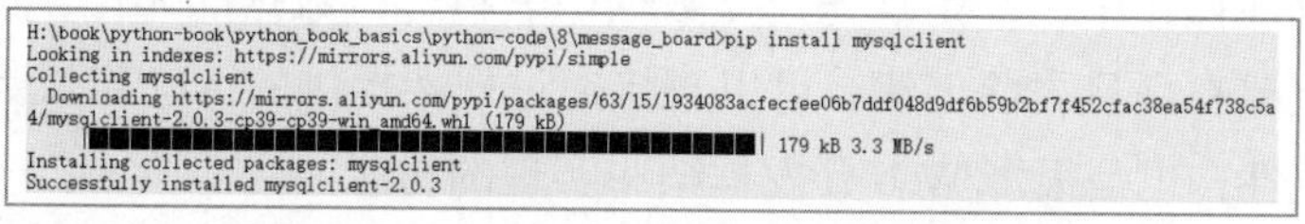

```
H:\book\python-book\python_book_basics\python-code\8\message_board>pip install mysqlclient
Looking in indexes: https://mirrors.aliyun.com/pypi/simple
Collecting mysqlclient
  Downloading https://mirrors.aliyun.com/pypi/packages/63/15/1934083acfecfee06b7ddf048d9df6b59b2bf7f452cfac38ea54f738c5a
4/mysqlclient-2.0.3-cp39-cp39-win_amd64.whl (179 kB)
     |████████████████████████████████| 179 kB 3.3 MB/s
Installing collected packages: mysqlclient
Successfully installed mysqlclient-2.0.3
```

图 8-22　安装 MySQL 数据库的连接依赖

除了 MySQL 数据库以外，Django 框架支持更多的数据库，如 PostgreSQL、Oracle 等，同样需要安装不同的项目依赖。具体的项目配置引擎的代码如下所示。

```
'django.db.backends.postgresql'
'django.db.backends.mysql'
'django.db.backends.sqlite3'
'django.db.backends.oracle'
```

Django 项目提供了开发测试服务器，使用下面的命令可以启动创建的 Django 项目，设定服务器启动端口为 8000。

```
python manage.py runserver 8000
```

启动完成的 Django 项目可以通过 http://localhost:8000/ 网址查看，如图 8-23 所示。

图 8-23　Django 初始化

通过 Python 命令启动服务器之后，Django 会自动检测项目中的数据库配置。如果在启动数据库之前没有安装 MySQL 的依赖配置，程序会自动检测没有安装的模块，显示如图 8-24 所示的错误，需要开发者手动进行安装。

```
django.core.exceptions.ImproperlyConfigured: Error loading MySQLdb module.
Did you install mysqlclient?
```

图 8-24　缺少 MySQL 连接的错误

在 Django 中最重要的一个模块是 Model，所有与数据库的操作都应当建立数据 Model，通过数据 Model 进行操作。

在之前的数据库操作中，都是首先建立数据库表再进行数据的操作，但是在 Django 中，数据库表并不一定要在项目之前创建，可以直接通过框架提供的 API 生成数据表。这样创建的项目更具有移植性，也是很多 Web 开发框架中实现的功能。

首先，在 Django 工程文件夹中新建一个 main 文件夹，所有留言板的留言数据 Model 将会创建在此文件夹中。在 main 文件夹中创建一个 models.py，具体代码如下所示。

```
from django.db import models


# 创建留言板数据 Model
class BoardMessage(models.Model):
    nickname = models.CharField(max_length=10)
    message_text = models.CharField(max_length=200)
    pub_date = models.DateTimeField('date published')
```

Django 中的所有数据模型都应当继承自 django.db.models.Model，并且在类的创建中需要指定所有的数据字段的类型和限制。

接下来，需要在项目文件夹中指定新建的 main 包为 Web 项目中的一部分，需要在 settings 文件夹中设置 INSTALLED_APPS 字段，代码如下所示。

```
INSTALLED_APPS = [
    'django.contrib.admin',
    'django.contrib.auth',
    'django.contrib.contenttypes',
    'django.contrib.sessions',
    'django.contrib.messages',
    'django.contrib.staticfiles',
    'main'
]
```

接下来，需要使用下面的命令对指定的数据 Model 进行转化，生成数据表结构，结果如

图 8-25 所示。

```
python manage.py makemigrations main
```

H:\book\python-book\python_book_basics\python-code\8\message_board>python manage.py makemigrations main
Migrations for 'main':
main\migrations\0001_initial.py
- Create model BoardMessage

图 8-25　创建的数据表结构

系统会自动生成对应的数据表文件，代码如下所示。

```
# Generated by Django 3.1.7 on 2021-03-01 08:33

from django.db import migrations, models

class Migration(migrations.Migration):

    initial = True

    dependencies = [
    ]

    operations = [
        migrations.CreateModel(
            name='BoardMessage',
            fields=[
                ('id', models.AutoField(auto_created=True, primary_key=True,
                serialize=False, verbose_name='ID')),
                ('nickname', models.CharField(max_length=10)),
                ('message_text', models.CharField(max_length=200)),
                ('pub_date', models.DateTimeField(verbose_name='date published')),
            ],
        ),
    ]
```

如果在一个包中包括多个数据 Model，则所有的数据模型都会生成在该文件中；如果对数据 Model 进行了更改，则在生成 Migration 类时会将指定的字段和限制都同步进行修改和更新。可以通过下面的命令查看创建数据库表时的命令。

```
python manage.py sqlmigrate main 0001
```

命令行会自动输出 Django 配置数据库类型的 SQL 语言，本实例中已经指定为 MySQL 数据库，输入内容如下所示。

```
--
-- Create model BoardMessage
--
CREATE TABLE 'main_boardmessage' ('id' integer AUTO_INCREMENT NOT NULL PRIMARY KEY, 'nickname' varchar(10) NOT NULL, 'message_text' varchar(200) NOT NULL, 'pub_date' datetime(6) NOT NULL);
```

注意： MySQL 版本不同，默认的数据引擎不同，InnoDB 和 MyISAM 支持的功能不同。需要注意 MySQL 的版本和数据库指定的数据引擎。

确认 SQL 输出语句无误后，可以使用下面的命令将数据表生成在数据库中。

```
python manage.py migrate
```

Django 会将所有需要创建的数据表一次性写入数据库中，第一次创建数据表的执行效果如图 8-26 所示。

```
H:\book\python-book\python_book_basics\python-code\8\message_board>python manage.py migrate
Operations to perform:
  Apply all migrations: admin, auth, contenttypes, main, sessions
Running migrations:
  Applying contenttypes.0001_initial... OK
  Applying auth.0001_initial... OK
  Applying admin.0001_initial... OK
  Applying admin.0002_logentry_remove_auto_add... OK
  Applying admin.0003_logentry_add_action_flag_choices... OK
  Applying contenttypes.0002_remove_content_type_name... OK
  Applying auth.0002_alter_permission_name_max_length... OK
  Applying auth.0003_alter_user_email_max_length... OK
  Applying auth.0004_alter_user_username_opts... OK
  Applying auth.0005_alter_user_last_login_null... OK
  Applying auth.0006_require_contenttypes_0002... OK
  Applying auth.0007_alter_validators_add_error_messages... OK
  Applying auth.0008_alter_user_username_max_length... OK
  Applying auth.0009_alter_user_last_name_max_length... OK
  Applying auth.0010_alter_group_name_max_length... OK
  Applying auth.0011_update_proxy_permissions... OK
  Applying auth.0012_alter_user_first_name_max_length... OK
  Applying main.0001_initial... OK
  Applying sessions.0001_initial... OK
```

图 8-26　创建数据表

除了系统自带模块中的数据文件以外，开发者编写的数据库文件会以 main_boardmessage（包名 _ 数据模型名）存放在数据库中。

提示： 在 Django 中模块都是插件化的，如果项目不需要系统自带的模块，则在配置中删除即可。删除的模块中的数据模型不会写入数据库。

Python 自带模块中有一个非常好用的后端管理模块 admin，此模块默认配置在 Django 初始化的项目中，主要提供了一套简单的后端模板和对所有数据通用的增删改查功能，并且提供了权限控制功能。使用这个功能需要首先创建一个超级管理员角色。通过下面的命令可以创建一个超级管理员。

```
python manage.py createsuperuser
```

执行时会要求输入管理员的用户名和密码，并且可能会对密码和用户名做一些复杂性的要求，如图 8-27 所示。

```
H:\book\python-book\python_book_basics\python-code\8\message_board>python manage.py createsuperuser
Username (leave blank to use 'q5754'): root
Email address: info@uneedzf.com
Password:
Password (again):
The password is too similar to the username.
This password is too short. It must contain at least 8 characters.
This password is too common.
Bypass password validation and create user anyway? [y/N]: y
Superuser created successfully.
```

图 8-27 创建超级管理员

Django 中的 admin 模块配置支持中文，可以将后端管理模板设置为中文，这需要在 settings.py 中进行配置，代码如下。

```
LANGUAGE_CODE = 'zh-Hans'

TIME_ZONE = 'Asia/Shanghai'

USE_I18N = True

USE_L10N = True

USE_TZ = True
```

使用下面的命令可以启动服务器。

```
python manage.py runserver
```

后端管理模块 admin 的访问路径是 http://localhost:8000/admin/login/?next=/admin/，显示结果如图 8-28 所示。

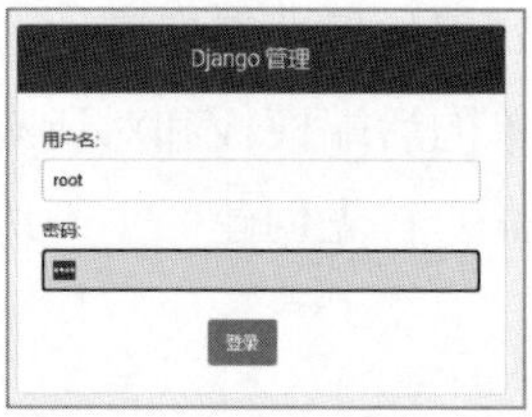

图 8-28 管理员登录页面

输入正确的用户名和密码后，单击“登录”按钮，可以进入后台管理页面。此时的后台管理页面只支持对用户的管理，如图 8-29 所示。

图 8-29 后台管理页面

如何可以让用户对留言数据模型进行增删改查呢？需要在 main 文件夹中新建 admin.py 脚本文件，代码如下所示。

```
from django.contrib import admin

from .models import BoardMessage
# 为后台管理注册 BoardMessage
admin.site.register(BoardMessage)
```

重启服务器后进入后台管理，如图 8-30 所示，可以看到 BoardMessage 已经成为可编辑的选项。

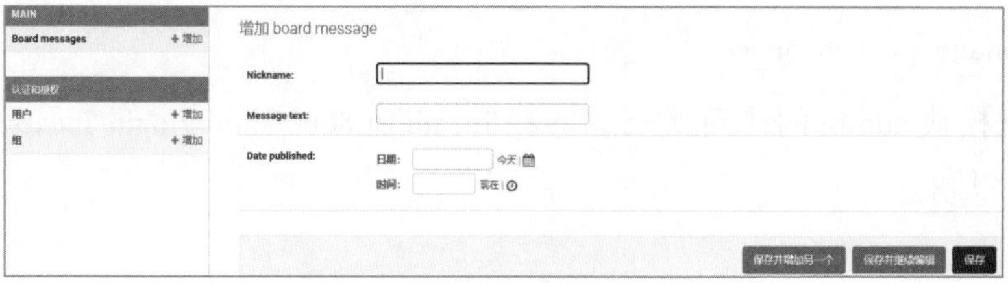

图 8-30 编辑留言

所有在后台针对 BoardMessage 的修改都会体现在数据库的 main_boardmessage 数据表中。例如，添加一条数据，添加数据后的数据表如图 8-31 所示。后台利用 Django 自带的后端管理模块管理数据表。

id	nickname	message_text	pub_date
1	测试	测试文本	2021-03-01 09

图 8-31　添加数据后的数据表

接下来编写留言板的显示等前端页面。首先需要编写 url 模块。在 main 文件夹中新建一个 urls.py 文件,所有关于 main 模块的路由路径都会声明在 main/urls.py 文件中,代码如下所示。

```
from django.urls import path

urlpatterns = [
]
```

此时编写的 main 模块下的 urls.py 并不会被 Django 加载到项目路由中。在 Django 中需要使用模块中的 urls.py 指定路由，可以采用两种方式，第一种方式是更改项目本身的根路由路径，需要配置 settings 中的 ROOT_URLCONF 字段，如下所示。

```
ROOT_URLCONF = 'message_board.urls'
```

第二种方式是在根路由中指定具体的路径由某一个模块路由负责转发，修改 message_board/urls 中的代码，如下所示。

```
from django.contrib import admin
from django.urls import include, path

urlpatterns = [
    path('admin/', admin.site.urls),
    path('main/', include('main.urls'))
]
```

这样就可以在 main 文件夹的 urls.py 文件中指定应用模块所属的具体路由路径。下面编写应用逻辑控制脚本来处理 Web 逻辑。在其他的 Web 语言中，这类逻辑处理代码常常称为 Controller，但是在 Django 中采用的是 MTV 模式，所以这类逻辑处理代码称为 Views。在 main 文件夹中创建一个 views.py 文件来处理网页中的逻辑，具体代码如下所示。

```
from django.http import HttpResponse
from .models import BoardMessage
```

```
def index(request):
    bm = BoardMessage.objects.order_by('-pub_date')[:5]
    r = ''
    # 构建字符串
    for i in bm:
        r = r + "发布时间：" + str(i.pub_date) + i.nickname + ':' + i.message_text
    return HttpResponse(r)
```

上述代码通过对 BoardMessage 数据对象进行查询，并且按发布日期排序后构造字符串并输出。

可以配置一个绑定到 index() 方法上的路由，通过网站访问查看具体的执行效果。编写 main/urls.py 文件的代码如下所示。

```
from django.urls import path
from .views import index

urlpatterns = [
    path("", index, name='index')
]
```

网站页面的访问地址是 http://localhost:8000/main/，可以查看项目通过查询数据库得到的结果，如图 8-32 所示。

图 8-32　数据查询

Django 支持对 HTML 模板的解析，也就是说，可以对编写好的 HTML 进行解析，并且将处理后的数据通过 HTML 模板显示。

这种处理方式的优点在于可以将 Django 中的业务逻辑代码和页面显示的前端代码进行分离，使 Python 服务开发者可以专注于业务的开发，前端开发者也无须理解后端业务逻辑的开发。

在 main 文件夹中建立一个 templates 文件夹，如果需要使用模板系统，则需要在业务处理脚本中使用 template 模块的 loader.get_template() 方法，get_template() 方法会自动寻找 templates 文件夹下的指定模板文件。

在建立的 templates 文件夹中新建一个 HTML 文件，代码如下所示，在 Django 支持的模板文件中，可以使用 Python 脚本代码。

```
<!DOCTYPE html>
<html lang="en">
<head>
    <meta charset="UTF-8">
    <title>网站</title>
</head>
<body>
<h1>留言板</h1>
{% if mbs %}
    {% for mb in mbs %}
    <p>{{ mb.nickname }}</p>
    <p>{{mb.pub_date}}</p>
    <p>{{mb.message_text}}</p>
    {% endfor %}
{% else %}
    <p>没有数据</p>
{% endif %}
</body>
</html>
```

在上述代码中，在前端页面中使用两个“{}”包裹一个 Python 对象输出，使用“{% %}”包裹 Python 逻辑控制代码，使用 for 循环输出一个名称为 mbs 的对象。

mbs 对象在逻辑控制代码中指定模板时需要向模板传输变量对象，在 views.py 中编写 index() 方法，代码如下所示。

```
def index(request):
    result = BoardMessage.objects.order_by('-pub_date')[:5]
    template = loader.get_template('index.html')
    context = {
        'mbs': result,
    }
    return HttpResponse(template.render(context, request))
```

此时输入网址 http://localhost:8000/main/，可以看到编写的模板文件已经被 Django 模板系统解析，显示的留言板系统如图 8–33 所示。

图 8-33　留言板系统

接下来可以结合 8.1 节中的 HTML 和 CSS 基础知识，对页面进行优化。优化后的 HTML 代码如下所示。

```
<!DOCTYPE html>
<html lang="en">
<head>
    <meta charset="UTF-8">
    <title>网站</title>
    <style>
        .mb-plane{
            padding:50px
        }
        .date{
            float:right;
            color:#ababab
        }
        .mb-item{
            border-top:1px solid #eee;
            min-height:100px;
            margin:10px
        }
    </style>
</head>
<body>
<div class="mb-plane">
    <div>
        <h1>留言板</h1>
    </div>
    <hr/>
    {% if mbs %}
```

```
        {% for mb in mbs %}
        <div class="mb-item">
            <div>
                {{ mb.nickname }}
            </div>
            <div>
                <p>{{mb.message_text}}</p>
            </div>
            <div class="date">
                {{mb.pub_date}}
            </div>
        </div>
        {% endfor %}
        {% else %}
        <div>
            <p>没有数据</p>
        </div>
        {% endif %}
    </div>
    </body>
    </html>
```

优化后页面的显示效果如图 8-34 所示。

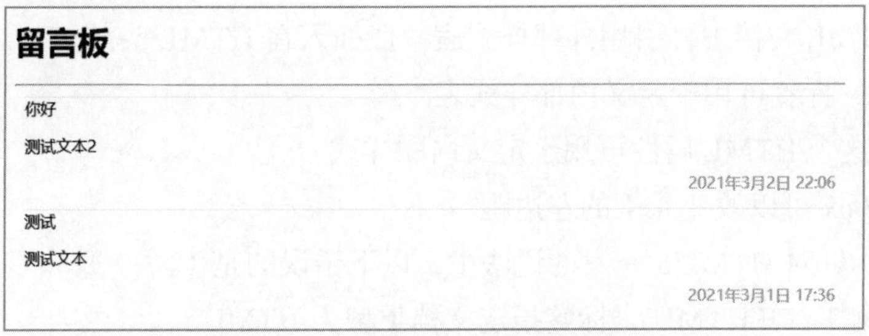

图 8-34 优化后网页的显示效果

注意：虽然模板系统很好用，但是随着前端技术的发展，React.js、Vue.js 等技术相继出现，前端开发在一定程度上和后端服务器的开发无关，后端服务只需要提供通用的接口，数据的显示和更新完全由前端技术负责。

8.4 小结、习题与练习

8.4.1 小结

本章主要介绍了简单的Python Web开发，从基础的CSS和HTML开始，首先介绍使用Python开发网页，然后介绍使用流行的Django框架进行Web系统的开发。Django框架提供了优秀的构建功能，使用admin等模块可以快速地完成一个简单需求系统的增删改查操作。

在本章的最后，介绍了Django模板系统，通过模板系统可以让Django解析HTML中的Python代码，减少后端的代码量和代码耦合程度。

8.4.2 习题

1.（选择题）针对HTML的说法中，以下错误的是（　　）。

A. HTML是一种标记语言

B. Web标准的制定者是W3C

C. <h6>是最大的标题标签

D. 在<img src="image.gif">标签中可以插入图片

2.（选择题）针对Web开发的说法中，以下错误的是（　　）。

A. 在HTML文档中，引用外部样式表一般插入在HTML头部

B. <style>标签可用于定义内部样式表

C. style这个HTML属性可用于定义内联样式

D. left:10px可以改变元素的左边距

3.（选择题）针对HTML 5开发的说法中，以下错误的是（　　）。

A. <!DOCTYPE HTML5>标签指定文档类型为HTML 5

B. <video>标签可以用于播放HTML 5视频文件

C. 在HTML 5中，getCurrentPosition()用于获得用户的当前位置

D. HTML 5支持将SVG元素嵌入HTML网页

8.4.3 练习

1. 熟悉 HTML 与 CSS 等网页开发技术，并且可以根据现有设计图编写简单的静态页面。

2. 尝试在本机开发并且运行 CGI 编程的实例。

3. 在本机安装 Flask 或者 Django 等 Web 开发框架，实现本章的实例。

4. 尝试在本机或者服务器中安装 Nginx 或者 Apache 等 Web 应用服务器，不采用测试服务器的方式进行 Web 应用程序的运行。

第 9 章

Python 爬虫开发

扫一扫，看视频

本章将介绍爬虫的概念以及如何使用 Python 获取网络中的数据，并且对这些数据进行处理。结合第 5 章的内容，可以将 Python 爬虫获取的内容存入数据库中，并在数据库中进行处理。

本章的主要内容：

- 什么是网络爬虫；
- 网络爬虫的基本原理和实现；
- 使用 Python 开发简单的网络爬虫；
- 使用 Scrapy 框架进行爬虫的开发；
- 如何使用数据库保存爬虫获取的数据。

本章的思维导图：

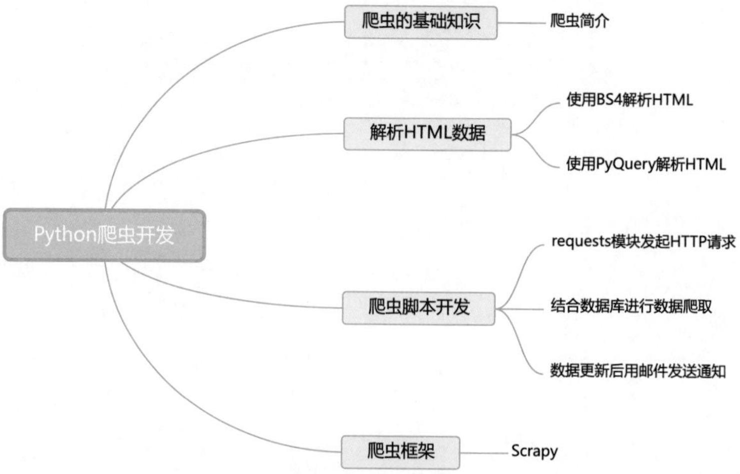

9.1 网络爬虫入门

本节将介绍简单的网络爬虫开发的原理和如何实现。爬虫是互联网应用中非常重要的部分，在互联网中有大量实时运行的爬虫。这些爬虫和辛勤的蜜蜂一样，收集网络中的数据，并对数据进行分类和整理。

9.1.1 爬虫简介

扫一扫，看视频

网络爬虫（又称为网页蜘蛛，网络机器人），简单来说，就是通过一定的手段和规则，自动抓取互联网中的数据的一段程序或脚本。

网络爬虫是一个自动提取网页的程序，它为搜索引擎从万维网上下载网页，是搜索引擎的重要组成部分。百度等搜索服务器有大量的爬虫实时地从互联网中爬取相关数据，并且将数据进行分类和整合，最终显示在搜索结果中。

例如，在百度中搜索“爬虫”，结果如图 9-1 所示。百度搜索引擎的爬虫实时地通过域名或来自其他网站的连接进行网站信息的爬取，将网站中所有的 HTML 页面进行解析，分析 HTML 中存在的关键字，通过一定的顺序和优先度显示在搜索结果页面中。

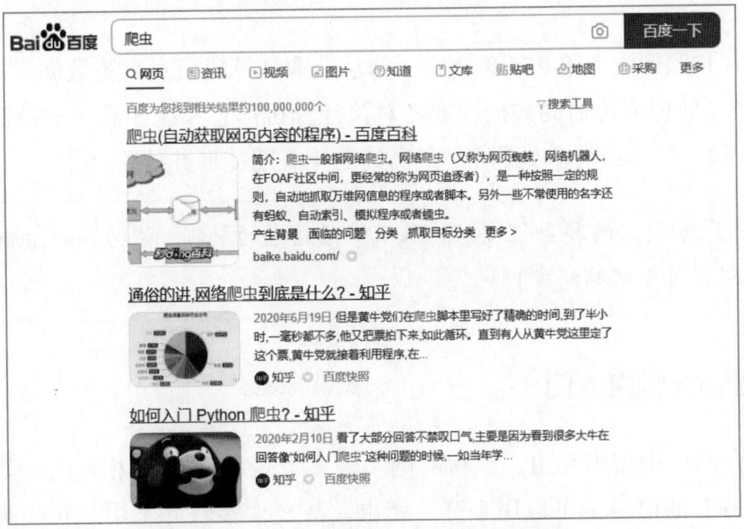

图 9-1 在百度搜索“爬虫”的结果

传统爬虫从一个或若干初始网页的 URL 开始，获得网页上的所有连接，再将这些连接逐个输入来爬取网页，不断从当前页面上抽取新的 URL 放入队列，直到爬虫网络图成环或满足系统的一定停止条件才会停止爬取。爬取过程如图 9–2 所示。

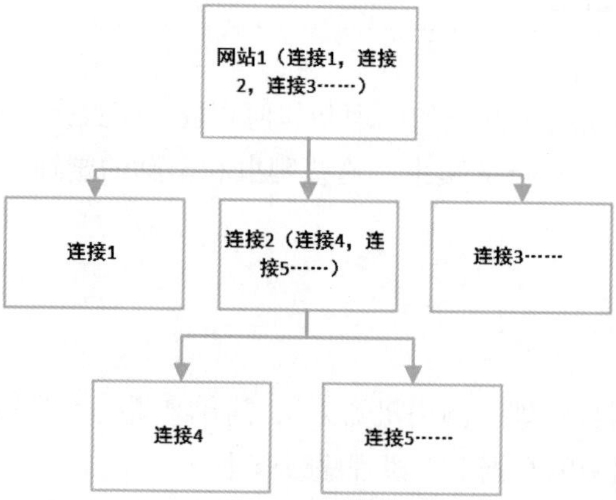

图 9–2　网络爬虫的爬取过程

爬虫不仅仅针对网页进行抓取，作为一个大数据时代的工具，爬虫还是一个非常好用的收集数据的软件。互联网中有大量有效但是没有被使用或分析的数据，通过对这些数据的收集和分类，可以创造巨大的价值。

在信息时代，个人隐私问题和信息安全问题频出，而网络爬虫在很多情况下可能出现侵犯法律的情况，网络爬虫需要在范围和目标许可的情况下合理使用，否则可能违法甚至构成犯罪。

《中华人民共和国刑法》第 285 条规定了非法获取计算机信息系统数据罪，获取该计算机信息系统中存储、处理或传输的数据，或者对该计算机信息系统实施非法控制，处三年以下有期徒刑或者拘役，并处或者单处罚金；最高处七年有期徒刑并处罚金。

提示：本章使用的爬虫仅可以爬取示例网站中的数据，请勿对爬虫脚本进行修改，非法爬取商用网站的数据。

9.1.2　Python 爬虫入门

扫一扫，看视频

在网络中搜索爬虫，获得的网站大多数是和 Python 相关的。其实任何一门支持 CURL 的语言都可以用来开发爬虫，甚至很多软件不用一句代码就可以完成爬虫的编写。

由于 Python 适合进行脚本语言的开发和数据的整理，所以很多爬虫选择了用 Python 进行开发，Python 中有很多库提供了爬虫的功能。一个完整的爬虫爬取数据的过程如图 9–3 所示。

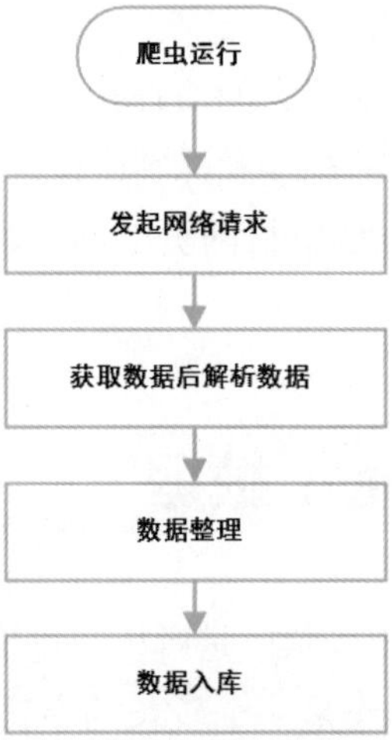

图 9-3 爬虫爬取数据的过程

在 Python 中，如果不使用爬虫框架而自行搭建爬虫脚本，需要选择网络请求库和 HTML 解析库；如果数据需要存储入库，则还需要对应的数据库软件和数据连接库。

在 Python 中常见的数据请求库如下所示。

- Urllib3 库是一个功能强大的 HTTP 客户端，也是请求 URL 连接的官方标准库，提供了强大的请求功能且使用简单。
- requests 库是 Python 中最简单实用的爬虫库之一，是基于 Urllib 库进行二次封装的请求库。
- selenium 库并不是专门为爬虫制作的工具库，而是一个针对测试网站的自动化测试工具，支持包括 Chrome、FireFox 等浏览器，可以针对一些使用 JavaScript 渲染的页面进行抓取。
- ChromeDrive 是配合 selenium 库进行 Chrome 模拟的工具，针对不同的浏览器需要选择不同的驱动版本。
- GeckoDriver 是配合 selenium 库进行 FireFox 模拟的工具，针对不同的浏览器需要选择不同的驱动版本。
- Aiohttp 是一个实现单线程并发的 IO 请求库，支持 TCP、UDP、SSL 等协议，是基于 asyncio 的 HTTP 请求框架。

使用请求库之后可以获取整个网页的 HTML 代码，此时必须使用 Python 处理 HTML 字符串。Python 处理 HTML 字符串可以使用正则表达式或专门用于 HTML 处理的相关模块库。

- re 模块是 Python 中的正则表达式模块，可以对字符串进行强制提取，直接解析 HTML 中需要的数据内容。

- lxml 是 Python 中的一个数据解析库，支持 HTML 和 XML 的解析，支持 XPath 解析方式。
- Beautiful Soup 库是 Python 中最强大的 HTML 解析库之一，使用 Beautiful Soup 可以方便地在 HTML 中提取 HTML 的标签和标签中包含的数据。
- PyQuery 是一个类似于 jQuery 的解析网页工具，使用 lxml 库操作 XML 和 HTML 文档，语法和 jQuery 相似。

9.2 Python解析HTML数据

Python 开发爬虫时最重要的一个步骤就是解析通过请求获得的 HTML 代码，这些在网络中获得的 HTML 代码实际上可以看作是一个较长的字符串对象，需要通过 Python 代码处理目标字符串，并且区分有效数据。

9.2.1 Python 使用正则表达式解析

扫一扫，看视频

正则表达式是很多编程语言中重要的组成部分。使用正则表达式可以快速地进行字符串匹配，用于检查一个目标字符串中是否包含某一个字符串子串，或者完成字符串的替换等业务需求。

Python 同样支持正则表达式的解析，Python 自 1.5 版本起专门为正则表达式增加了 re 模块，re 模块提供了 Perl 风格的正则表达式。

re 模块提供了字符串匹配、检索、替换等函数，只需要构造需要的正则表达式就可以对字符串进行操作。构建正则表达式的方法和创建数学表达式的方法一样，将对应的数据通配符整理为目标的正则表达式。

常用正则表达式的字符通配符如表 9-1 所示。

表 9-1 常用正则表达式的字符通配符

字符通配符	说 明
[AB……]	匹配字符串中包含的所有 A、B 等字符
[^AB……]	匹配字符串中除了 A、B 等字符以外的其他字符
[A-Z]	匹配字符 A~Z 之间的所有字符，相当于 [ABC……XYZ]
[0-9]	匹配字符 0~9 之间的所有数字，相当于 [0123456789]
\s	匹配所有的空白字符，包括空格、制表符和换页符等，相当于 [\f\n\r\t\v]
\S	匹配所有的非空白字符，[\s\S] 表达式可以匹配所有的字符

续表

字符通配符	说 明
\w	匹配字母、数字和下画线等，相当于 [A-Za-z0-9_]
\r	匹配回车符
\n	匹配换行符
\f	匹配换页符
\t	匹配制表符
\v	匹配垂直制表符

除了标准的字符串字符以外，在正则表达式中为了表示多个字符或字符位置时，需要使用特殊字符。这些特殊字符需要作为普通字符进行匹配时，则需要使用转义字符“\”进行转义。正则表达式常用的特殊字符如表 9–2 所示。

表 9–2　正则表达式常用的特殊字符

特殊字符	说 明
$	匹配字符串的结尾
()	匹配子表达式的开始和结束
*	匹配多个目标字符或子串（0 个或多个）。例如，a* 可以匹配 a，aa，aaa……
+	匹配一个目标字符或子串（1 个或多个）
.	匹配除了换行符 \n 以外的任意单字符
?	匹配一个表达式 0 次或 1 次
\	转义字符，如果需要在字符串中匹配 ? 字符，则需要使用 \?
^	匹配字符串头部，如果在 [ ] 表达式中，则表示“否”的含义
{	标记限定符表达式的开始
[	标记一个中括号表达式的开始
|	表示“或”的含义
{n}	n 是一个非负整数，匹配字符出现 n 次
{n,}	n 是一个非负整数，匹配字符至少出现 n 次
{n,m}	n、m 是非负整数，其中 n 小于等于 m，匹配次数在 n~m 之间

可以使用 re 模块进行字符串的匹配。本节将开发爬虫系统，所以需要对 HTML 字符串进行解析，以 8.3.2 节的 HTML 代码作为解析目标。

在地址为 http://localhost:8000/main/ 的页面中右击，选择“查看网站源代码”选项，获得所有的 HTML 代码，并将此代码作为字符串存放在脚本中，建立一个 Python 脚本文件，代码如下所示。

```
text = '''
<!DOCTYPE html>
<html lang="en">
<head>
    <meta charset="UTF-8">
    <title>网站</title>
    <style>
        .mb-plane{
            padding:50px
        }
        .date{
            float:right;
            color:#ababab
        }
        .mb-item{
            border-top:1px solid #eee;
            min-height:100px;
            margin:10px
        }
    </style>
</head>
<body>
<div class="mb-plane">
    <div>
        <h1>留言板</h1>
    </div>
    <hr/>


    <div class="mb-item">
        <div>
            你好
        </div>
        <div>
```

```
            <p>测试文本 2</p>
        </div>
        <div class="date">
            2021年3月2日 22:06
        </div>
    </div>

    <div class="mb-item">
        <div>
            测试
        </div>
        <div>
            <p>测试文本</p>
        </div>
        <div class="date">
            2021年3月1日 17:36
        </div>
    </div>


</div>


</body>
</html>
'''
```

所有的爬虫在编写时都需要考虑 HTML 的具体格式。在上述 HTML 格式中，如果需要获得所有的留言数据，而不考虑用户的昵称和发布日期，只需要获得 <p> 标签内的数据即可，所以需要编写一个以 <p> 字符串开头，以 </p> 字符串结尾的正则表达式。

接下来编写 re 模块进行字符串的解析，在脚本文件中编写使用 re 模块的解析代码，如下所示。

```
import re

#html 字符串
text = '''
……
'''
```

```
strs = re.findall('(<p>\S+</p>)', text)
for s in strs:
    print(s)
```

其中，字符串“<p>\S+</p>”是正则表达式，查询以 <p> 开头并以 </p> 结尾的字符串，得到的字符串如图 9-4 所示。

```
F:\anaconda\python.exe H:/book/python-book/python_book_basics/python-code/9/9-2-1.py
<p>测试文本2</p>
<p>测试文本</p>

Process finished with exit code 0
```

图 9-4　re 模块解析的字符串

9.2.2　使用 BS4 解析 HTML

扫一扫，看视频

Beautiful Soup 是 Python 中一个用于解析 HTML 和 XML 数据文件的库，使用 Beautiful Soup 可以快速地定位 HTML 中的标签，实现文档的查询、修改和查找等功能。

最新版本为 Beautiful Soup4-4.9，可以使用下面的命令进行 Beautiful Soup 库的安装，运行结果如图 9-5 所示。

```
pip install beautifulsoup4
```

```
H:\book\python-book\python_book_basics\python-code\8\message_board>pip install beautifulsoup4
Looking in indexes: https://mirrors.aliyun.com/pypi/simple
Collecting beautifulsoup4
  Downloading https://mirrors.aliyun.com/pypi/packages/d1/41/e6495bd7d3781cee623ce23ea6ac73282a373088fcd0ddc809a047b18eae/beautifulsoup4-4.9.3-py3-none-any.whl (115 kB)
     |████████████████████████████████| 115 kB 2.2 MB/s
Collecting soupsieve>1.2
  Downloading https://mirrors.aliyun.com/pypi/packages/41/e7/3617a4b988ed7744743fb0dbba5aa0a6e3f95a9557b43f8c4740d296b48a/soupsieve-2.2-py3-none-any.whl (33 kB)
Installing collected packages: soupsieve, beautifulsoup4
Successfully installed beautifulsoup4-4.9.3 soupsieve-2.2
```

图 9-5　安装 Beautiful Soup 库

Beautiful Soup 是一个拥有历史的 HTML 解析包，支持 Python 2 和 Python 3 的版本。在 Python 版本不同的情况下，Beautiful Soup 的安装版本也不同，其中 Python 2 版本的 Beautiful Soup 不能在 Python 3 中运行，所以一定要确定需要安装的版本。

> **注意：** 使用 pip 安装命令会自动识别 Python 的版本并选择正确的 Beautiful Soup 版本进行安装，如果在使用中出现“No module named HTMLParser”，意味着 Beautiful Soup 版本的安装有误。

Beautiful Soup 支持用 Python 官方标准库进行 HTML 和 XML 的解析，同时支持第三方的解析器，如可以安装 lxml 或 html5lib。

Beautiful Soup 支持的解析器的配置如表 9-3 所示。

表 9-3　Beautiful Soup 支持的解析器的配置

解析器	配　置
Python 标准库	BeautifulSoup(markup, "html.parser")
lxml（html）	BeautifulSoup(markup, "lxml")
lxml（XML）	BeautifulSoup(markup, "lxml-xml")
html5lib	BeautifulSoup(markup, "html5lib")

接下来，使用 Beautiful Soup 解析 9.2.1 节的 HTML 字符串，不同于 re 模块可以直接将 HTML 作为一个字符串进行处理，通过 Beautiful Soup 获取的数据是一个专用的类，所有的 HTML 结点都会自动被解析成一个个数据对象。所以使用 Beautiful Soup 进行 HTML 解析时，实际上是将所有的结点解析成结点对象，这样的操作使数据的搜索和替换更加便捷。但是如果 HTML 页面过大，则可能导致执行时间过长。

使用 Beautiful Soup 进行 HTML 解析，首先需要创建 Beautiful Soup 对象，之后所有解析的过程都是对此对象进行操作。具体代码如下所示。

```
from bs4 import BeautifulSoup

text = '''
<body>
<div class="mb-plane">
    <div class="mb-item">
        <div>
            你好
        </div>
        <div>
            <p>测试文本 2</p>
        </div>
        <div class="date">
            2021 年 3 月 2 日 22:06
        </div>
    </div>

    <div class="mb-item">
```

```
            <div>
                测试
            </div>
            <div>
                <p> 测试文本 </p>
            </div>
            <div class="date">
                2021 年 3 月 1 日  17:36
            </div>
        </div>
    </div>
    </body>
    '''
    # 使用 html 解析器
    soup = BeautifulSoup(text, 'html.parser')
    # 通过 p 标签获取数据
    results = soup.find_all('p')
    for r in results:
        print(r.get_text())
    # 通过 class 获取数据
    dates = soup.find_all(class_='date')
    for d in dates:
        print(d.get_text())
```

上述代码的执行效果如图 9-6 所示。需要注意的是，在获得标签内的数据时并不会自动去除空格、换行符等标签。

上述代码中使用 find_all() 方法获得了所有的 p 标签，Beautiful Soup 会自动将此标签取出，返回一个包含所有数据对象的列表。这些数据对象都是 Beautiful Soup 对象，使用 get_text() 方法可以获得标签内部的数据。

Beautiful Soup 支持对标签的属性进行查找，查找包括 id、style 等属性。需要注意的是，因为 class 是 Python 中的一个关键字，所以在使用 class 属性进行查找时，要使用 class_ 参数名称代替 class 关键字。

```
F:\anaconda\python.exe H:/book/python-book/python_book_basics/python-code/9/9-2-2.py
测试文本2
测试文本

            2021年3月2日 22:06


            2021年3月1日 17:36


Process finished with exit code 0
```

图 9-6　查找数据

9.2.3　使用 PyQuery 解析 HTML

扫一扫，看视频

除了功能强大的 Beautiful Soup 以外，另一个专门解析 HTML 的库是 PyQuery，PyQuery 采用类似于 jQuery 的方式进行 HTML 内容的查找。

如果读者开发前端页面时接触过 JavaScript，那么一定用过 jQuery 这种非常流行的 JavaScript 方法库。jQuery 中最强大的功能就是针对 HTML 文档中结点的操作，在 jQuery 中提供了强大的结点选择器。

相对于 Beautiful Soup 将所有的 HTML 结点都转换为对象，PyQuery 的处理方法更加简单，代码如下所示。

```
from pyquery import PyQuery as pq

text = '''
<body>
<div class="mb-plane">
    <div class="mb-item">
        <div>
            你好
        </div>
        <div>
            <p> 测试文本 2</p>
        </div>
        <div class="date">
            2021 年 3 月 2 日  22:06
        </div>
    </div>
```

```
        <div class="mb-item">
            <div>
                测试
            </div>
            <div>
                <p>测试文本</p>
            </div>
            <div class="date">
                2021年3月1日 17:36
            </div>
        </div>
    </div>
    </body>
    '''

    html = pq(text)
    dates = html(".date")
    for d in dates.items():
        print(d.text())
```

上述代码可以打印出 class="date" 属性的结点内的数据，如图 9-7 所示。

```
F:\anaconda\python.exe H:/book/python-book/python_book_basics/python-code/9/9-2-3.py
2021年3月2日 22:06
2021年3月1日 17:36
```

图 9-7 使 PyQuery 获取数据

9.3 Python中的简单爬虫

在 Python 中编写爬虫系统除了针对 HTML 的解析以外，如何通过网站的 URL 地址获得网站的信息也是非常重要的一环。本节将会介绍基本的 HTTP 请求模块，并且结合 PyQuery 解析数据。

9.3.1 实战练习：使用 requests 编写爬虫

扫一扫，看视频

编写爬虫需要一个测试网站，这里选择一个电影发布网站——电影天堂，网址为 http://dytt8.net，其主页如图 9-8 所示。

图 9-8　电影天堂网站主页

要爬取所有的电影数据，首先需要进行网站分析，此时需要使用开发者工具，可以根据时间或类型获取数据。

一般的网站发布数据都是按时间顺序展示的。虽然在电影天堂的主页中可以进行数据的爬取，但是为了更加简单地获取数据，可以找一个列表类型的页面进行分析。单击主页中的“更多”项，可以进入电影发布列表，如图 9-9 所示。

图 9-9　电影发布列表按时间排序

使用开发者工具打开 Elements 选项卡，选择需要的数据元素，获取以下目标元素的 HTML 代码。

```
<td height="26">
    <b>
        <a href="/html/gndy/dyzz/20210226/61131.html" class="ulink">2020年喜剧《弗罗拉与松鼠侠》BD中英双字</a>
    </b>
</td>
```

需要的网站地址用 <b></b> 标签包裹，可以通过在 HTML 中查找 <b> 标签获得数据目标。

数据目标中包含一个 <a> 标签，这个标签是一个超链接标签，单击此标签，页面会自动跳转，需要对 <a> 标签中的 href 属性包含的 URL 进行爬取。

当然数据的爬取并不是只有一页数据，点击第 2 页可以发现在当前网站中所有的数据分页都是通过 URL 方式进行的。

第 1 页的具体网址是 https://www.dytt8.net/html/gndy/dyzz/list_23_1.html。

第 2 页的具体网址是 https://www.dytt8.net/html/gndy/dyzz/list_23_2.html。

以此类推，当前的最尾页是第 228 页。

本实例使用 Python 中的 requests 模块发起 http 请求，requests 模块的使用非常简单，以下代码可以完成一次对目标 URL 代码的请求。

```
import requests
import time

# 目标url
url = ''
# 对url发起get请求
response = requests.get(url, headers=headers, proxies=proxy)
print(response.text)
```

上述代码可以在命令行中打印 HTML 代码，如图 9-10 所示。

```
F:\anaconda\python.exe H:/book/python-book/python_book_basics/python-code/9/9-3-1-1.py
ISO-8859-1
<!DOCTYPE html>
<!--STATUS OK--><html> <head><meta http-equiv=content-type content=text/html;charset=utf-8><meta http-equiv=X-UA-Compatible content=IE=Edge><m
            </script> <a href=//www.baidu.com/more/ name=tj_briicon class=bri style="display: block;">æ  'å¤  ä°§å    </a> </div> </div>


Process finished with exit code 0
```

图 9-10　打印 HTML 代码

一般的 HTTP 请求都会包含标准的头部信息，这些头部信息对于 HTTP 请求而言并不是必需的，所以 requests 模块并没有强制要求请求的开发者编写头部信息。很多网站会使用技术手段屏蔽爬虫，其中最简单的方式就是对请求的头部信息进行判断，如果头部信息能看出不是浏览器发起的，就会拒绝此次请求。

requests 模块支持自定义请求头数据。例如，下面的代码就是为请求增加了一个 User-Agent 数据。

```
headers = {
    'User-Agent': 'Mozilla/5.0 (Windows NT 10.0; Win64; x64) AppleWebKit/537.36 
(KHTML, like Gecko) Chrome/80.0.3987.122 Safari/537.36'
}
# 对url发起get请求
response = requests.get(url, headers=headers)
```

为了防止爬虫，网站一般除了通过请求头的判定以外，还会针对 IP 地址进行判定，同一个 IP 地址在短时间内多次访问网站就可能不是普通的用户，这种访问可能被服务器认为是爬虫自动爬取数据的操作而被拒绝。

注意： 所有的网站都可以使用爬虫技术获得页面中的数据和显示，即使网站要求登录或者具有一定的反爬虫机制。需要注意的是，某些情况下使用爬虫技术是一种非法行为，例如，爬虫频繁爬取数据造成对方服务器的宕机等。

很多运营服务器提供了 HTTP 代理服务，这种服务的优势在于可以使来自开发者主机的服务请求不直接发送至服务器，而是通过中间层转发，使用代理访问数据服务器，达到匿名和信息安全的目的。

提示： 网络中针对 HTTP 服务提供了很多免费的代理服务器，使用这种代理服务器可以增加数据的安全性。需要注意的是，如果开发者使用不正规的数据代理服务器，也可能导致数据泄露，甚至影响业务的稳定性。

requests 模块可以设置代理，代码如下所示。

```
headers = {
    'User-Agent': 'Mozilla/5.0 (Windows NT 10.0; Win64; x64) AppleWebKit/537.36
    (KHTML, like Gecko) Chrome/80.0.3987.122 Safari/537.36'
}
```

```
# 代理
proxy = {
    'http': ''  # 设置代理
}
# 对 url 发起 get 请求
response = requests.get(url, headers=headers, proxies=proxy)
```

上述代码中使用 requests 模块获得了来自电影天堂的数据，接下来需要对 HTML 代码进行解析。将 HTML 文本中的 <b> 标签提取出来，使用下面的代码可以获得所有的电影 URL 并输出。

```
# 对 url 发起 get 请求
response = requests.get(url, headers=headers, proxies=proxy)
html = pq(response.text)
dates = html("b")
for d in dates.items():
    target = d.children('.ulink')
    c_url = target.attr("href")
```

上述代码首先获得了 <b> 标签的 HTML 文本，如下所示。

```
<b>
    <a href="/html/gndy/dyzz/20210226/61131.html" class="ulink">2020 年喜剧《弗罗拉与松鼠侠》BD 中英双字 </a>
</b>
```

要取得 <a> 标签中的 href 属性，在上述代码中使用了 children() 函数，该函数会在 <b> 标签包裹的对象中查找子结点的 HTML 数据，也就是说，target 就是目标的 <a> 标签，接着使用 attr() 方法获得链接，即 c_url 是下一次请求的网址。

接下来分析详细页面中的电影名称和磁力链接，HTML 代码如下所示（已经省略了不重要的 HTML 标签）。

```
<div id="Zoom">
……
<a href="magnet:?xt=urn:btih: e" target="_blank">
  <strong>
    <font style="BACKGROUND-COLOR: #ff9966">
      <font color="#0000ff">
        <font size="4">
```

```
            疯狂原始人 2.BD.1080p. 国英双语双字
          </font>
        </font>
      </font>
    </strong>
  </a>
  <br>
  </div>
```

在 HTML 页面中需要的数据是电影名称和电影的磁力链接，分析页面可以通过 id= " Zoom " 获取 <div> 标签，此标签中包含项目需要的数据。

接着在 <div id= " Zoom " > 标签中获取 <a> 标签中的连接数据，在 <a> 标签中获取子结点的文字信息作为电影名称。

本节项目的完整代码如下所示。

```
import requests
from pyquery import PyQuery as pq
import time
import pymysql

# 根目录
root = 'https://www.dytt8.net'
# 目标 url
url = 'https://www.dytt8.net/html/gndy/dyzz/list_23_1.html'
headers = {
    'User-Agent': 'Mozilla/5.0 (Windows NT 10.0; Win64; x64) AppleWebKit/537.36
    (KHTML, like Gecko) Chrome/80.0.3987.122 Safari/537.36'
}
# 代理
proxy = {
    'http': ''  # 设置代理
}

# 对 url 发起 get 请求
response = requests.get(url, headers=headers, proxies=proxy)
print(response.encoding)
# response.encoding = 'utf-8'
```

```
html = pq(response.text)
# 获取 <b> 标签
dates = html("b")
for d in dates.items():
    # 获取子结点中 class="ulink" 的结点
    target = d.children('.ulink')
    c_url = target.attr("href")
    # 获取详细页面的 HTML
    c_response = requests.get(root + c_url, headers=headers)
    # 规定解码标准
    c_response.encoding = 'gbk'
    c_html = pq(c_response.text)
    # 获得 id="Zoom" 的结点
    c_dates = c_html("#Zoom")
    for c_d in c_dates.items():
        # 获取 id="Zoom" 的结点的子结点
        ta = c_d('a')
        # 打印连接
        print(ta.attr("href"))
        # 打印电影名称
        print(ta.text())
        # 爬取间隔，频率过快会导致服务器拒绝
        time.sleep(5)
```

本节项目的运行结果如图 9-11 所示。

```
F:\anaconda\python.exe H:/book/python-book/python_book_basics/python-code/9/9-3-2.py
ISO-8859-1
magnet:?xt=urn:btih:9b7c9c1cc925f54022b7850c7d9fd060b396498a&dn=%e9%98%b3%e5%85%89%e7%9
弗罗拉与松鼠侠.BD.1080p.中英双字

Process finished with exit code -1
```

图 9-11　获取电影名称和磁力链接

上述代码中使用 text() 方法获取标签中包含的字符串数据，使用 text() 方法会忽略所有的标签和子标签，可以直接获取子结点中包含的具体文本数据，也就是说，ta.text() 方法相当于 ta.children().children().children().children().text()。

requests 模块在解析 HTML 数据时，默认会通过 HTML 中的头部获取文本编码格式，但是实际上在解析中文 HTML 时会使用默认的 ISO-8859-1 作为编码解析器，所以如果使用

text() 方法获得的中文字符串出现乱码，一定要使用代码指定正确的中文编码。

```
response.encoding = 'utf-8'
```

或

```
response.encoding = 'gbk'
```

在 Python 中，如果不确定字符串的编码，可以使用 chardet 库进行判定。使用下面的命令可以安装 chardet 库。

```
pip install chardet
```

可以使用 chardet 库中的 chardet.detect() 方法对编码进行检测，检测结果会返回一个字典类型的数据，其中 encoding 字段是字符串的编码。

> **注意：** 大部分网站会在 HTML 代码中指定编码格式，中文一般会选择 utf 或 gbk 编码，其中 gbk 是 gb2312 编码的超集。

9.3.2 实战练习：结合数据库保存爬虫数据

扫一扫，看视频

本节将对 9.3.1 节中的爬虫脚本进行修改，为爬虫脚本加入爬取分页数据和数据库的插入与查询功能。

首先需要创建存储数据的数据库，使用 MySQL 保存爬取的电影数据。在数据表中创建三个字段，将字段 id 设置为主键，自动递增，其他字段如图 9-12 所示。

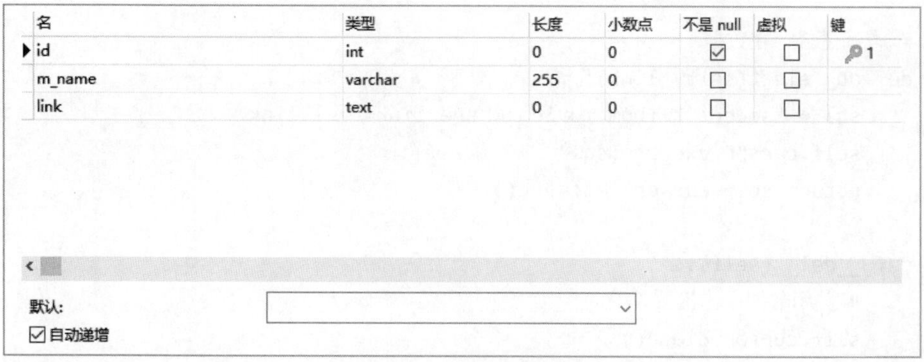

名
类型
长度
小数点
不是 null
虚拟
键
id
int
0
0
1
m_name
varchar
255
0
link
text
0
0
默认:
自动递增

图 9-12　创建的数据表

本实例中使用 requests 作为 HTTP 请求库，使用 PyQuery 作为 HTML 解析库，使用 pymysql 作为 MySQL 的连接库。为了限制对数据服务器的请求次数，使用 time 模块限制请求频率，代码如下所示。

```
import requests
from pyquery import PyQuery as pq
import time
import pymysql
```

编写一个用于与数据库进行连接的工具类，提供 SQL 语句的生成和数据库的插入和查询等功能，代码如下所示。

```
# 封装数据库类
class MyDBTool:
    def __init__(self, host="localhost", user="root", passwd="root", db="dytt_movie"):
        # 打开数据库连接
        self.conn = pymysql.connect(host=host, user=user, passwd=passwd, db=db)
        # 建立数据库执行对象
        self.cursor = self.conn.cursor()

    # 保存数据到数据库
    def db_save(self, link, m_name):
        sql = 'insert into movies(m_name,link) values("' + m_name + '","' + link + '")'
        print(sql)
        r = self.cursor.execute(sql)
        # 提交插入操作
        self.cursor.connection.commit()
        return r

    # 查询是否存在数据
    def db_select(self, link):
        sql = "select * from movies where link='" + link + "'"
        self.cursor.execute(sql)
        return self.cursor.fetchone()

    def __del__(self):
        # 关闭数据库连接
        self.cursor.close()
        self.conn.close()
```

如果需要插入一条电影数据，则首先需要使用资源的链接作为搜索值进行搜索。如果查找到对应的数据，说明数据库已经存在，则不将此数据存入数据库中，如图 9-13 所示。如果数据库中不存在这条数据，则直接进行数据库的插入，并且提交对数据库进行的变更。

```
F:\anaconda\python.exe H:/book/python-book/python_book_basics/python-code/9/9-3-2.py
/html/gndy/dyzz/list_23_1.html
获取网页电影列表成功
/html/gndy/dyzz/20210226/61131.html
数据已经存在
/html/gndy/dyzz/20210223/61125.html
数据已经存在
/html/gndy/dyzz/20210223/61124.html
数据已经存在
```

图 9-13　判定数据是否存在

为了方便地发起 HTTP 请求，使用 MyRequest 类进行简单的封装，设置代理和指定网站编码，代码如下所示。

```
# 请求封装类
class MyRequest:
    def __init__(self):
        # 设置头
        self.headers = {
            'User-Agent': 'Mozilla/5.0 (Windows NT 10.0; Win64; x64) AppleWebKit/537.36
            (KHTML, like Gecko) Chrome/80.0.3987.122 Safari/537.36'
        }
        # 代理
        self.proxy = {
            'http': ''  # 设置代理
        }
        # 根目录
        self.root = 'https://www.dytt8.net'

    def m_get(self, url):
        # 对 url 发起 get 请求
        response = requests.get(self.root + url, headers=self.headers, proxies=self.proxy)
        response.encoding = 'gbk'
        return response
```

针对获取数据的 HTML 字符的处理也进行简单的封装。MovieCatch 类需要两个方法，get_all_url(self, i_url) 方法用于接收一个初始化网站地址，并返回该页面中的所有网站地址；get_movie_detail(self, m_url) 方法用于获取电影详情数据，并操作数据库进行保存，代码如下所示。

```
# 封装电影 HTML 处理类
class MovieCatch:
    count = 0

    def __init__(self):
        self.mq = MyRequest()
        self.db = MyDBTool()

    # 获取所有的地址列表
    def get_all_url(self, i_url):
      pass

    # 获得电影详细页面
    def get_movie_detail(self, m_url):
        pass
```

首先编写 get_all_url(self, i_url) 方法来获取网页的电影列表，通过对 HTML 中的 <b> 标签进行查找来完成。需要注意的是，在代码的执行过程中服务器并不一定允许所有的请求，如果出现请求错误，则需要对异常进行处理。

如果出现异常，则过 2 分钟后尝试重新进行 HTTP 请求，如果尝试次数超过 3 次，则不再进行此次请求，代码如下所示。

```
    # 获取所有的地址列表
    def get_all_url(self, i_url):
        print(i_url)
        try:
            response = self.mq.m_get(i_url)
            html = pq(response.text)
            dates = html("b")
            url_list = []
            for d in dates.items():
                target = d.children('.ulink')
                c_url = target.attr("href")
                url_list.append(c_url)
            if len(url_list) > 0:
                print(" 获取网页电影列表成功 ")
                return url_list
```

```
        except Exception as e:
            print(" 出现异常 :" + i_url)
            if self.count >= 3:
                self.count = 0
                print(" 多次尝试失败 :" + i_url)
            else:
                print(" 出现异常等待中…… ")
                time.sleep(150*self.count)
                self.count += 1
                self.get_all_url(i_url)
```

编写 get_movie_detail(self, m_url) 方法时，也要注意 HTTP 请求时可能出现的异常情况，代码如下所示。

```
    # 获得电影详细页面
    def get_movie_detail(self, m_url):
        print(m_url)
        try:
            response = self.mq.m_get(m_url)
            html = pq(response.text)
            dates = html("#Zoom")
            for d in dates.items():
                ta = d('a')
                # 获取需要的数据
                link = ta.attr("href")
                name = ta.text()
                # 限制长度
                if len(name) > 100:
                    name = name[:100]
                # 保存数据
                if link and name:
                    if not self.db.db_select(link):
                        if self.db.db_save(link, name):
                            print(" 数据添加成功 ")
                        else:
                            print(" 数据保存错误 ")
                    else:
```

```
                    print("数据已经存在")
                else:
                    print("解析错误:", m_url)
        except Exception as e:
            print("出现异常:" + m_url)
            if self.count >= 3:
                print("多次尝试失败:" + m_url)
            else:
                self.count += 1
                self.get_all_url(m_url)
```

如果出现异常，不会中断代码，而是再次尝试对网页地址进行请求，多次请求失败后，不再对此地址进行请求，结果如图 9-14 所示。

```
/html/gndy/dyzz/20201202/60791.html
出现异常:/html/gndy/dyzz/20201202/60791.html
/html/gndy/dyzz/20201202/60791.html
出现异常:/html/gndy/dyzz/20201202/60791.html
/html/gndy/dyzz/20201202/60791.html
出现异常:/html/gndy/dyzz/20201202/60791.html
/html/gndy/dyzz/20201202/60791.html
出现异常:/html/gndy/dyzz/20201202/60791.html
多次尝试失败:/html/gndy/dyzz/20201202/60791.html
/html/gndy/dyzz/20201202/60782.html
```

图 9-14　请求失败

在调用脚本时需要对所有的页面进行循环，从第一页开始到最后一页结束，首先需要通过 MovieCatch 类的 get_all_url() 方法获得列表页面中的所有链接，在循环获取的链接列表中，通过 MovieCatch 类的 get_movie_detail() 方法获取电影的详细页面，并保存到数据库中，代码如下所示。

```
if __name__ == '__main__':
    for i in range(1, 229):
        # 目标 url
        url = '/html/gndy/dyzz/list_23_' + str(i) + '.html'
        mc = MovieCatch()
        # 获取所有的页面地址
        urls = mc.get_all_url(url)
        for item in urls:
            mc.get_movie_detail(item)
            # 请求时间间隔
```

```
        time.sleep(5)
```

上述代码的执行效果如图 9-15 所示。

```
数据添加成功
/html/gndy/dyzz/20201111/60724.html
insert into movies(m_name,link) values("磁力链点击 记忆屋：我永远不会忘记你.BD.1080p.日语中字.mkv ;
数据添加成功
/html/gndy/dyzz/20201111/60723.html
insert into movies(m_name,link) values("磁力链点击 海绵宝宝：营救大冒险.BD.1080p.国粤英三语双字.mkv
数据添加成功
/html/gndy/dyzz/20201109/60719.html
```

图 9-15　插入电影数据

执行代码时所有的数据都会按顺序存储在 MySQL 数据库的 movies 表中，如图 9-16 所示。

id	m_name	link
4	弗罗拉与松鼠侠.BD.1080p.中英双字	magnet:?xt=urn:btih:9b7c9c1cc925f54022b785
5	磁力 我的一生.BD.1080p.中英双字	magnet:?xt=urn:btih:5ab0f6199b75f6c5e6a1fc
6	磁力 半血缘兄弟.BD.1080p.中英双字	magnet:?xt=urn:btih:1bc71267ed00df81ec26d
7	拆弹专家2.HD.1080p.国语中英双字	magnet:?xt=urn:btih:2c623a579394b5afa55bc
8	同学麦娜丝.HD.1080p.国语中字	magnet:?xt=urn:btih:d9027770e6b72966896a4
9	疯狂原始人2.BD.1080p.国英双语双字	magnet:?xt=urn:btih:36fdfba29a69305bc6a6b
10	圣何塞谋杀案.BD.1080p.国粤双语中字	magnet:?xt=urn:btih:67e03b8791ef8a1d0792b
11	大红包.HD.1080p.国语中字	magnet:?xt=urn:btih:d121c9f859205f84c9a96b
12	丝绸之路.BD.1080p.中英双字	magnet:?xt=urn:btih:5feeded1ba9e33e06883b
13	致命弯道.BD.1080p.中英双字	magnet:?xt=urn:btih:3a6326840a5153a0bf3c8
14	姜子牙.BD.1080p.国语中字	magnet:?xt=urn:btih:25fe72770864f892dbfd39
15	发财日记.HD.1080p.国语中英双字	magnet:?xt=urn:btih:5ba22da25dc27f8230239
16	少林寺之得宝传奇.HD.1080p.国语中字	magnet:?xt=urn:btih:b008df8d84224f0bc2aa5
17	温暖的抱抱.HD.1080p.国语中英双字	magnet:?xt=urn:btih:8d65ef010634ef355aed9
18	磁力链 新王加冕.1080p.BD中英双字	magnet:?xt=urn:btih:0e89a033e75dbe600eeb
19	登月第一人.BD.1080p.国英双语双字	magnet:?xt=urn:btih:00eade07218c3b034a56e
20	磁力链点击 热血合唱团.BD.1080p.国粤双语中字.mkv	magnet:?xt=urn:btih:be754ec24b6148b088391
21	磁力链点击 波斯语课.BD.1080p.德语中字.mkv	magnet:?xt=urn:btih:4b1e3eac0d9af413888dd
22	磁力链点击 孤味.BD.1080p.国语中字.mkv	magnet:?xt=urn:btih:50971d3c8abe870311e9f

图 9-16　在 movies 表中存储的数据

9.3.3　实战练习：使用 Python 获取数据并发送通知邮件

扫一扫，看视频

在网络爬虫的应用中还有另外一种非常实用的功能，就是针对一些网站进行实时爬取，当网站数据更新时，通过短信、电子邮件、系统通知等方式将通知发送给用户。这样可以让用户及时获取新闻或者数据的更新。

一般短信服务需要通过专业的短信提供商的接口，阿里云和腾讯云都有专业的短信 API 接口和短信模板。国内短信包的价格略有不同，如图 9-17 所示，需要使用 http 接口通过传输数据和对应的密钥才能使用。

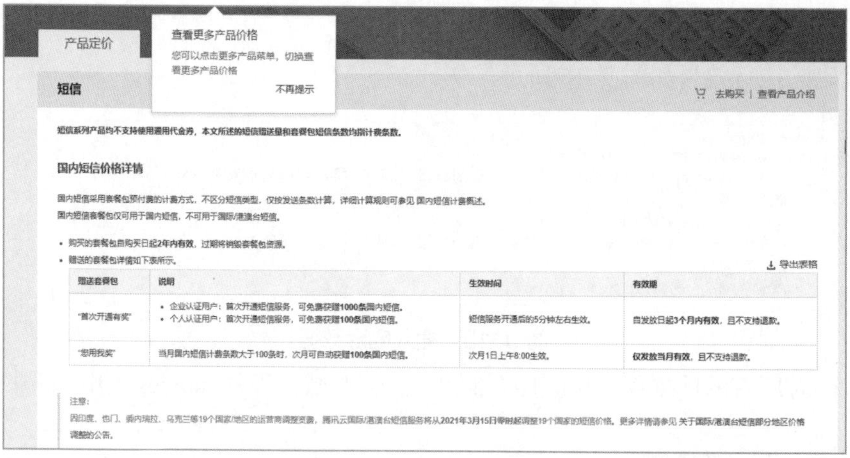

图 9–17 国内短信接口

除了用短信通知以外，也可以使用电子邮件的方式通知。使用 Python 可以方便地发送电子邮件给目标的邮箱地址。

本实例将会对地址为 https://abcnews.go.com/ 的页面的头条新闻进行爬取，如图 9–18 所示。如果主页的头条新闻发生变化，会发送一封邮件给指定的邮箱，这封邮件中包括新闻的主题和这条新闻的链接，可以通过点击链接直接跳转至新闻页面。

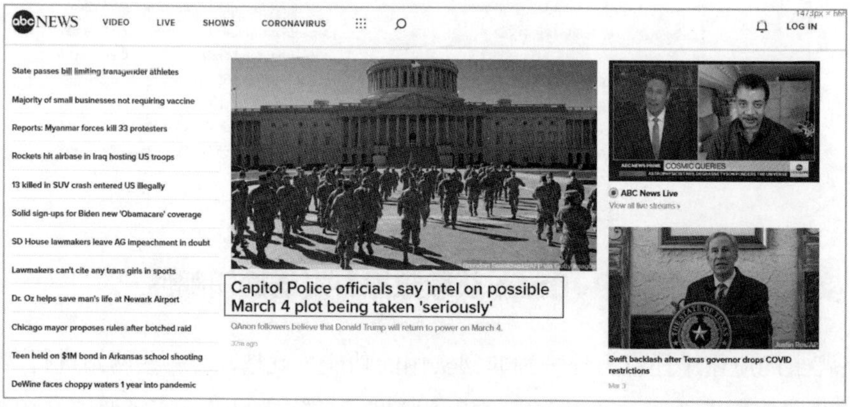

图 9–18 主页的头条新闻

首先分析网站代码，可以打印根据 'class=caption-wrapper' 获取的目标数据，具体代码如下所示。

```
import requests
from bs4 import BeautifulSoup
import time
```

```
# 请求封装类
class MyRequest:
    def __init__(self):
        # 代理
        self.proxy = {
            'http': '='  # 设置代理
        }
        # 根目录
        self.root = 'https://abcnews.go.com/'

    def m_get(self, url):
        # 对 url 发起 get 请求
        response = requests.get(self.root + url, headers=self.headers, proxies=self.proxy)
        response.encoding = 'gbk'
        return response


if __name__ == '__main__':
    req = MyRequest()
    # 发送请求
    res = req.m_get('')
    # 使用 html 解析器
    soup = BeautifulSoup(res.text, 'html.parser')
    print(soup.find(class_='caption-wrapper'))
```

上述代码的运行结果如图 9-19 所示。

```
F:\anaconda\python.exe H:/book/python-book/python_book_basics/python-code/9/9-3-3.py
<div class="caption-wrapper">
<h1>
<a class="black-ln" data-analytics="cid=clicksource_4380645_3_heads_hero_live_hero_hed" href="https://abcnews.go.com/Politics/
Capitol Police officials say intel on possible March 4 plot being taken 'seriously'
</a>
</h1>
<div class="description">QAnon followers believe that Donald Trump will return to power on March 4.</div>
<div class="date">34m ago</div>
</div>

Process finished with exit code 0
```

图 9-19 获取新闻的数据

接下来编写邮件发送类。发送电子邮件可以自行创建邮件服务器或选择已经存在的邮件服务器，大部分的商用邮件服务都提供了可以使用第三方软件管理邮件和发送邮件的代理服务，这种服务一般会符合某些邮件管理协议。

常见的邮件管理协议有 SMTP（Simple Mail Transfer Protocol，简单邮件传输协议），及用于邮件的发送和读取的 POP3（Post Office Protocol 3）、IMAP 等协议。POP3 规定怎样将个人计算机连接到 Internet 的邮件服务器和下载电子邮件的电子协议，是电子邮件的第一个离线协议标准。IMAP（Internet Mail Access Protocol，交互式邮件存取协议）是和 POP3 类似的邮件访问标准协议之一。用户在客户端进行的所有处理都会直接反映在服务器中，如删除邮件、已读邮件等内容。

本节将通过 SMTP 协议实现邮件的传输和邮件内容的获取。SMTP 协议是基于 TCP 传输方式针对邮件数据的一种传输协议，是建立在 FTP（File Transfer Protocol，文件传输协议）基础上的一种邮件服务。FTP 协议包括两个组成部分，其一为 FTP 服务器；其二为 FTP 客户端。FTP 服务器用来存储文件，用户可以使用 FTP 客户端通过 FTP 协议访问位于 FTP 服务器上的资源。在开发网站时，通常利用 FTP 协议把网页或程序传到 Web 服务器上，FTP 服务器如图 9-20 所示。

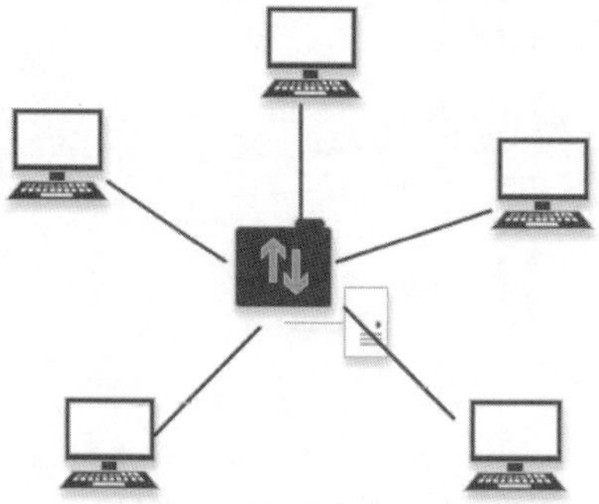

图 9-20　FTP 服务器

SMTP 是一个相对简单的基于文本的协议，在其上指定了一条消息的一个或多个接收者（在大多数情况下被确认是存在的），消息文本就会被传输。可以很简单地通过 telnet 程序测试一个 SMTP 服务器，使用的 TCP 端口默认为 25。SMTP 是一组用于从源地址到目的地址传送邮件的规则，并且控制信件的中转方式。具体的邮件接收过程如图 9-21 所示。

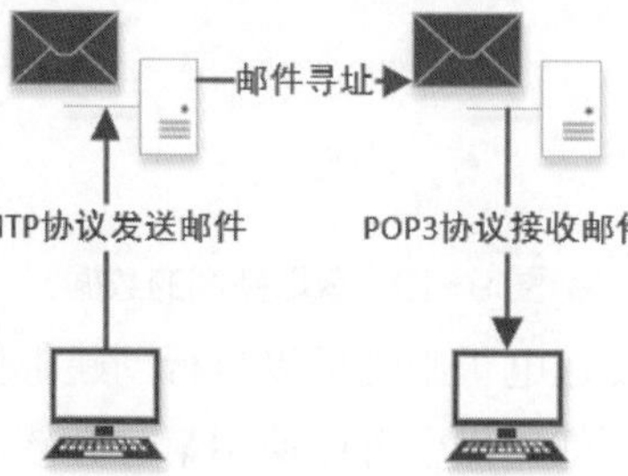

图 9-21　邮件接收过程

邮件服务器虽然一般提供了 SMTP 服务，但是为了保证邮件传输的安全，都默认为关闭状态，使用邮件服务需要先开启服务。以微软公司邮箱服务软件 Outlook 与 Hotmail 为例，在网页中可以设置 POP 服务和 IMAP 服务，如图 9-22 所示。

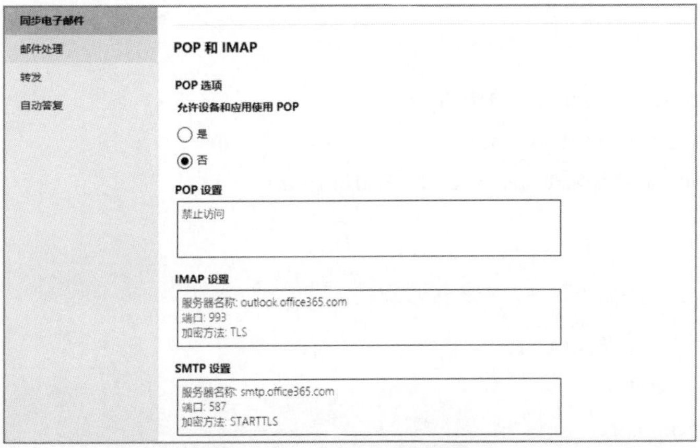

图 9-22　开启邮件服务

需要记录服务器的名称、端口号及加密方式，代码如下所示。

```
服务器名称： smtp.office365.com
端口： 587
加密方法： STARTTLS
```

设计爬虫方案，可以使用系统自带的定时任务或直接使用 time 模块延迟执行，每个小时运行一次代码。发送邮件的流程如图 9-23 所示。

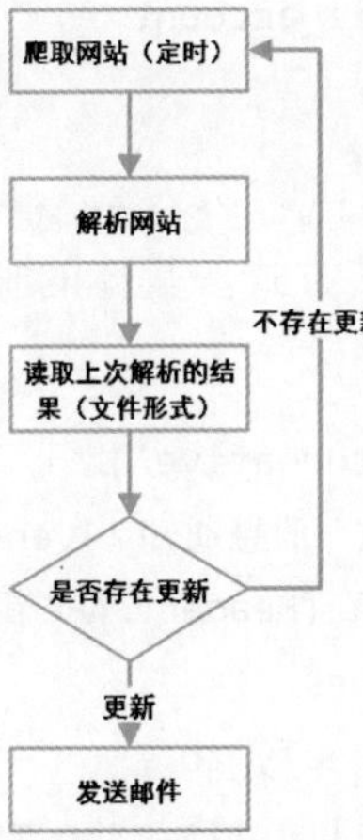

图 9-23　发送邮件的流程

使用 SMTP 发送邮件一定要构建符合邮件格式的邮件体，及设置邮件发送者的用户名和密码。在 Python 中可以使用 smtplib 库发送邮件，使用 email 模块构造邮件格式。构建邮件发送类的代码如下所示。

```
import smtplib
import email
from email.mime.text import MIMEText
from email.header import Header
from email.mime.multipart import MIMEMultipart

# 邮件发送类
class SendMail:
    def __init__(self, str):
        # 实例化属性
        self.str = str
        # 使用 SMTP 的密码和服务器名
        self.mail_account = ""
        # 密码
        self.password = ""
        # 提供邮件的服务器
        self.server = "smtp.office365.com"
        # 接收邮件的地址
        self.receivers = ""
        # 自定义的回复地址，默认设置为和发送地址一致
        self.reply_to = self.mail_account
        self.port = 587

    # 构建邮件体
    def get_msg(self):
        # 构建 alternative 结构
        msg = MIMEMultipart('alternative')
        msg['Subject'] = Header(' 消息通知 ').encode()
        msg['From'] = '%s <%s>' % (Header('ABC 新闻更新 ').encode(), self.mail_account)
        msg['To'] = self.receivers
        msg['Reply-to'] = self.reply_to
        msg['Message-id'] = email.utils.make_msgid()
        msg['Date'] = email.utils.formatdate()
```

```
        # 三个参数：第一个参数为文本内容；第二个参数用于设置文本格式；第三个参数用于设置编码
        # 构建 alternative 的 text/plain 部分
        text_plain = MIMEText(self.str, _subtype='HTML', _charset='UTF-8')
        msg.attach(text_plain)
        return msg

    def send(self):
        try:
            smtp_obj = smtplib.SMTP(self.server, self.port)
            # 开启加密
            smtp_obj.starttls()
            smtp_obj.login(self.mail_account, self.password)
            msg = self.get_msg()
            smtp_obj.sendmail(self.mail_account, self.receivers, msg.as_string())
            smtp_obj.quit()
        except smtplib.SMTPException as e:
            print("Error: 无法发送邮件")
```

需要注意的是，Outlook 邮箱必须使用 STARTTLS 作为加密方式，如果在传输数据时不需要加密，则不需要下面的代码。

```
smtp_obj.starttls()
```

在构建邮件体时，默认构建的邮件是简单邮件，HTML 代码不能被正确解析，而是作为简单字符串发送的，在接收邮件时也会以字符串形式显示，如图 9-24 所示。

图 9-24　发送简单字符串

在程序主流程代码中需要判断新闻是否已经更新，使用文件进行上一次发送数据的保存，将需要发送的字符串保存在文件中，每次执行代码时先获取字符串。如果从网页数据中构造的字符串和文件中保存的字符串一致，则不发送邮件；如果不一致，则发送邮件。具体代码如下所示。

```
if __name__ == '__main__':
    req = MyRequest()
    # 发送请求
```

```
res = req.m_get('')
# 使用html解析器
f = open('temp.txt', 'r+')
soup = BeautifulSoup(res.text, 'html.parser')
new = soup.find(class_='caption-wrapper')
# 获取标题
title = new.find(class_='description').get_text()
# 获取连接
link = new.find('a').get('href')
r_str = '新闻已更新:<a href="' + link + '">' + title + '</a>'
print(r_str)
if f.readline() == r_str:
    # 不需要更新
    print("未更新")
    f.close()
else:
    print("已更新发送邮件中")
    f.write(r_str)
    mail = SendMail(r_str)
    mail.send()
```

上述代码的执行效果如图 9-25 所示。

```
F:\anaconda\python.exe H:/book/python-book/python_book_basics/python-code/9/9-3-3.py
新闻已更新：<a href="https://abcnews.go.com/Politics/us-capitol-police-beef-security-march-ami
已更新发送邮件中
```

图 9-25　已更新发送邮件

SMTP 协议虽然使用便捷，但是这种无验证的方式存在一些问题，SMTP 的局限之一在于它没有对发送方进行身份验证的机制，这点造成了互联网中自动发送规模庞大的垃圾邮件，不仅如此，这类垃圾邮件可以伪造发送者身份。

运行该脚本后会自动进行新闻数据的爬取，除了第一次运行以外，在此后新闻更新后，将会自动发送邮件，如图 9-26 所示。

```
新闻已更新：QAnon followers believe that Donald Trump will return to power
on March 4.
```

图 9-26　发送邮件

9.4 使用Scrapy编写爬虫

针对网页进行爬虫的编写需要详细分析网页中的所有代码，并且针对不同的网站需要设定不同的爬虫策略。为了简化每一次需要编写的通用内容，Python 中有很多爬虫框架将这些工具进行了封装。本节将介绍使用 Scrapy 框架创建爬虫。

9.4.1 实战练习：Scrapy 爬虫入门

扫一扫，看视频

Scrapy 是 Python 中最流行的爬虫框架，在 Scrapy 框架中封装了 requests、twisted、downloader 等模块，可以快速地进行网址的请求并完成 HTML 数据的结构化分析和所需文件的下载。

Scrapy 并不是一个完全封装的框架，Scrapy 的设计模式希望开发者可以通过简单的方式进行脚本的编写和增加框架的扩展性，这样也可以使 Scrapy 在更多的应用场景中完成数据的获取任务。

可以使用下面的代码进行 Scrapy 的安装，安装过程如图 9-27 所示。

```
pip install Scrapy
```

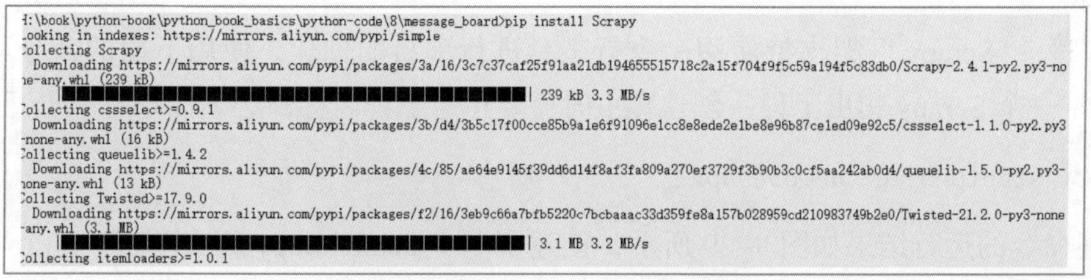

H:\book\python-book\python_book_basics\python-code\8\message_board>pip install Scrapy
Looking in indexes: https://mirrors.aliyun.com/pypi/simple
Collecting Scrapy
Downloading https://mirrors.aliyun.com/pypi/packages/3a/16/3c7c37caf25f91aa21db194655515718c2a15f704f9f5c59a194f5c83db0/Scrapy-2.4.1-py2.py3-none-any.whl (239 kB)
| 239 kB 3.3 MB/s
Collecting cssselect>=0.9.1
Downloading https://mirrors.aliyun.com/pypi/packages/3b/d4/3b5c17f00cce85b9a1e6f91096e1cc8e8ede2e1be8e96b87ce1ed09e92c5/cssselect-1.1.0-py2.py3-none-any.whl (16 kB)
Collecting queuelib>=1.4.2
Downloading https://mirrors.aliyun.com/pypi/packages/4c/85/ae64e9145f39dd6d14f8af3fa809a270ef3729f3b90b3c0cf5aa242ab0d4/queuelib-1.5.0-py2.py3-none-any.whl (13 kB)
Collecting Twisted>=17.9.0
Downloading https://mirrors.aliyun.com/pypi/packages/f2/16/3eb9c66a7bfb5220c7bcbaaac33d359fe8a157b028959cd210983749b2e0/Twisted-21.2.0-py3-none-any.whl (3.1 MB)
| 3.1 MB 3.2 MB/s
Collecting itemloaders>=1.0.1

图 9-27 Scrapy 的安装过程

Scrapy 框架提供了项目创建的命令行工具，编写的所有 Scrapy 爬虫都应当使用 Scrapy 命令行执行。一个最简单的 Scrapy 官方实例爬虫如下所示。

```
import scrapy

class BlogSpider(scrapy.Spider):
    name = 'blogspider'
    start_urls = ['https://www.zyte.com/blog/']
```

```
    def parse(self, response):
        for title in response.css('.oxy-post-title'):
            yield {'title': title.css('::text').get()}

        for next_page in response.css('a.next'):
            yield response.follow(next_page, self.parse)
```

需要在命令行中使用下面的命令运行爬虫。

```
scrapy runspider 9-4-1.py
```

运行结果如图 9–28 所示。

```
H:\book\python-book\python_book_basics\python-code\9>scrapy runspider 9-4-1.py
2021-03-04 13:14:37 [scrapy.utils.log] INFO: Scrapy 2.4.1 started (bot: scrapybot)
2021-03-04 13:14:37 [scrapy.utils.log] INFO: Versions: lxml 4.6.2.0, libxml2 2.9.5, cssselect 1.1.0, parsel 1.6.0, w3lib 1.22.0, Twisted 21.2.0, Python 3.9.1
c  7 2020, 17:08:21) [MSC v.1927 64 bit (AMD64)], pyOpenSSL 20.0.1 (OpenSSL 1.1.1j  16 Feb 2021), cryptography 3.4.6, Platform Windows-10-10.0.18362-SP0
2021-03-04 13:14:37 [scrapy.utils.log] DEBUG: Using reactor: twisted.internet.selectreactor.SelectReactor
2021-03-04 13:14:37 [scrapy.crawler] INFO: Overridden settings:
{'SPIDER_LOADER_WARN_ONLY': True}
2021-03-04 13:14:37 [scrapy.extensions.telnet] INFO: Telnet Password: 0f106637231c17fd
2021-03-04 13:14:37 [scrapy.middleware] INFO: Enabled extensions:
```

图 9–28　运行 Scrapy 爬虫

9.4.2　实战练习：创建 Scrapy 爬虫

扫一扫，看视频

Scrapy 框架支持使用命令行工具进行项目的创建，使用下面的命令可以创建一个 Scrapy 爬虫工程，创建爬虫时需要指定工程名称，必须以小写字母开头。

```
scrapy startproject demoScrapy
```

上述命令的运行结果如图 9–29 所示，创建了一个 demoScrapy 爬虫项目，这个项目包含 Scrapy 中的爬虫实例。

```
H:\book\python-book\python_book_basics\python-code\9>scrapy startproject demoScrapy
New Scrapy project 'demoScrapy', using template directory 'c:\users\q5754\appdata\local
    H:\book\python-book\python_book_basics\python-code\9\demoScrapy

You can start your first spider with:
    cd demoScrapy
    scrapy genspider example example.com
```

图 9–29　创建的 Scrapy 项目

Scrapy 框架同时提供了爬虫生成工具，只需要通过命令提交网址就可以完成爬取一个页面的简单爬虫。为了获取 https://abcnews.go.com/ 页面中的新闻，可以使用以下命令：

```
scrapy genspider abc abcnews.go.com
```

在项目目录中运行上述命令，可以在 spiders 文件夹中创建一个名称为 abc 的爬虫脚本，代码如下所示。

```
import scrapy


class AbcSpider(scrapy.Spider):
    name = 'abc'
    allowed_domains = ['abcnews.go.com']
    start_urls = ['http://abcnews.go.com/']

    def parse(self, response):
        pass
```

在项目文件夹的 settings.py 脚本中更改项目配置，按需配置是否根据网站爬虫协议进行数据爬取的 ROBOTSTXT_OBEY 选项，以及发送 HTTP 请求的头部信息的 DEFAULT_REQUEST_HEADERS 选项。

```
# Override the default request headers:
DEFAULT_REQUEST_HEADERS = {
    'User-Agent': 'Mozilla/5.0 (Windows NT 10.0; Win64; x64) AppleWebKit/537.36 
(KHTML, like Gecko) Chrome/79.0.3945.130 Safari/537.36'
}
# Obey robots.txt rules
ROBOTSTXT_OBEY = True
```

接下来编写 items.py 脚本。items.py 脚本文件主要是为了定义数据模型，这个数据模型来源于爬虫文件针对 HTML 的处理，所有解析后的 HTML 数据将通过 items.py 文件中定义的模型输出。

```
# Define here the models for your scraped items
#
# See documentation in:
# https://docs.scrapy.org/en/latest/topics/items.html

import scrapy
```

```
class DemoscrapyItem(scrapy.Item):
    # define the fields for your item here like:
    # name = scrapy.Field()
    # 文档主题
    title = scrapy.Field()
    # 文档链接
    link = scrapy.Field()
```

在整个爬虫项目中要解析 HTML 代码，则需要编写 abc.py 文件中的 parse() 方法。

Scrapy 框架支持使用 XPath 语法，该语法是 W3C 规定的标准语法，可以筛选出符合条件的 XML 标签，类似于字符串中的正则表达式，本质是使用路径表达式选取 XML 文档中的结点或结点集合。

XPath 语法可以根据指定的字符构建出符合 XML 的语法，因为 HTML 是类似 XML 的标记语言，所以也可以使用 XPath 语法进行 HTML 处理。XPath 语法中常用的表达式如表 9–4 所示。

表 9–4　XPath 语法中常用的表达式

表达式	说　明
具体标签	选取符合名称的标签
/	从根结点进行搜索
//	不考虑位置选择结点
.	相对位置，从当前结点开始
..	相对位置，从上级父结点开始
@	选取属性
text()	选取文本
*	通用结点匹配符
@*	通用属性匹配符
node()	匹配所有的结点
[]	条件表达式

在网站中取得数据也必须先分析 HTML 页面。这里要爬取 https://abcnews.go.com/ 主页中的新闻，如图 9–30 所示。

图 9-30　abcnews 网站的新闻页面

查询网站的源代码，可以找到目标的 HTML 代码，如下所示。

```
<div class="headlines-li-div">
  <h1>
    <a href=" 目标王智 " data-position="1" class="black-ln">
      目标题目
      </a>
  </h1>
</div>
```

可以在 abc.py 脚本中编写 XPath 语句来找到指定的结点，打印输出获得的结果，代码如下所示。

```
import scrapy

class AbcSpider(scrapy.Spider):
    name = 'abc'
    allowed_domains = ['abcnews.go.com']
    start_urls = ['http://abcnews.go.com/']

    def parse(self, response):
        # 编写 XPath
        lines = response.xpath('//div[@class="headlines-li-div"]/h1/a[@class="black-ln"]')
        for line in lines:
```

```
        print(line)
```

运行爬虫需要使用 Scrapy 命令，代码如下所示，结果如图 9-31 所示。

```
scrapy crawl abc
```

```
{'link': ['https://abcnews.go.com/US/mississippi-passes-bill-banning-transgender-student-athletes-female/story?id=76238704'],
 'title': ['State passes bill limiting transgender athletes']}
2021-03-04 14:11:41 [scrapy.core.scraper] DEBUG: Scraped from <200 https://abcnews.go.com/>
{'link': ['https://abcnews.go.com/US/police-chief-facing-numerous-attempted-murder-charges-12/story?id=76240647'],
 'title': ['Former police chief facing murder, arson charges']}
2021-03-04 14:11:41 [scrapy.core.scraper] DEBUG: Scraped from <200 https://abcnews.go.com/>
{'link': ['https://abcnews.go.com/Health/wireStory/majority-small-businesses-requiring-vaccines-tests-76229998'],
 'title': ['Majority of small businesses not requiring vaccine']}
2021-03-04 14:11:41 [scrapy.core.scraper] DEBUG: Scraped from <200 https://abcnews.go.com/>
{'link': ['https://abcnews.go.com/International/wireStory/myanmar-forces-violence-protesters-76220335'],
 'title': ['Reports: Myanmar forces kill 33 protesters']}
```

图 9-31　爬虫的 HTML 数据

上述代码的 XPath 语句是 '//div[@class="headlines-li-div"]/h1/a[@class="black-ln"]'，本质是在 HTML 代码中寻找 <div class="headlines-li-div"> 的结点，并在此结点中找到 <h1> 标签中的 <@ class="black-ln"> 标签。

接下来，将数据模型应用在 parse() 方法中，使用 XPath 获取连接和标题字符串，代码如下所示。

```
import scrapy
from ..items import DemoscrapyItem

class AbcSpider(scrapy.Spider):
    ......

    def parse(self, response):
        # 编写 XPath
        lines = response.xpath('//div[@class="headlines-li-div"]/h1/a[@class="black-ln"]')
        for line in lines:
            # print(line)
            # 实例化数据模型
            item = DemoscrapyItem()
            item['title'] = line.xpath('.//text()').extract()
            item['link'] = line.xpath('.//@href').extract()
            yield item
```

使用命令 scrapy crawl abc 执行爬虫脚本，获取的目标数据如图 9-32 所示。

```
2021-03-04 14:40:38 [scrapy.core.scraper] DEBUG: Scraped from <200 https://abcnews.go.com/>
{'link': ['https://abcnews.go.com/Health/wireStory/blast-damages-dutch-virus-testing-center-hurt-76220827'],
 'title': ['Blast damages Dutch virus testing center']}
2021-03-04 14:40:38 [scrapy.core.scraper] DEBUG: Scraped from <200 https://abcnews.go.com/>
{'link': ['https://abcnews.go.com/Entertainment/wireStory/camilla-hospitalized-prince-philip-slightly-76225144'],
 'title': ["Hospitalized Prince Philip is 'slightly' better"]}
```

图 9-32 获取的目标数据

9.5 小结、习题与练习

9.5.1 小结

本章主要介绍了爬虫脚本的原理及编写爬虫的方法，其中涉及网站 HTML 代码的解析，以及有效数据的提取和数据库的插入。

数据是大数据时代的资本，爬虫技术是能够有效获得数据的途径之一，如何利用爬虫技术获得需要的数据是爬虫技术的重点。针对网站可能具有的防范爬虫的技术，如何进行技术的规避也是爬虫技术研究的问题之一。

9.5.2 习题

1.（选择题）以下针对网络爬虫的说法中，错误的是（　　）。

A. 爬虫技术是一种非法的技术手段

B. 爬虫脚本只能使用 Python 开发

C. 爬虫可以爬取需要登录的网站页面

D. 爬虫技术需要网络和 CURL 的支持

2.（简答题）分析如何编写 XPath 语句来实现在以下 HTML 中找到目标结点。

```
<div id="MySignature"></div>
<div class="clear"></div>
<div id="blog_post_info_block">
    <div id="blog_post_info"></div>
    <div class="clear">
      <a href=>……</a>
```

```
        <a href=> 数据目标 </a>
    </div>
    <div id="post_next_prev"></div>
</div>
```

3. 编写正则表达式表示我国手机号码的格式。

9.5.3 练习

为了巩固本章所学知识，希望读者可以完成以下编程练习：

1. 编写简单的爬虫，用于分析目标的 HTML 数据。
2. 通过爬虫获取 HTML 数据，并且将数据存入数据库中。
3. 使用 Scrapy 框架开发简单的爬虫，学习 XPath 语句的用法。

第10章

Python 人工智能入门

人工智能领域细分出大量的技术分支，如图像处理、自然语言处理、机器学习和机器人应用等。这些领域和分支涉及更多的学科和知识点，想要系统性地学习人工智能无疑是非常有难度的挑战。

扫一扫，看视频

Python 针对人工智能的开发是非常庞大的应用内容和知识体系，本章将基于应用层面选择介绍几款简单的人工智能应用类编程，展现人工智能领域的冰山一隅。

本章的主要内容：

- 人工智能领域简介；
- 使用百度提供的接口完成图片识别；
- 使用接口实现聊天机器人对话；
- 编写简单的图片文字识别程序；
- 根据已有数据集合进行人脸识别。

本章的思维导图：

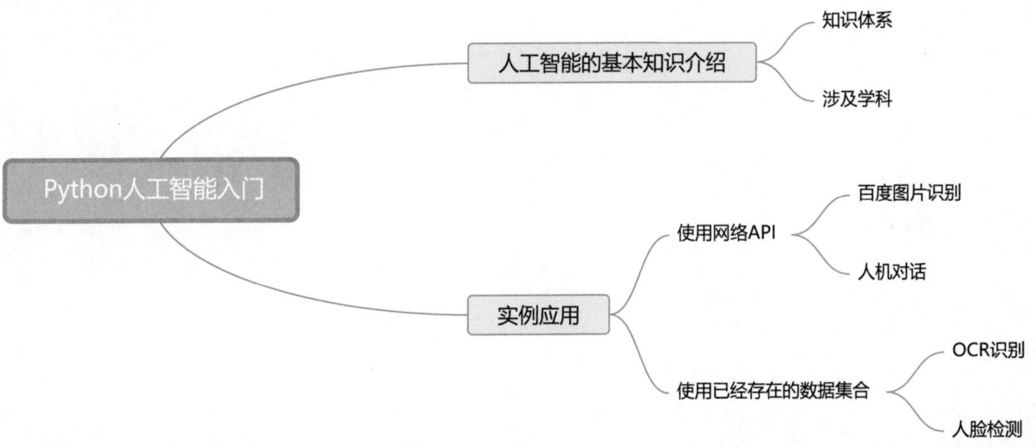

10.1 Python人工智能基础

人工智能是20世纪50年代提出的概念，直到大数据时代的兴起和机器学习的发展，人工智能技术才得到了巨大的发展。直至今日，随着计算机计算能力的发展，现代人工智能的应用已经有了非常大的进步。

10.1.1 Python人工智能知识体系

扫一扫，看视频

人工智能是计算机学科的一个分支，也是20世纪70年代以来三大尖端技术之一，同时是21世纪三大尖端技术之一。

人工智能自20世纪出现后，社会中出现了大量的文学作品和影视作品来想象人工智能技术和机器人技术的发展，如电影《AI》。随着计算机技术的发展，从1990年至今，人工智能技术得到了突飞猛进的发展，在很多学科领域得到了广泛的应用。

人工智能是研究使用计算机模拟人的某些思维过程和智能行为，狭义的人工智能是指机器模拟人的过程。人工智能的发展涉及计算机科学、数学、统计学、物理学、生物学、图形图像学等理工学科，更涉及心理学、哲学、伦理学、语言学等学科。

2010年以后，计算机领域的发展更是驱动了人工智能领域的发展，大量的人工智能技术已经完全应用在现实生活中。例如，车牌识别系统就是人工智能领域中图像识别技术的应用，又或者手机中的美颜甚至是指纹识别功能。

在现代生活中，人工智能的常用领域和实际应用如下所示。

- 机器视觉
- 物体检测，图像处理
- 指纹、人脸、声纹、步态识别
- 智能感知
- 自动规划
- 智能搜索
- 博弈决策
- 自动程序设计
- 智能控制
- 机器人仿生
- 机器学习

- 自然语言处理
- 遗传算法等

10.1.2 Python 人工智能应用和机器学习

扫一扫，看视频

人工智能发展到今天，机器学习和物联网传感器已经在很多领域有了重要应用，而由谷歌（Google）开发的阿尔法围棋（AlphaGo）通过对围棋的深度学习已经战胜了围棋世界冠军。

人工智能的应用远远不止于此，生活中的智能家居越来越多，各种行业的自动生产机器人也出现在汽车生产线上，如图 10–1 所示，节省了大量的人工成本。

图 10–1　自动生产机器人

人工智能领域的应用一直是一个复杂的交叉行业，现代人工智能领域的明星技术是机器学习、神经网络及深度学习。

机器学习、神经网络及深度学习在数据领域的应用代替了传统的数据分析，但无论如何发展，数据领域的应用几乎围绕着一个特征点——通过在实际生活中提取数据，利用计算机的建模能力和模型算法，从这些数据中获取有价值的数据内容，为决策提供数据支持。这个特征点也是数据科学的核心内涵。

机器学习为数据科学提供了更加有用的建模思路。例如，需要从两张图片中区分猫和狗，如图 10–2 所示，这对于人而言非常简单，只需要结合自己对“猫”“狗”概念的理解，就可以迅速地指出第一张图片是狗，第二张图片是猫。和人脑相比，计算机很难从上述图片中确定猫和狗。无论图像是如何展示的，对于计算机而言都是 1、0 这样的二进制代码。对于传统编程而言，让计算机完成这样的操作需要开发人员总结猫和狗的差别。以图 10–2 的图片为基础，可以总结出以下规则。

图 10-2　图片分别

- 猫身上具有相间的花纹。
- 猫耳朵立着，但是狗耳朵大、折耳。
- 狗的颈部长，鼻子比猫的大。
- 猫有胡子。

将这些规则编写为计算机代码（需要对图片进行处理，告知计算机怎样的二进制代码符合上述规则），计算机才可以判断出图 10–2 的图片是猫还是狗。

这种编程方式的问题在于计算机只能识别与图 10–2 中的两张图片相似的猫和狗，不具有通用性，甚至如果是纯色的折耳猫或立耳短颈的狗，就可能导致识别错误。

机器学习的出现解决了这个问题，只要在网络中收集大量猫和狗的图片，进行人为的标识,并使用计算机重复“学习”,计算机就会自动分析这些图片的差别,最终形成计算机中“猫”和“狗”的概念。针对需要判定的图片再次运行这个模型时，计算机会快速得到图片是猫还是狗的结论。

10.2 使用网络服务进行程序开发

在机器学习的实际应用中，个人想要训练一个识别率高的模型是非常困难的，这是因为个人并没有足够多的数据进行模型的训练。很多大型互联网公司提供了免费或收费的人工智能 API 接口。通过调用这些 API 接口，可以快速实现人工智能应用的开发。本节将介绍百度图片识别 API 的使用和机器人聊天 API 的使用。

10.2.1 实战练习：Python 使用百度图片识别 API

百度公司是国内领先的人工智能公司。百度 AI 开放平台提供了全球领先的语音、图像、

NLP 等多项人工智能技术，开放对话式人工智能系统、智能驾驶系统两大行业生态共享 AI 领域最新的应用场景和解决方案。

扫一扫，看视频

百度 AI 开放平台的地址为 https://ai.baidu.com/，需要使用百度账号登录和提交服务申请，平台主页如图 10–3 所示。

图 10–3　百度 AI 开放平台主页

百度 AI 开放平台提供了大量的图像识别和文字识别功能，每个接口均提供一定额度的免费调用量供测试使用，超出免费额度后，进入控制台，在“可用服务列表”中找到对应的接口，选择对应的付费方式可以开通或购买服务。

本节将介绍图片识别接口，首先需要注册并登录百度账号，进入控制台，单击“图像识别”菜单，图像识别管理界面如图 10–4 所示。

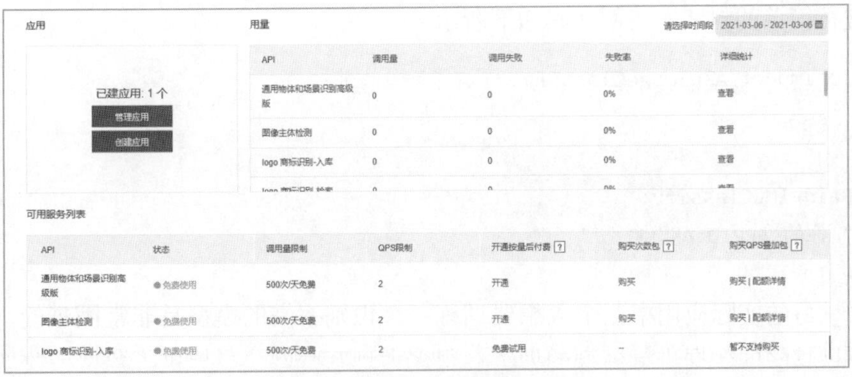

图 10–4　图像识别管理界面

百度 API 接口必须通过创建应用进行管理。在图 10–4 中单击“创建应用”按钮，输入应用名称和描述，选择接口和应用归属后，单击“立即创建”按钮，创建成功后可以查看应用详情，获取 AppID 和 API Key 及 Secret Key，如图 10–5 所示。

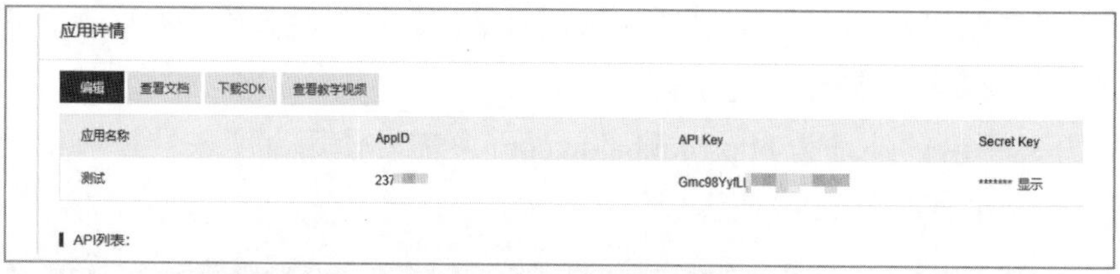

图 10-5　查看应用详情

使用百度 API 之前需要安装百度提供的第三方请求包 baidu-aip，可以使用 pip 命令安装，代码如下所示。运行结果如图 10-6 所示。

```
pip install baidu-aip
```

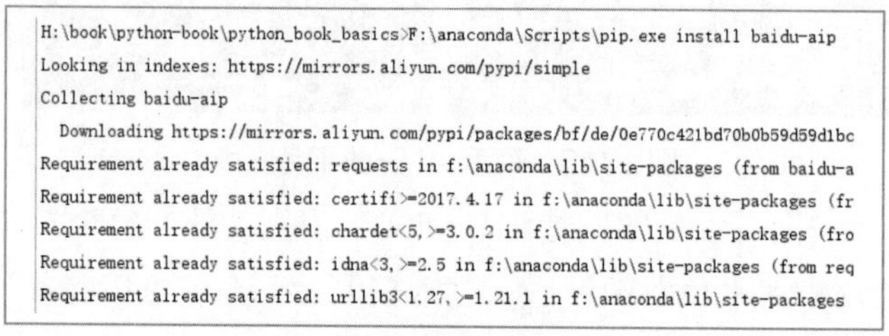

```
H:\book\python-book\python_book_basics>F:\anaconda\Scripts\pip.exe install baidu-aip
Looking in indexes: https://mirrors.aliyun.com/pypi/simple
Collecting baidu-aip
  Downloading https://mirrors.aliyun.com/pypi/packages/bf/de/0e770c421bd70b0b59d59d1bc
Requirement already satisfied: requests in f:\anaconda\lib\site-packages (from baidu-a
Requirement already satisfied: certifi>=2017.4.17 in f:\anaconda\lib\site-packages (fr
Requirement already satisfied: chardet<5,>=3.0.2 in f:\anaconda\lib\site-packages (fro
Requirement already satisfied: idna<3,>=2.5 in f:\anaconda\lib\site-packages (from req
Requirement already satisfied: urllib3<1.27,>=1.21.1 in f:\anaconda\lib\site-packages
```

图 10-6　安装 baidu-aip 包

在 baidu-aip 包中提供了 HTTP 请求库，只需要实例化 AipImageClassify 对象就可以处理访问请求。

可以进行简单的封装，实例代码如下所示。

```
from aip import AipImageClassify


class BaiduIMGClassify:
    """ 你的 APPID AK SK """
    APP_ID = ''
    API_KEY = ''
    SECRET_KEY = ''

    def __init__(self):
        self.client = AipImageClassify(self.APP_ID, self.API_KEY, self.SECRET_KEY)

    # 图片读取方法
    @staticmethod
```

```
    def get_file_content(file_path):
        with open(file_path, 'rb') as fp:
            return fp.read()

    # 图片通用识别
    def advanced_general(self, file_path):
        # 图片对象
        image = self.get_file_content(file_path)
        # 调用通用物体识别
        return self.client.advancedGeneral(image)


ag = BaiduIMGClassify()
# 通用识别
result = ag.advanced_general('baidu-img.png')
# 打印结果
for i in result['result']:
    print(i)
```

在上述代码中，需要填写在百度 AI 开放平台中申请的 APP_ID 等应用身份验证信息，利用上述代码可以传输图片进行图片内容识别，返回结果是一个对象列表。可以测试猫的图片（见图 10-7），返回的结果是一个可能性数据列表，如图 10-8 所示。这个列表中包含多种结果，并且列出每种结果的可能性，最大的可能性为 1（score 对应的值），结果依次递减，需要用户进行判断。

图 10-7　测试图片

```
F:\anaconda\python.exe H:/book/python-book/python_book_basics/python-code/10/10-2-1.py
{'score': 0.352197, 'root': '动物-猫', 'keyword': '泰国暹罗猫'}
{'score': 0.267143, 'root': '商品-玩具', 'keyword': '玩具'}
{'score': 0.174375, 'root': '动物-狗', 'keyword': '小狗'}
{'score': 0.087884, 'root': '动物-哺乳动物', 'keyword': '伯曼猫'}
{'score': 0.007712, 'root': '动物-哺乳动物', 'keyword': '巴厘猫'}

Process finished with exit code 0
```

图 10-8　返回的可能性数据列表

这种数据的可能性判定也是如今图像识别的问题，计算机针对图片的识别是一个烦琐的过程。概括性和描述性语言对计算机来说是非常难以处理的部分，所以计算机很难针对感性部分进行判定。

10.2.2 实战练习：Python 使用 API 实现人机对话

扫一扫，看视频

人工智能技术在最近几年的一大应用是人机对话，这类应用有“小黄鸡聊天机器人”、智能语音客服系统、小米公司的小爱同学等。

人机对话涉及大量的自然语言处理、语言上下文研究等领域，可以通过大量的语言训练建立基本的对话模型，通过该模型进行人机对话。

在网络中有很多人机对话 API，例如，小米公司的小爱同学开发平台，可以开发运行在小爱同学中的应用，实现特殊的语言应用程序或者实现对智能家居的控制。

还有很多免费的人机对话 API，图灵机器人就是其中之一。图灵机器人是一个应用简单的聊天机器人，官网地址是 http://www.turingapi.com/，其主页如图 10–9 所示，可以注册账号进行机器人对话 API 的试用。

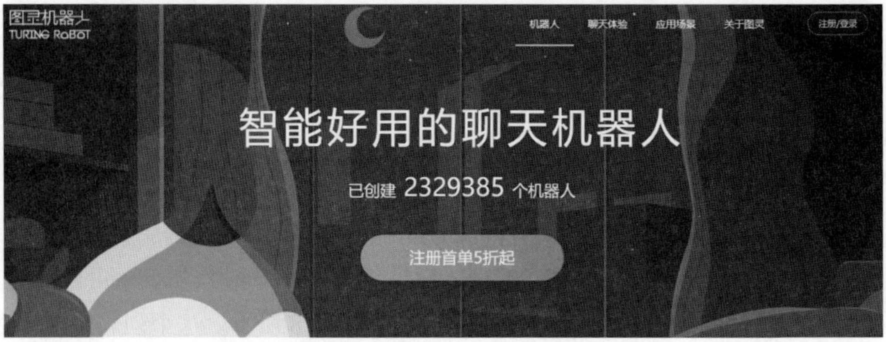

图 10-9　图灵机器人官网主页

免费版本的图灵聊天机器人支持 100 条 / 日的调用量，创建一个新的机器人之后，会获得一个 apiKey 作为唯一的用户标识。

图灵机器人没有提供已经封装的请求模块，需要以 Json 的形式使用 Post 请求发送数据进行对话的请求，支持使用 requests 模块进行数据的请求。代码如下所示。

```
import requests
import json


# 请求机器人对话接口封装类
class MyRequest:
    api_key = ""
    user_id = "1"
```

```
    def __init__(self):
        # 根目录
        self.url = 'http://openapi.tuling123.com/openapi/api/v2'

    # 发送对话方法
    def m_post(self, text):
        data = self.get_json_data(text)
        # 对 url 发起 get 请求
        response = requests.post(self.url, data)
        return json.loads(response.text)

    # 转化为需要的 JsonData
    def get_json_data(self, text):
        data = {"reqType": 0, "perception": {"inputText": {"text": text}},
                "userInfo": {"apiKey": self.api_key, "userId": self.user_id}}
        return json.dumps(data)


r = MyRequest()
while True:
    msg = input(" 输入对话：")
    content = r.m_post(msg)
    # 打印回复
    print(content['results'][0]['values']['text'])
```

上述代码的执行效果如图 10-10 所示，可以实现与机器人的人机对话。

```
F:\anaconda\python.exe H:/book/python-book/python_book_basics/python-code/10/10-2-2.py
输入对话：你好
好好好。
输入对话：图灵机器人？
机器人的一种，而且很高很大很上
输入对话：你是谁
地球人就你还不知道我叫测试内容了。
输入对话：
```

图 10-10　人机对话

图灵机器人可以传输图片文件进行分析，需要将 reqType 类型改写为 1，并且传递一个图片地址，机器人在线解析后会返回读取图片后的识别结果。

10.3 简单的人工智能应用开发

在 10.2 节中，通过调用网络中提供的基本数据接口，实现了人机对话和图片识别功能的应用。本节将介绍使用现有数据进行人脸检测和 Python 简单的文字识别（OCR）功能。

10.3.1 实战练习：Python 人脸检测

扫一扫，看视频

人脸识别技术是现代成熟的识别技术之一，已经在火车站、机场、住宿、公共交通、门禁领域得到了非常普遍的应用。人脸识别技术主要是通过摄像头及时捕捉人脸或者通过扫描获取照片中的人脸信息。

人脸识别系统是常见的人工智能开发领域之一，通过计算机提取人脸中的特征点进行保存，并且对比需要识别的人脸图片，通过相似度进行比对，设定超过一定相似度就是正确的人脸。

Python 中提供了大量的第三方模块可以完成人脸识别的功能。face_recognition 是一个强大、简单、易上手的人脸开源项目，基于 C++ 开源库 DLib 中的深度学习模型，对人脸的识别正确率高达 99% 以上，可以在 Python 中完成人脸识别。

因为 face_recognition 库基于 C++ 开源库 DLib，所以必须在本机中安装 C++ 支持、DLib 库和 CMake。

在 Windows 平台中进行 C++ 的编译需要安装 Visual Studio。Visual Studio 是微软公司的开发工具包的系列产品，Visual Studio 提供了完整的开发工具集，包括整个软件生命周期中所需要的大部分工具，如 UML 工具、代码管控工具、集成开发环境（IDE）等。

Visual Studio 官网地址为 https://visualstudio.microsoft.com/，在主页选择需要的 Visual Studio 版本进行下载，如图 10-11 所示。

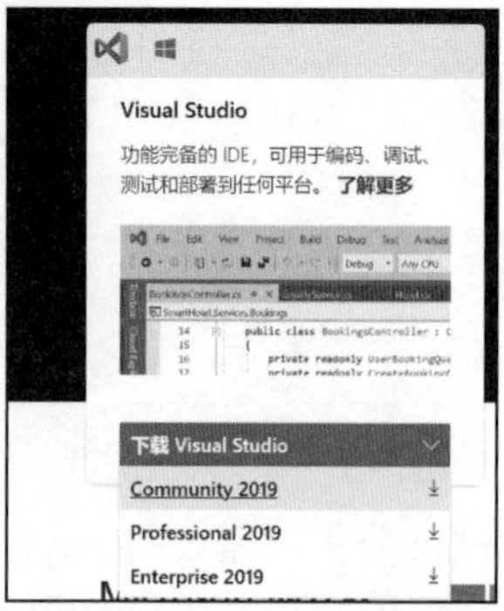

图 10-11　下载 Visual Studio

下载完成后安装 Visual Studio，如图 10–12 所示，三个版本的 Visual Studio 都可用，其中社区版本是针对个人的免费版本，专业版和企业版都提供了免费试用的功能。

图 10–12　选择 Visual Studio 的安装版本

安装 Visual Studio 时需要下载大量资源并写入系统服务，所以安装过程较慢，需要耐心等待。新版本的 Visual Studio 默认不会安装任何负载，仅会安装一个 IDE 开发环境，如果需要对开发环境进行修改，则需要额外的安装负载。

使用 CMake，需要在安装 Visual Studio 时增加 C++ 开发的负载，如图 10–13 所示。安装完 Visual Studio 后可能会要求重启计算机。

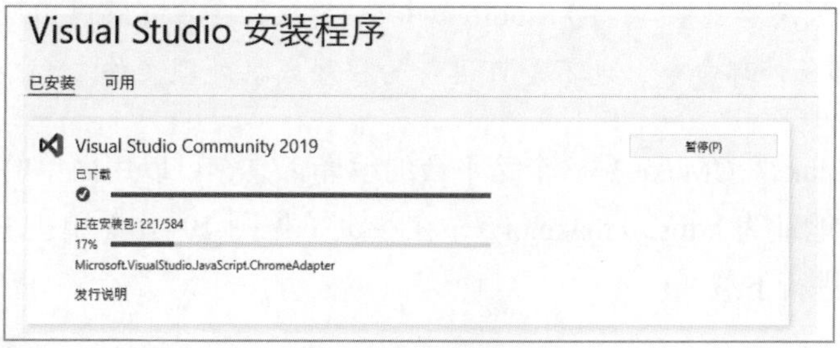

图 10–13　安装负载

使用 DLib 库，需要下载 C++ 的一些语言标准库的扩展，如下载 Boost 库。Boost 库是一个可移植、提供源代码的 C++ 库，也是 C++ 标准化进程的开发引擎之一，Boost 库是 C++ 程序扩展库的总称。

Boost 库的官网地址为 https://www.boost.org/，在主页单击 Download 按钮后，可以选择对应版本的 Boost 库下载，如图 10–14 所示。

Platform	File	SHA256 Hash
unix	boost_1_75_0.tar.bz2	953db31e016db7bb207f11432bef7df100516eeb746843fa0486a222e3fd49cb
	boost_1_75_0.tar.gz	aeb26f80e80945e82ee93e5939baebdca47b9dee80a07d3144be1e1a6a66dd6a
windows	boost_1_75_0.7z	3a8b314871646e7404886736273c053278ba71b11347f72d4751411d65d6d1a5
	boost_1_75_0.zip	caf36d7c13b3d8ce62282a64a695113945a13b0f1796a45160726d04295f95ed

图 10-14　安装 C++ 程序扩展库 Boost

下载的 Boost 是一个压缩文件，解压后使用命令行运行 bootstrap.bat 批处理文件，安装脚本在运行时会自动对 C++ 库文件进行生成和复制。运行结果如图 10-15 所示。

```
E:\C\boost_1_75_0\boost_1_75_0>.\bootstrap.bat
Building Boost.Build engine
LOCALAPPDATA=C:\Users\q5754\AppData\Local
Found with vswhere F:\Visual Studio\main
Found with vswhere F:\Visual Studio\main
Call_If_Exists "F:\Visual Studio\main\Common7\Tools\..\..\VC\Auxiliary\Build\vcvarsall.bat"  AMD64
**********************************************************************
** Visual Studio 2019 Developer Command Prompt v16.9.0
** Copyright (c) 2021 Microsoft Corporation
**********************************************************************
[vcvarsall.bat] Environment initialized for: 'x64'
###
### Using 'vc142' toolset.
###

E:\C\boost_1_75_0\boost_1_75_0\tools\build\src\engine>cl /nologo /MP /MT /TP /Feb2 /wd4996 /O2 /GL   -DNDEBUG  builtins.
cpp class.cpp command.cpp compile.cpp constants.cpp cwd.cpp debug.cpp debugger.cpp execcmd.cpp execnt.cpp filent.cpp fil
esys.cpp frames.cpp function.cpp glob.cpp hash.cpp hcache.cpp hdrmacro.cpp headers.cpp jam.cpp jamgram.cpp lists.cpp mak
e.cpp make1.cpp md5.cpp mem.cpp modules.cpp native.cpp object.cpp option.cpp output.cpp parse.cpp pathnt.cpp pathsys.cpp
 regexp.cpp rules.cpp scan.cpp search.cpp jam_strings.cpp startup.cpp subst.cpp sysinfo.cpp timestamp.cpp variable.cpp w
32_getreg.cpp modules/order.cpp modules/path.cpp modules/property-set.cpp modules/regex.cpp modules/sequence.cpp modules
/set.cpp /link kernel32.lib advapi32.lib user32.lib
builtins.cpp
class.cpp
command.cpp
compile.cpp
constants.cpp
cwd.cpp
```

图 10-15　安装 Boost 库

注意： 如果没有安装 Visual Studio 或 C++ 负载，会在安装时出现错误。例如，'cl' 不是内部或外部命令，也不是可运行的程序或批处理文件。

接下来下载 CMake。CMake 是一个跨平台的编译工具，可以用简单的语句描述所有平台的安装过程。官网地址为 https://cmake.org/，在主页（见图 10-16）单击 Download 按钮，可以选择正确的平台进行下载。

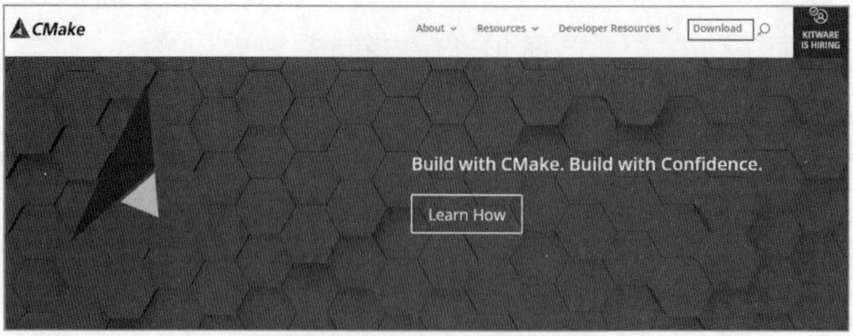

图 10-16　CMake 官网主页

在 Windows 平台中下载对应的安装包，下载后单击安装包进行安装，并配置系统变量，安装完成界面如图 10–17 所示。

图 10–17　CMake 安装完成界面

下面需要下载安装 DLib 库。DLib 是用 C++ 编写的开源库，DLib 库提供了与机器学习、数值计算、图模型算法、图像处理、图像识别等领域相关的一系列功能。人脸识别就是 DLib 库提供的功能之一。

DLib 官网地址为 http://dlib.net/，单击图 10–18 中的 Download dlib 按钮可以下载最新版本的 DLib 库。

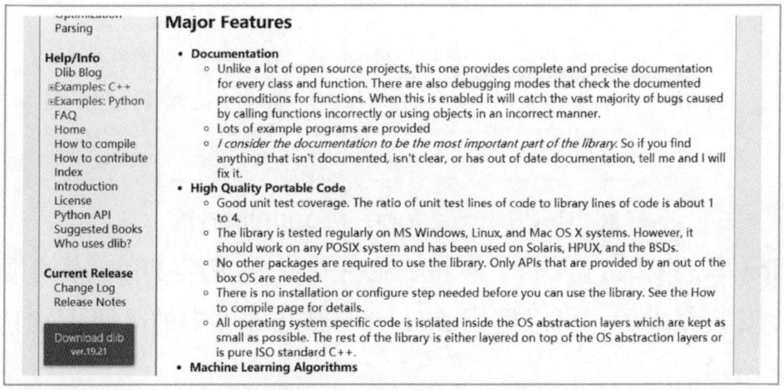

图 10–18　下载 DLib 库

下载后的文件是一个压缩包，DLib 提供了多种语言的支持，可以直接在 C++ 语言或 Python 语言中使用。这里使用 Python 进行安装。

将下载后的文件进行解压缩，使用命令行进入解压后的文件中，再运行如下命令会自动安装 DLib 库。

```
python setup.py install
```

安装 DLib 库的过程如图 10-19 所示。需要注意的是，在安装 DLib 库前一定要安装 CMake 编译软件和 Boost 库。安装 DLib 库时会编译大量的代码源文件，所以执行过程缓慢，需要耐心等待。

```
E:\C\boost_1_75_0\boost_1_75_0>cd E:\C\Dlib\dlib-19.21

E:\C\Dlib\dlib-19.21>python setup.py install
C:\Users\q5754\AppData\Local\Programs\Python\Python39\lib\site-packages\setuptools\distutils_patch.py:25: UserWarning: D
istutils was imported before Setuptools. This usage is discouraged and may exhibit undesirable behaviors or errors. Plea
se use Setuptools' objects directly or at least import Setuptools first.
  warnings.warn(
running install
running bdist_egg
running egg_info
creating tools\python\dlib.egg-info
writing tools/python\dlib.egg-info\PKG-INFO
writing dependency_links to tools/python\dlib.egg-info\dependency_links.txt
writing top-level names to tools/python\dlib.egg-info\top_level.txt
writing manifest file 'tools/python\dlib.egg-info\SOURCES.txt'
package init file 'tools\python\dlib\__init__.py' not found (or not a regular file)
reading manifest file 'tools/python\dlib.egg-info\SOURCES.txt'
reading manifest template 'MANIFEST.in'
no previously-included directories found matching 'tools\python\build*'
writing manifest file 'tools/python\dlib.egg-info\SOURCES.txt'
installing library code to build\bdist.win-amd64\egg
running install_lib
```

图 10-19　安装 DLib 库

此时可以使用 face_recognition 库进行 Python 人脸识别系统的开发，使用下面的命令安装 face_recognition 库，安装过程如图 10-20 所示。

```
pip install face_recognition
```

```
H:\book\python-book\python_book_basics>F:\anaconda\Scripts\pip.exe install face_recognition
Looking in indexes: https://mirrors.aliyun.com/pypi/simple
Collecting face_recognition
  Downloading https://mirrors.aliyun.com/pypi/packages/1e/95/f6c9330f54ab07bfa032bf3715c12455a
Collecting dlib>=19.7
  Downloading https://mirrors.aliyun.com/pypi/packages/99/2c/ef681c1c717ace11040f9e99fe22dafc8
     |████████████████████████████████| 3.6 MB 3.3 MB/s
Requirement already satisfied: Click>=6.0 in f:\anaconda\lib\site-packages (from face_recognit
Requirement already satisfied: Pillow in f:\anaconda\lib\site-packages (from face_recognition)
Requirement already satisfied: numpy in f:\anaconda\lib\site-packages (from face_recognition)
```

图 10-20　安装 face_recognition 库

face_recognition 库的安装过程非常缓慢，必须在完全安装 DLib 库的情况下进行。等待 face_recognition 库安装完成后，可以使用 face_recognition 库中的人脸识别功能进行图片的人脸识别，代码如下所示。

```
import face_recognition

image = face_recognition.load_image_file("face_test.png")
# 获得图片中人脸（上下左右）位置
face_locations = face_recognition.face_locations(image)
print(face_locations)
```

```
# 获取图片所有面部特征
#（眉毛、眼睛、鼻子、上下嘴唇、面部轮廓）
face_landmarks_list = face_recognition.face_landmarks(image)
print(face_landmarks_list)
```

上述代码的运行结果如图 10-21 所示。其中，face_recognition.face_locations(image) 方法可以获取一个列表数据，这个列表数据是这张测试图中所有人脸的位置，位置数据是从图片左上角坐标（0,0）开始的，如果识别到多张人脸，则会在列表中返回多个坐标信息。

```
F:\anaconda\python.exe H:/book/python-book/python_book_basics/python-code/10/10-3-1.py
[(206, 633, 527, 312)]
[{'chin': [(343, 303), (347, 341), (354, 378), (360, 414), (373, 448), (395, 477), (425, 501),

Process finished with exit code 0
```

图 10-21　人脸识别结果

face_recognition.face_landmarks(image) 方法用来获取人脸的面部特征点，这个方法返回一个列表对象，这个列表对象中包含唇部、眼部、鼻部等面部特征点的数据信息，这些数据信息可以用于脸部信息对比和活体检测等应用场景，如果在图像中检测出多张人脸，则会同时返回多张人脸的信息。

Pillow 包为开发者提供了方便的图片处理功能，可以在图片的基础上进行绘制。通过 Pillow 包结合上述图片获取的人脸信息，可以绘制人脸的框图和人脸的面部特征点，代码如下所示。

```
import face_recognition
from PIL import Image, ImageDraw

image = face_recognition.load_image_file("face_test.png")
# 获得图片中人脸（上下左右）位置
face_locations = face_recognition.face_locations(image)
print(face_locations)
# 转换为 Pillow 对象
im_d = Image.fromarray(image)
draw = ImageDraw.Draw(im_d)
# 此时只有一张人脸，如果是多张人脸，则需要使用 for 循环进行绘制
(top, right, bottom, left) = face_locations[0]
draw.rectangle(((left, top), (right, bottom)), outline=(0, 0, 255))
# del draw
# im_d.show()
# 获取图片的所有面部特征
```

```
#（眉毛、眼睛、鼻子、上下嘴唇、面部轮廓）
face_landmarks_list = face_recognition.face_landmarks(image)
print(face_landmarks_list)
for ps in face_landmarks_list[0]:
    draw.line(face_landmarks_list[0][ps])
del draw
im_d.show()
```

因为已经通过 face_recognition.load_image_file() 方法获得了图片，所以不需要使用 Pillow 包中从文件进行图片载入的方法，而是使用 Image.fromarray(image) 方法直接将图片转换为 Pillow 包中的 Image 对象。

Pillow 包可以使用 ImageDraw.Draw(im_d) 方法创建一个画笔，通过对这个画笔进行操作，可以对图片进行框图或直线的绘制，结果如图 10–22 所示。

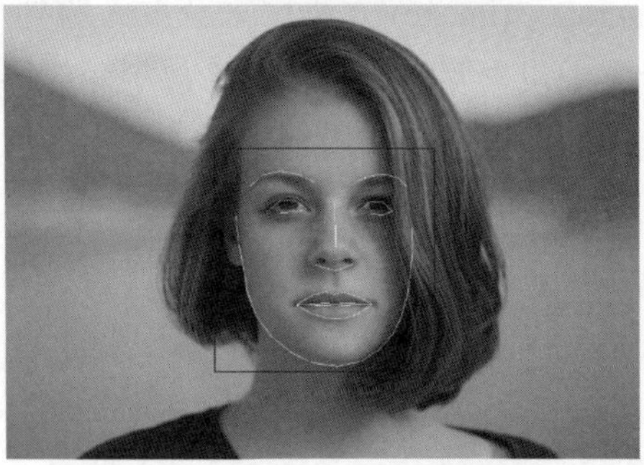

图 10–22　绘制人脸的面部特征点

通过 face_recognition 库不仅可以使用已经定义的人脸识别库，也可以自定义替换人类识别的深度学习模型。如果有支持英伟达公司的 CUDA 库的显卡，可以开启显卡加速，提高训练的运行效率。

10.3.2　实战练习：Python 图片文字识别

扫一扫，看视频

在人工智能领域中，OCR（Optical Character Recognition，光学字符识别）领域也是非常重要的一种应用。OCR 是指电子设备检查纸上打印的字符，通过检测暗、亮的模式确定其形状，然后用字符识别方法将形状翻译成计算机文字的过程。

OCR 常常用于车牌识别、手写识别、图片转文字、PDF 转文字等场景，可以通过字符图片和字符集进行训练，最终使用模型进行图片文件的转换。网络中提供 OCR 的服务非常多，10.2.1 节介绍的百度 API 也有 OCR 识别接口，针对打印字体的识别准确率非常高。本实例中要识别的图片如图 10–23 所示。

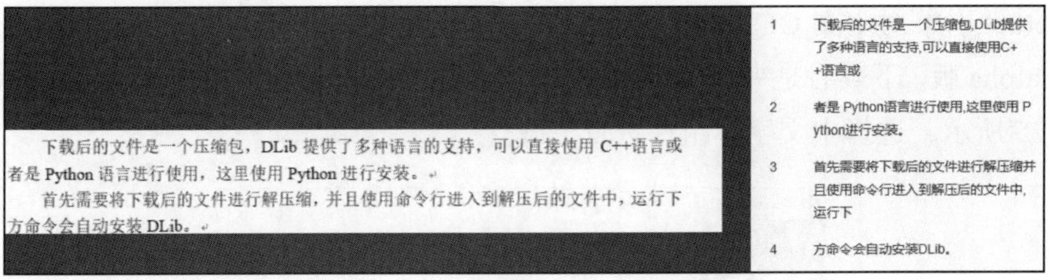

图 10-23 用百度 OCR 识别图片

注意：使用百度 OCR 识别 API 只需要在 10.2.1 节的基础上调用不同的识别方法即可，代码如下所示。

```
#读取图片
def get_file_content(filePath):
    with open(filePath, 'rb') as fp:
        return fp.read()

image = get_file_content('example.jpg')

# 调用通用文字识别（高精度版）
client.basicAccurate(image);
```

本节使用开源的 OCR 识别引擎 Tesseract 编写一个简单的 OCR 识别脚本。最初的 Tesseract 引擎由 HP 实验室开发，经过 Google 公司的修改优化，形成了最终版本。

使用 Tesseract 引擎进行 OCR 识别，首先需要安装 Tesseract 引擎。Tesseract 引擎开源在 GitHub 中，下载地址是 https://github.com/tesseract-ocr/tesseract，可以通过源码进行安装包的构建。或者使用第三方打包的 Tesseract 引擎，下载地址为 https://digi.bib.uni-mannheim.de/tesseract/，选择合适的版本进行下载，如图 10–24 所示。

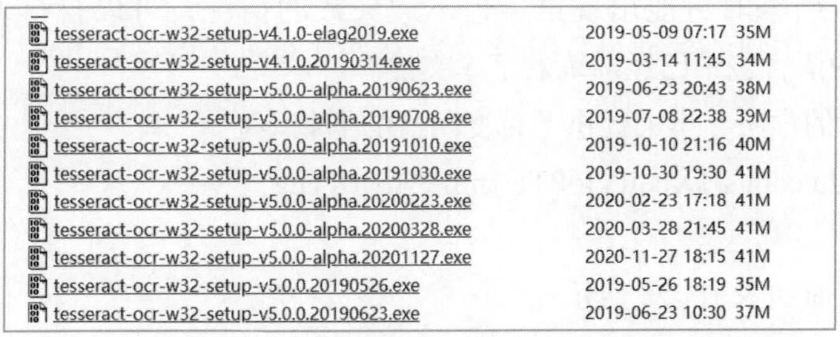

tesseract-ocr-w32-setup-v4.1.0-elag2019.exe 2019-05-09 07:17 35M
tesseract-ocr-w32-setup-v4.1.0.20190314.exe 2019-03-14 11:45 34M
tesseract-ocr-w32-setup-v5.0.0-alpha.20190623.exe 2019-06-23 20:43 38M
tesseract-ocr-w32-setup-v5.0.0-alpha.20190708.exe 2019-07-08 22:38 39M
tesseract-ocr-w32-setup-v5.0.0-alpha.20191010.exe 2019-10-10 21:16 40M
tesseract-ocr-w32-setup-v5.0.0-alpha.20191030.exe 2019-10-30 19:30 41M
tesseract-ocr-w32-setup-v5.0.0-alpha.20200223.exe 2020-02-23 17:18 41M
tesseract-ocr-w32-setup-v5.0.0-alpha.20200328.exe 2020-03-28 21:45 41M
tesseract-ocr-w32-setup-v5.0.0-alpha.20201127.exe 2020-11-27 18:15 41M
tesseract-ocr-w32-setup-v5.0.0.20190526.exe 2019-05-26 18:19 35M
tesseract-ocr-w32-setup-v5.0.0.20190623.exe 2019-06-23 10:30 37M

图 10-24 选择 Tesseract 引擎的版本

Tesseract 引擎对中文 OCR 的支持是从 3.0 以上版本开始的，Tesseract 引擎的最新版本是 v5.0.0 alpha 版。下载后是一个安装包文件，需要结合字库才能实现对应文字的 OCR 识别，如图 10–25 所示，选择中文字体组件进行下载。

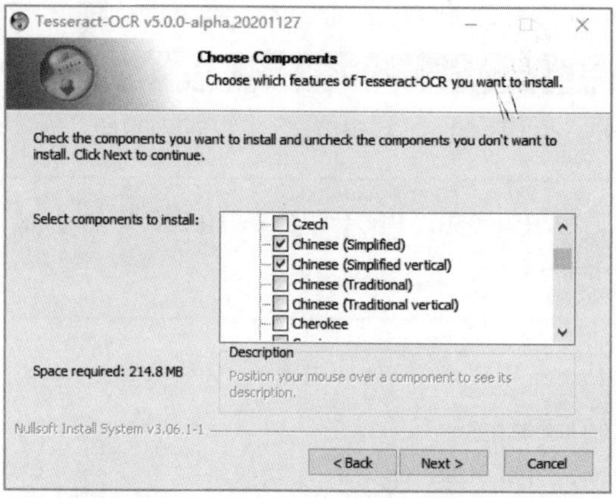

图 10–25　选择下载中文字体组件

需要确保 Tesseract 引擎的安装目录存放在系统 PATH 中，使用下面的命令可以测试 Tesseract 引擎是否已正确安装，如图 10–26 所示。

```
tesseract -v
```

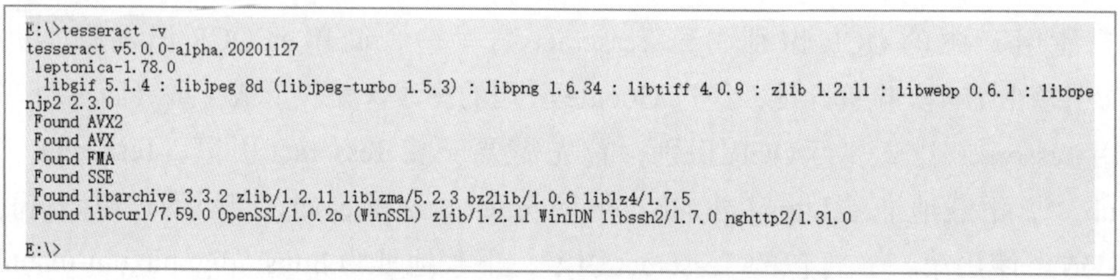

```
E:\>tesseract -v
tesseract v5.0.0-alpha.20201127
 leptonica-1.78.0
  libgif 5.1.4 : libjpeg 8d (libjpeg-turbo 1.5.3) : libpng 1.6.34 : libtiff 4.0.9 : zlib 1.2.11 : libwebp 0.6.1 : libopenjp2 2.3.0
 Found AVX2
 Found AVX
 Found FMA
 Found SSE
 Found libarchive 3.3.2 zlib/1.2.11 liblzma/5.2.3 bz2lib/1.0.6 liblz4/1.7.5
 Found libcurl/7.59.0 OpenSSL/1.0.2o (WinSSL) zlib/1.2.11 WinIDN libssh2/1.7.0 nghttp2/1.31.0

E:\>
```

图 10–26　测试 Tesseract 引擎

安装 Tesseract 引擎时可能出现语言包下载失败的情况，可以自行训练数据，或者在 GitHub 下载对应的语言包中已经训练的字库文件。

为了方便读者的学习，本书提供了百度网盘的下载地址：

https://pan.baidu.com/s/1XpeRVgiPTU7mmiMiyaXThg

提取码：pyth

相应的下载页面如图 10–27 所示。

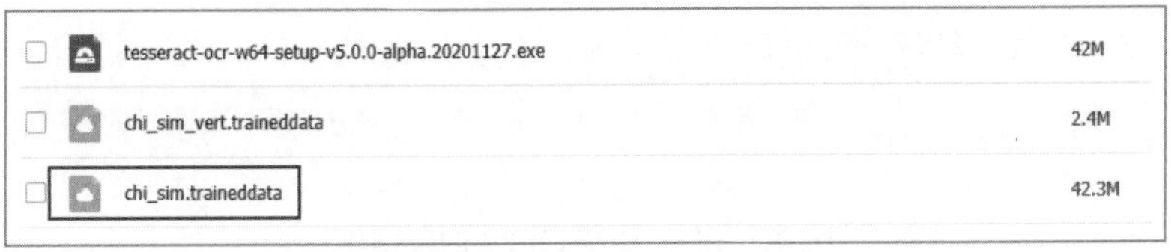

图 10-27　下载中文包

将字库文件存放在 Tesseract 引擎的 tessdata 文件夹中，只需在代码中指定使用的字体包就可以进行 OCR 识别。

接下来，需要使用 pip 命令安装 Pytesseract 库，命令如下所示，结果如图 10-28 所示。

```
pip install pytesseract
```

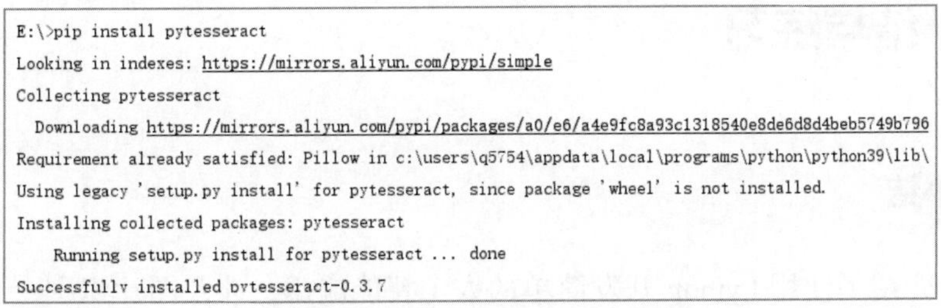

E:\>pip install pytesseract
Looking in indexes: https://mirrors.aliyun.com/pypi/simple
Collecting pytesseract
Downloading https://mirrors.aliyun.com/pypi/packages/a0/e6/a4e9fc8a93c1318540e8de6d8d4beb5749b796
Requirement already satisfied: Pillow in c:\users\q5754\appdata\local\programs\python\python39\lib\
Using legacy 'setup.py install' for pytesseract, since package 'wheel' is not installed.
Installing collected packages: pytesseract
Running setup.py install for pytesseract ... done
Successfully installed pytesseract-0.3.7

图 10-28　安装 Pytesseract 库

安装 Tesseract 引擎、Pytesseract 库和中文字体文件后，图片识别非常简单，具体代码如下所示。

```
import pytesseract
from PIL import Image

# 读取图片
im = Image.open('test_word.png')
# 识别文字
string = pytesseract.image_to_string(im, lang='chi_sim')
print(string)
# 写入文件
# f=open("test.txt","a+",encoding='utf-8')
# f.write(string)
# f.close()
```

识别图 10-23 中的图片，结果如图 10-29 所示。

```
H:\book\python-book\python_book_basics\python-code\10>python 10-3-2.py
下载后的文件是一个压缩包,DLib 提供了多种语言的文持，可以直接使用 C++ 语言或
者是 Python 语言进行侧用，这里信用 Python 进行安装。

首先霁要将下载后的文件迹行解序缉，并且使用命令行进入到解压后的文件中，运行下
方哥令会自动安狡 DDib。。
```

图 10-29 文字 OCR 识别结果

> **注意**：在运行 Python 代码时需要 Python 和 Tesseract 引擎均在系统变量中，否则需要指定 Python 安装目录的 Lib\site-packages\pytesseract 中的脚本文件，修改 tesseract_cmd 的值为 Tesseract 引擎的具体目录即可。

10.4 小结与练习

10.4.1 小结

本章主要介绍了使用 Python 开发简单的人工智能应用，涉及图片识别、人机对话 OCR 以及人脸识别的应用，让读者能够快速感受到人工智能的神奇之处。

本书只是 Python 入门书，无法详细介绍如何进行模型的训练和数据的建模，只能展现人工智能在应用层的使用。如果读者对人工智能感兴趣，可以通过相关书籍进行系统性学习。

10.4.2 练习

为了巩固本章所学知识，希望读者可以完成以下编程练习：

1. 利用百度公司提供的 API 编写图片识别脚本或文字识别脚本。
2. 利用 DLib 库进行人脸识别，可以尝试针对视频实时进行人脸识别。
3. 感兴趣的读者可以选择自行训练字库文件。

第11章 其他常用开发技术

本章将介绍 Python 开发中可能用到的技术，以及 Python 的一些高级特性，包括进程、线程等概念。本章是对 Python 编程的深化学习，同时也能让读者开阔视野。

本章介绍简单的数据处理和绘图库，同时介绍 Python 项目开发时使用的虚拟环境和 Python 项目的打包。

扫一扫，看视频

本章的主要内容：

- 使用 Python 解析 Json；
- 使用 Python 解析 XML；
- Python 中简单的数据处理；
- 如何根据表中的数据进行绘图；
- Python 虚拟环境的创建和管理。

本章的思维导图：

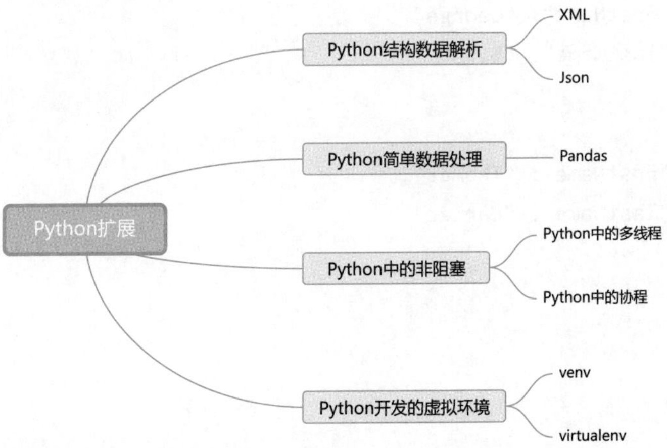

11.1 Python数据处理

在前面的章节中使用了大量的 Python 变量和参数，这些变量和参数在 Python 中传递时本质上传递的是数据的引用地址，此时的数据是不用开发者解析和处理的。如果需要在应用之间进行数据的传输，就需要针对数据格式进行规定。

11.1.1 Json 数据处理

扫一扫，看视频

Json（JavaScript Object Notation）格式是现在最为常见的数据传输格式，也是众多语言广泛支持的数据格式之一。Json 格式在 2001 年开始推广，2005 年至 2006 年正式成为主流的数据格式，在此之前一般采用 XML 作为数据的传输格式。

Json 格式来自 JavaScript 对象，JavaScript 可以直接使用 Json 对象。随着 Web 开发的发展，Json 成为网络传输中最常见的一种数据结构。

通过 Json 这种数据结构进行交互的应用非常多。从手机 APP 到前后端分离的 Web 开发、API 接口的设计，甚至是小程序或游戏的登录功能，大多是采用 Json 格式进行数据传输的。

简洁和清晰的层次结构使 Json 成为理想的数据交换语言，易于阅读和编写，同时易于机器解析和生成，并可以有效地提升网络传输的效率。Json 对象的基本格式如下所示。

```
{
    "employees": [
        {
            "firstName": "Bill",
            "lastName": "Gates"
        },
        {
            "firstName": "George",
            "lastName": "Bush"
        },
        {
            "firstName": "Thomas",
            "lastName": "Carter"
        }
    ]
}
```

上述代码是一个标准的 Json 对象，整个对象通过“{}”进行包裹，其键值名称为 employees。Json 支持对象的嵌套，employees 对象是一个数组对象，其中包括三个 Json 对象，每一个对象代表一个雇员姓名。

Json 格式和 Python 中的字典格式有相似之处，同时，因为 Json 支持列表的嵌套，所以在数据传输时一定要注意 Json 格式的键值名称和 Json 嵌套逻辑。

使用 Python 进行 Json 字符串的解析非常简单，Python 标准库中增加了对 Json 模块的支持，可以使用 Json 模块进行 Json 对象的解析。

在 Json 模块中有两个常用的方法：json.dumps() 方法是对全部的 Python 对象数据进行编码；json.loads() 方法可以对符合 Json 格式的数据进行解码。

具体的解码和转换方式如以下代码所示。

```
import json

json_text = '''
{
    "employees": [
        {
            "firstName": "Bill",
            "lastName": "Gates"
        }
    ]
}

'''
# 解析内容
text = json.loads(json_text)
# 打印类型和解析后的结果
print(type(json_text))
print(type(text))
# 打印输出
print(text['employees'][0])

# Python 数组对象转 JSON
a = [{'a': 1, 'b': 2, 'c': 3, 'd': 4, 'e': 5}]
text = json.dumps(a)
# 打印类型和解析后的结果
```

```
print(type(text))
print(" 转换成 json 字符串 " + text)
```

上述代码的运行结果如图 11-1 所示，Json 模块将符合 Json 格式的字符串转换为字典对象，通过 json.dumps() 方法可以将字典对象转换为 Json 字符串。

```
F:\anaconda\python.exe H:/book/python-book/python_book_basics/python-code/10/10-1-1.py
<class 'str'>
<class 'dict'>
{'firstName': 'Bill', 'lastName': 'Gates'}
<class 'str'>
转换成json字符串[{"a": 1, "b": 2, "c": 3, "d": 4, "e": 5}]

Process finished with exit code 0
```

图 11-1　Json 字符串的解析和生成

11.1.2　XML 数据处理

扫一扫，看视频

在 Json 作为数据传输格式之前，网络中的数据传输普遍采用的是 XML（Extensible Markup Language）语言。XML 语言是建立在 HTML 语言基础上的标记语言。XML 语言是为了解决 HTML 语言的不足而诞生的。

相对于 HTML 语言，XML 语言对格式的要求更加严格，所有标签必须采用闭合标签。

伴随多媒体技术的更新，越来越多的元素被定义为 HTML 标签，HTML 标签并不要求强制性的闭合标签。对于网页而言，很多标签也并不需要是完全闭合的。例如，下面的代码也可以被浏览器识别，并且解析无误。

```
<!-- 这是一个 image 标签 --!>
<img src=" 图片地址 ">
<p> 这是一个段落
<p> 这是另一个段落
```

所以在使用 XML 代替 HTML 时，很多开发者认为 HTML 更加灵活，这导致 XML 在 Web 前端开发领域并不是主流技术，最终 W3C 不再推广 XML 语言，又转向开发新版本的 HTML 语言。

虽然 XML 并没有代替 HTML 成为网页的前端开发语言，但是其具有严格的格式要求和强大的自定义标签能力，这使 XML 在数据传输领域和项目配置数据格式领域成为不可替代的技术。

XML 在某些方面和 Json 是非常类似的，XML 也是纯文本格式，同时具有非常高的可读性，XML 也具有层级结构，如下所示。

```
<root>
  <child>
    <subchild>.....</subchild>
  </child>
</root>
```

一个标准的 XML 结构一定要符合以下语法要求：

- 所有 XML 元素都必须有关闭标签。
- XML 标签对大小写敏感（即 <root> 和 </Root> 并不是一组闭合标签）。
- XML 标签一定要有根元素（即上述代码中的 <root> 元素），如果出现和 <root> 元素同级别的元素，则上述代码不属于 XML 结构。
- XML 标签必须正确地嵌套，根元素本身对应的闭合标签一定是根元素。
- XML 标签中的属性值必须加引号，在 XML 元素内部可以增加属性，内部的元素属性一定要使用引号包裹。
- XML 中可以包含空格字符，但是不允许出现 "&"、"<" 和 ">" 等特殊字符，使用这些字符需要使用 "&"、"<" 和 ">" 字符代替。

Python 也可以进行 XML 的解析，XML 的本质是一个树状结构，所有的数据都会挂载在根结点中。XML 格式如下。

```
<collection shelf="New Arrivals">
<movie title="Enemy Behind">
   <type>War, Thriller</type>
   <format>DVD</format>
   <year>2003</year>
   <rating>PG</rating>
   <stars>10</stars>
   <description>Talk about a US-Japan war</description>
</movie>
<movie title="Transformers">
   <type>Anime, Science Fiction</type>
   <format>DVD</format>
   <year>1989</year>
   <rating>R</rating>
   <stars>8</stars>
   <description>A schientific fiction</description>
</movie>
</collection>
```

上述 XML 数据记录了两部电影的名称、年代、格式等内容，但是 Python 代码并不能直接对 XML 字符串进行读取，需要使用专用的解析包进行解析。

在 Python 中解析 XML 并不是一件复杂的事情，最常用的解析库是 XML 库。XML 库提供了多种解析器，最简单的解析器是 xml.dom.minidom。xml.dom.minidom 解析器可以创建 XML 和解析 XML，具体代码如下所示。

```
from xml.dom.minidom import parseString
xml_text='''
<collection shelf="New Arrivals">
<movie title="Enemy Behind">
   <type>War, Thriller</type>
   <format>DVD</format>
   <year>2003</year>
   <rating>PG</rating>
   <stars>10</stars>
   <description>Talk about a US-Japan war</description>
</movie>
</collection>
'''
# 解析 XML
doc = parseString(xml_text)
# 获得根结点
root = doc.documentElement
print(" 该根目录结点为 ", root)
# 获得 movies 结点
movies = root.getElementsByTagName('movie')
# 获得 movies 的格式
print(type(movies))
# 循环 movies，输出每一部电影显示的内容
for item in movies:
    print(item)
    for key in range(0, len(item.childNodes)):
        if key % 2 != 0:
            print(item.childNodes[key].tagName +
                ": " + item.childNodes[key].childNodes[0].data)
```

上述代码的运行结果如图 11-2 所示。

```
F:\anaconda\python.exe H:/book/python-book/python_book_basics/python-code/10/10-1-2.py
该根目录结点为 <DOM Element: collection at 0x26e32eab4a8>
<class 'xml.dom.minicompat.NodeList'>
<DOM Element: movie at 0x26e32eab908>
type: War, Thriller
format: DVD
year: 2003
rating: PG
stars: 10
description: Talk about a US-Japan war

Process finished with exit code 0
```

图 11-2　解析 XML 的结果

XML 格式也常用于配置文件的编写，类似于 Qt 框架、Android APP 界面和 Java Web 开发，都会使用单独的 XML 文件作为配置文件。xml.dom.minidom 解析器支持对 XML 文件的直接读取，代码如下所示。

```
# 该文件位于同文件夹的 text.xml
doc = parse(r"text.xml")
```

同时，xml.dom.minidom 解析器也支持 XML 文件的生成，代码如下所示。

```
from xml.dom import minidom

# 实例化 Document 树
doc = minidom.Document()
# 创建根结点，XML 中必须存在 root 元素
root_node = doc.createElement('root')
# 将元素挂载在 doc 树中
doc.appendChild(root_node)

# 创建子元素
c_node1 = doc.createElement('movie')
root_node.appendChild(c_node1)
# 设置该元素存储数据
c_node1.setAttribute('shelf', 'New Arrivals')
# 二级子结点
c_node2 = doc.createElement('type')
c_node1.appendChild(c_node2)
# 也用 DOM 创建文本结点，把文本结点（文字内容）看成子结点
c_text = doc.createTextNode("War, Thriller")
```

```
c_node2.appendChild(c_text)


try:
    with open('XML_Test.xml', 'w', encoding='UTF-8') as f:
        # 第一个参数是目标文件对象
        doc.writexml(f, indent='', addindent='\t', newl='\n', encoding='UTF-8')
except Exception as e:
    print('错误：', e)
```

所有的数据结点都需要使用 createElement() 方法创建结点对象，建立的第一个结点可以作为根结点，之后的结点依次挂载到相应的结点中，最后形成一棵 XML 树。

执行代码后会在代码的同级文件夹中创建一个 XML 文件，文件内容是生成的 XML 代码，如下所示。

```
<?xml version="1.0" encoding="UTF-8"?>
<root>
    <movie shelf="New Arrivals">
        <type>War, Thriller</type>
    </movie>
</root>
```

> 注意：在第 9 章中介绍的 HTML 解析器也可以用于解析 HTML。如果只是为了解析 XML，则没有必要使用 Beautiful Soup 等库，使用 lxml 解析器即可。

11.2 Python数据处理

Python 在大数据行业中的应用非常广泛，最重要的是针对数据的分析和处理。数据处理是将杂乱无章的数据进行整理和筛选的过程。本节将对 Python 数据处理进行介绍，并且进行数据的可视化展示。

11.2.1 实战练习：Python 中简单的数据处理

扫一扫，看视频

Python 中有大量的数据分析和处理模块，最著名的库有 NumPy、Pandas、Scipy 等，使用这些库可以快速进行数值或矩阵的计算及数据的处理。其中 Pandas 库是 Python 中构建在 NumPy 之上的最强大的数据分析和探索工具。

Pandas 库需要使用 pip 命令进行安装，安装命令如下：

```
pip install pandas
```

Pandas 库建立在 NumPy 库的基础上，可能需要预先安装 NumPy。Pandas 库可以直接从 CSV 文件中获取数据。下面的 CSV 文件取用了最近 10 年的国内 GDP，数据集合如图 11–3 所示。

	A	B	C	D	E	F	G	H	I	J
1	指标	2019年	2018年	2017年	2016年	2015年	2014年	2013年	2012年	2011年
2	国民总收入(亿元)	984179	914327.1	831381.2	743408.3	686255.7	644380.2	588141.2	537329	483392.8
3	国内生产总值(亿元)	986515.2	919281.1	832035.9	746395.1	688858.2	643563.1	592963.2	538580	487940.2
4	第一产业增加值(亿元)	70473.6	64745.2	62099.5	60139.2	57774.6	55626.3	53028.1	49084.6	44781.5
5	第二产业增加值(亿元)	380670.6	364835.2	331580.5	295427.8	281338.9	277282.8	261951.6	244639.1	227035.1
6	第三产业增加值(亿元)	535371	489700.8	438355.9	390828.1	349744.7	310654	277983.5	244856.2	216123.6
7	人均国内生产总值(元)	70581	66006	60014	54139	50237	47173	43684	39874	36302

图 11–3　数据集合

Pandas 可以直接读取 CSV 文件，代码如下所示。

```
import pandas as pd
# 读取文件
g = pd.read_csv('GDP.csv',encoding="gbk")
# 打印数据
print(g)
```

上述代码的运行结果如图 11–4 所示，可以看到 Pandas 已经读取了 CSV 文件中的行数和列数，其中 g 变量是一个 pandas 对象，提供了数据的基本输出和处理。

```
F:\anaconda\python.exe H:/book/python-book/python_book_basics/python-code/10/10-2-1.py
          指标      2019年     2018年  ...     2013年     2012年     2011年
0    国民总收入(亿元)  984179.0  914327.1  ...  588141.2  537329.0  483392.8
1   国内生产总值(亿元)  986515.2  919281.1  ...  592963.2  538580.0  487940.2
2  第一产业增加值(亿元)   70473.6   64745.2  ...   53028.1   49084.6   44781.5
3  第二产业增加值(亿元)  380670.6  364835.2  ...  261951.6  244639.1  227035.1
4  第三产业增加值(亿元)  535371.0  489700.8  ...  277983.5  244856.2  216123.6
5  人均国内生产总值(元)   70581.0   66006.0  ...   43684.0   39874.0   36302.0

[6 rows x 10 columns]
```

图 11–4　打印 CSV 文件中的数据

可以对读取的数据进行数据筛选，单独取出行、列或者单独的数据值，代码如下所示。

```
import pandas as pd

# 读取数据
g = pd.read_csv('GDP.csv', encoding="gbk")
# 打印数据维度（行数，列数）
print(g.shape)
# 打印具体数据（iat[ 行，列 ]）
print(g.iat[0, 0])
# 打印具体行（iloc[ 行 , 列 ] 支持分片 [1:2], 第 2 行到第 3 行）
print(g.iloc[1:2])
```

执行上述代码，数据的筛选结果如图 11-5 所示。

```
F:\anaconda\python.exe H:/book/python-book/python_book_basics/python-code/10/10-2-1.py
(6, 10)
国民总收入(亿元)
           指标     2019年     2018年  ...     2013年     2012年     2011年
1  国内生产总值(亿元)  986515.2  919281.1  ...  592963.2  538580.0  487940.2

[1 rows x 10 columns]

Process finished with exit code 0
```

图 11-5　数据的筛选结果

Pandas 提供了非常优秀的数据分析方法，可以用一句话完成基本的数据描述性统计，并且支持对数据矩阵的转置，代码如下所示。

```
import pandas as pd

# 读取数据
g = pd.read_csv('GDP.csv', encoding="gbk")
# 描述性统计
print(g.describe())
# 转置
g = g.T
# 打印第三产业增加值（亿元）
print(g[[4]])
```

describe() 方法可以进行数据的简单统计，可以在任何数据矩阵中打印 T 属性，即针对该数据矩阵的转置，如图 11-6 所示。

```
F:\anaconda\python.exe H:/book/python-book/python_book_basics/python-code/10/10-2-1-1.py
              2019年          2018年  ...       2012年         2011年
count       6.000000       6.000000  ...       6.00000      6.000000
mean   504631.733333  469815.900000  ...  275727.15000  249262.533333
std    413613.792167  384231.762584  ...  222009.09212  200270.287252
min     70473.600000   64745.200000  ...   39874.00000   36302.000000
25%    148103.400000  140713.300000  ...   97973.22500   87617.025000
50%    458020.800000  427268.000000  ...  244747.65000  221579.350000
75%    871977.000000  808170.525000  ...  464210.80000  419303.375000
max    986515.200000  919281.100000  ...  538580.00000  487940.200000

[8 rows x 9 columns]
                  4
指标      第三产业增加值(亿元)
2019年       535371.0
2018年       489700.8
2017年       438355.9
2016年       390828.1
2015年       349744.7
2014年       310654.0
2013年       277983.5
2012年       244856.2
2011年       216123.6
```

图 11-6　数据的简单统计和矩阵转置

在 Pandas 中可以对所有的数据进行加和和差值计算，同时支持对数据的清洗和检验。下面的代码就是将 10 年的 GDP 数据进行差值计算。

```
import pandas as pd


# 读取数据
g = pd.read_csv('GDP.csv', encoding="gbk")
# 转置
g = g.T
# 切分数据
my_data = pd.DataFrame(g.iloc[1:, 0:2])
# 求差值
my_data["D-value"] = (my_data[0] - my_data[1])
print(my_data)
```

运行上述代码，差值计算结果如图 11-7 所示。

```
F:\anaconda\python.exe H:/book/python-book/python_book_basics/python-code/10/10-2-1-2.py
              0         1  D-value
2019年  984179.0  986515.2  -2336.2
2018年  914327.1  919281.1  -4954.0
2017年  831381.2  832035.9   -654.7
2016年  743408.3  746395.1  -2986.8
2015年  686255.7  688858.2  -2602.5
2014年  644380.2  643563.1    817.1
2013年  588141.2  592963.2  -4822.0
2012年  537329.0  538580.0  -1251.0
2011年  483392.8  487940.2  -4547.4

Process finished with exit code 0
```

图 11-7　数据的差值计算结果

注意：Pandas 库支持很多数据计算和统计学函数的使用，但需要读者拥有统计学知识才能对数据进行处理。

11.2.2 实战练习：Python 数据可视化展示

扫一扫，看视频

在 Python 数据处理中，可视化是最重要的一部分。Matplotlib 库是数据展示时最常用的第三方库，Matplotlib 库提供了多种图表数据的展示，可以根据 Python 处理后的数据进行可视化分析。

Matplotlib 库的官网地址是 https://matplotlib.org/，其主页提供了大量的示例图形和代码，如图 11-8 所示。

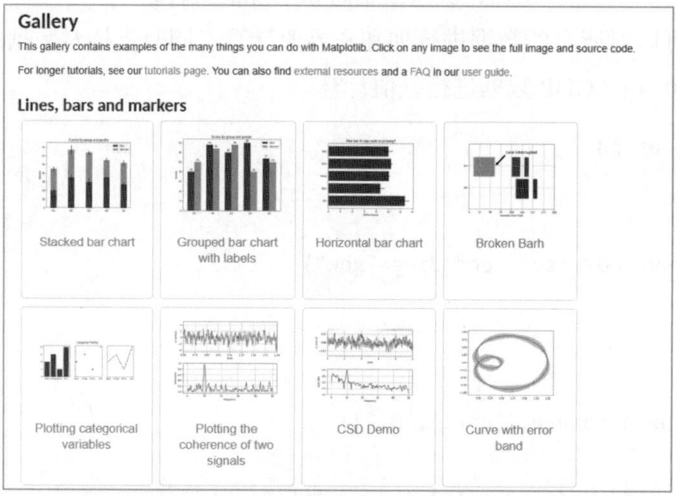

图 11-8 Matplotlib 库的示例图形

Matplotlib 针对不同类型的图形展示不同的数据结构，数据的处理一般会选择使用 NumPy 或 Pandas 等第三方数据处理库。如果不需要进行数据处理，针对 Python 基础的列表类，Matplotlib 也可以进行列表数据的展示。

如以下代码所示，使用 Matplotlib 库生成一个简单的条形图。

```
import matplotlib.pyplot as plt

# 指定使用的字体，这样才可以在图片中正确显示中文
plt.rcParams['font.sans-serif'] = ['SimHei']
# 图中数据
```

```
labels = ['2019年', '2018年', '2017年', '2016年', '2015年', '2014年', '2013年',
        '2012年', '2011年']
men_means = [984179, 914327.1, 831381.2, 743408.3, 686255.7, 644380.2, 588141.2,
           537329, 483392.8]
# 设置条形图的宽度
width = 0.35

fig, ax = plt.subplots()
# 生成条形图
ax.bar(labels, men_means, width, label='GDP')
# 设置y轴标题
ax.set_ylabel('国民总收入')
# 设置标题
ax.set_title('国民总收入GDP')
ax.legend()

plt.show()
```

上述代码会生成一个可以动态调整的条形图，如图 11-9 所示。

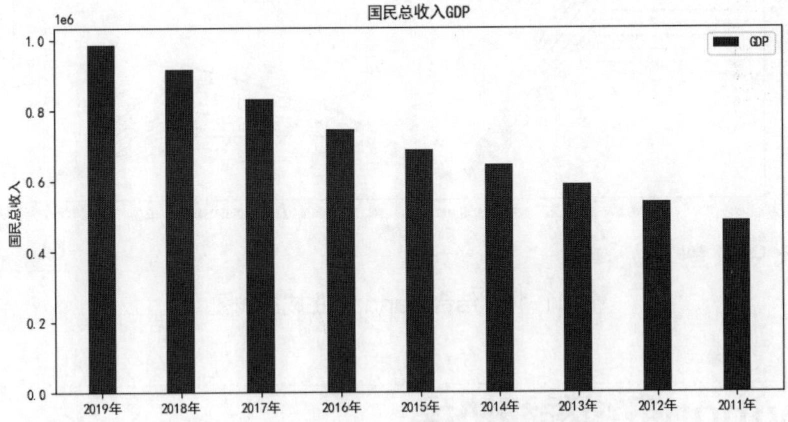

图 11-9　生成的条形图

需要注意的是，在 Matplotlib 库中如果不指定中文的字体就不能直接显示中文，所以必须指定系统中存在的字体，代码如下所示，或者下载字体文件在项目文件夹中，并指定该项目的中文使用已下载的字体文件。

```
plt.rcParams['font.sans-serif'] = ['SimHei']
```

Matplotlib 库也可以和 NumPy 及 Pandas 库结合，在 Pandas 中可以直接使用和 Matplotlib 相关联的方法生成图像数据，代码如下所示。

```
import matplotlib.pyplot as plt
import pandas as pd

# 指定使用的字体，这样才可以在图片中正确显示中文
plt.rcParams['font.sans-serif'] = ['SimHei']
# 读取数据
g = pd.read_csv('GDP.csv', encoding="gbk")
# 生成折线图
g.plot(x=" 指标 ")
# 显示图像
plt.show()
```

执行上述代码，生成的折线图如图 11-10 所示。

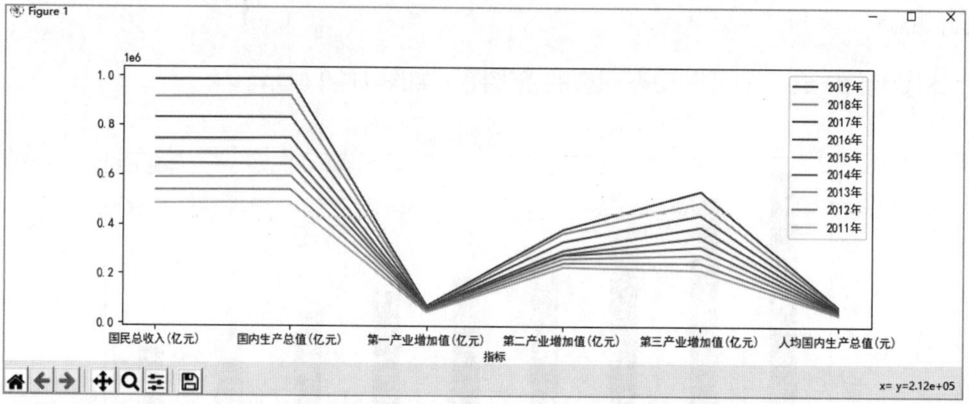

图 11-10 结合 Pandas 生成折线图

11.3 Python多线程和协程

Python 项目相对于其他语言编写的项目并不具有性能优势，正是因为性能的问题，导致在很多领域中 Python 并不是主流编程语言。为了提高执行代码的性能，Python 为开发者提供了多线程服务和协程服务。

11.3.1 Python 多线程

扫一扫，看视频

线程（Thread）是操作系统中能控制运算调度的最小单元，线程包含在一项进程中。线程可以分为内核线程和用户线程，其中内核线程指的是操作系统生成的线程，也称为轻量进程，而将用户线程称为线程。

进程是计算机中的程序关于某数据集合上的一次运行活动，是系统进行资源分配和调度的基本单位。在 Windows 操作系统的计算机中，使用 Ctrl+Shift+Esc 组合键可以打开 Windows 任务管理器，可以查看在本机中运行的进程，如图 11-11 所示。

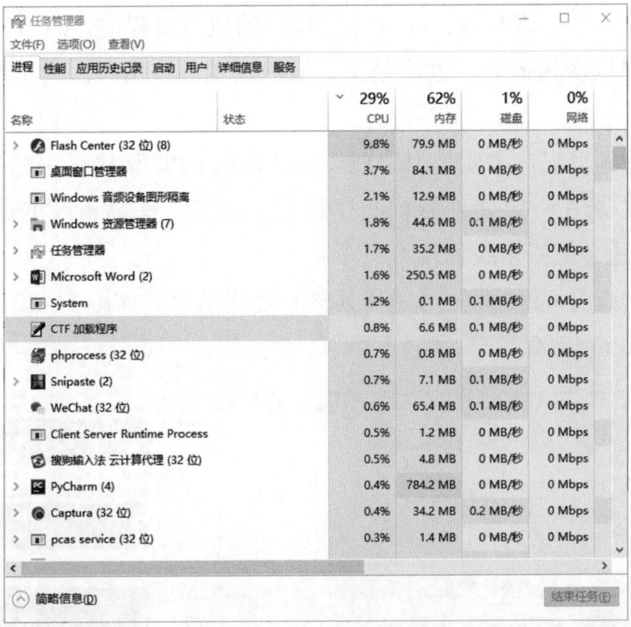

任务管理器
文件(F) 选项(O) 查看(V)
进程 性能 应用历史记录 启动 用户 详细信息 服务
名称 状态 29% CPU 62% 内存 1% 磁盘 0% 网络
Flash Center (32 位) (8) 9.8% 79.9 MB 0 MB/秒 0 Mbps
桌面窗口管理器 3.7% 84.1 MB 0 MB/秒 0 Mbps
Windows 音频设备图形隔离 2.1% 12.9 MB 0 MB/秒 0 Mbps
Windows 资源管理器 (7) 1.8% 44.6 MB 0.1 MB/秒 0 Mbps
任务管理器 1.7% 35.2 MB 0 MB/秒 0 Mbps
Microsoft Word (2) 1.6% 250.5 MB 0 MB/秒 0 Mbps
System 1.2% 0.1 MB 0.1 MB/秒 0 Mbps
CTF 加载程序 0.8% 6.6 MB 0.1 MB/秒 0 Mbps
phprocess (32 位) 0.7% 0.8 MB 0 MB/秒 0 Mbps
Snipaste (2) 0.7% 7.1 MB 0.1 MB/秒 0 Mbps
WeChat (32 位) 0.6% 65.4 MB 0.1 MB/秒 0 Mbps
Client Server Runtime Process 0.5% 1.2 MB 0 MB/秒 0 Mbps
搜狗输入法 云计算代理 (32 位) 0.5% 4.8 MB 0 MB/秒 0 Mbps
PyCharm (4) 0.4% 784.2 MB 0 MB/秒 0 Mbps
Captura (32 位) 0.4% 34.2 MB 0.2 MB/秒 0 Mbps
pcas service (32 位) 0.3% 1.4 MB 0 MB/秒 0 Mbps
简略信息(D)
结束任务(E)

图 11-11　进程管理

一个进程会包含多个线程，在一定程度上，两个线程执行的操作可以看作是同时进行的，也就是并发执行的。

同一进程中的各个线程都可以共享该进程拥有的资源。多线程在很多软件中有应用，如迅雷的多线程下载功能，如图 11-12 所示。可以简单地将线程理解为在一个程序的执行过程中同时进行的两项甚至更多项的操作。在程序的执行过程中线程不停地切换执行，每一个线程执行的任务不同，最终完成了程序的运行。

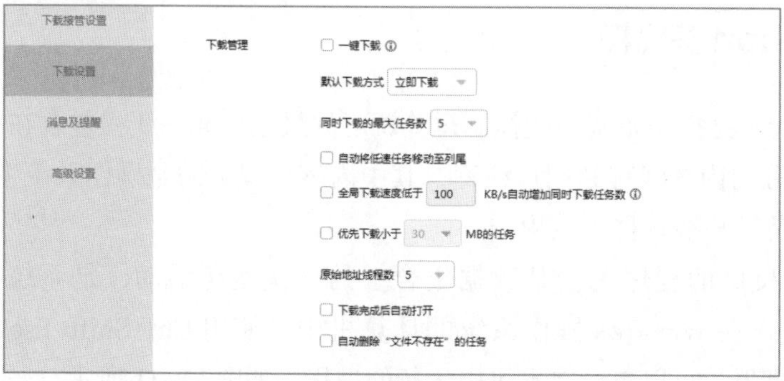

图 11-12　多线程下载功能

多线程的数量并不是越多越好，在计算机程序的执行过程中，CPU 的一个运行处理任务都是按照队列的顺序依次执行的。也就是说，虽然宏观上使用者认为是同时执行的，实际上还是有先后顺序的。

多线程的优势在哪里呢？主要是因为现代的计算机 CPU 架构采用的都是多核处理器，大多数多线程任务并不是在一个处理器核心中运行，所以一些高密度的运算程序和频繁进行 I/O 操作的程序非常适合使用多线程技术编写。

在任务管理器中查看 CPU 的使用率和其核心使用情况，如图 11-13 所示，该处理器为 2 核 4 线程处理器 Intel i3-6100。

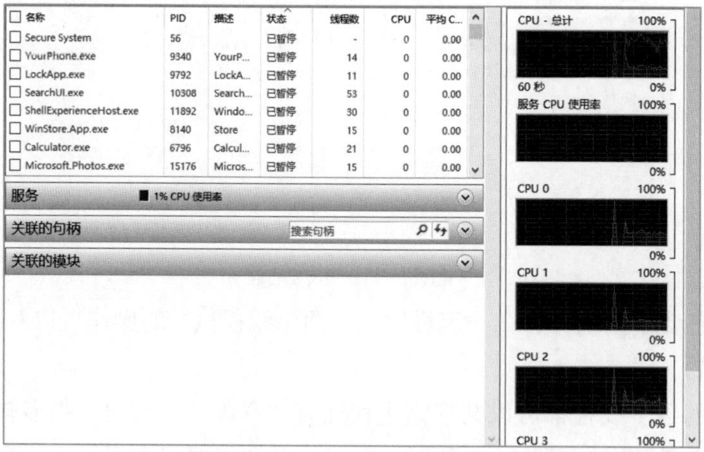

图 11-13　CPU 核心使用情况

Python 通过两个标准库 _thread 和 threading 提供对线程的支持。_thread 库提供了低级别、原始的线程及一个简单的锁，threading 库基于 _thread 库进行了封装，提供了对线程活动的控制等方法。

本书的 Python 代码都是由顶自下依次执行的，这类代码是采用单线程的。即使使用 time 模块阻止了程序的运行，直到 time.sleep() 方法执行完成，之后的代码也不会执行，代码如下所示。

```
import time


def fun1():
    print(" 方法 1 开始执行 ")
    print(" 开始休眠进程 ")
    time.sleep(10)

def fun2():
    print(" 方法 2 开始执行 ")

print(" 代码开始 ")
# 执行方法 1
fun1()
# 执行方法 2
fun2()

print(" 代码结束 ")
```

上述代码的执行结果如图 11-14 所示，无论如何调整休眠时间，方法 2 一定会在方法 1 的休眠结束后才开始执行。

```
F:\anaconda\python.exe H:/book/python-book/python_book_basics/python-code/10/10-3-1.py
代码开始
方法1开始执行
开始休眠进程
方法2开始执行
代码结束

Process finished with exit code 0
```

图 11-14　单线程的执行结果

接下来引入多线程模块，创建两个线程后，使用多线程来执行两个方法。具体代码如下所示。

```
import time
# 引入多线程模块
import threading
```

```
# 线程 1 执行的方法
def fun1():
    print(" 方法 1 开始执行 ")
    print(" 开始休眠进程 ")
    time.sleep(11)
    print(" 休眠结束 ")

# 线程 2 执行的方法
def fun2():
    print(" 方法 2 开始执行 \n")


print(" 代码开始 ")
# 创建线程 1
t1 = threading.Thread(target=fun1, name=' 线程 1')
# 创建线程 2
t2 = threading.Thread(target=fun2, name=' 线程 2')
# 线程 1 开始执行
t1.start()
# 线程 2 开始执行
t2.start()

print(" 代码结束 ")
```

执行上述代码时，方法 2 的执行顺序不再受到方法 1 中的 time.sleep(10) 语句的影响，同时在 fun1() 方法的执行过程中，结束标记（输出“代码结束”）会在 fun1() 方法执行结束之前打印。多线程的执行结果如图 11-15 所示。

```
F:\anaconda\python.exe H:/book/python-book/python_book_basics/python-code/10/10-3-1-1.py
代码开始
方法1开始执行
开始休眠进程
方法2开始执行

代码结束
休眠结束

Process finished with exit code 0
```

图 11-15　多线程的执行结果

多个线程中进行的同步需要使用“锁”的概念。锁有两种状态——锁定和未锁定，这也就意味着在某一个线程读取公用资源时，对该资源加上“锁”，则除了该线程以外，其余的线程不允许访问该资源，执行到该内容后会被挂起，直到线程解锁。

```
# 实例化锁
lock = threading.Lock()
# 获得锁
lock.acquire()
# 释放锁
lock.release()
```

> **注意**：由于协程（Coroutine）的出现，实际上在Python编程中应用多线程编程的意义不大，这是因为Python中为了保证多核处理器中数据的统一性，设计了GIL（Global Interpreter Lock，全局解析器锁），GIL锁的作用是为了防止多线程并发执行时的问题。
>
> 这种锁在多线程的执行过程中被多次使用，会一定程度上影响程序执行的性能，也就是说，GIL锁虽然保证了代码执行的原子性，但是在一定程度上影响了多线程运行时的效率。

11.3.2 Python协程

扫一扫，看视频

在Python中使用多线程存在GIL锁的问题，除非在特殊的应用环境中，在实际的测试中多线程的效率和单线程几乎一致。为了优化Python中的多线程问题，可以让操作并行执行，优化效率，Python引入了协程的概念。

协程又称为微线程，和线程一样，也是一种程序组件。但是协程并不是系统支持的进程或线程。协程的执行过程更类似于子进程，简单来说，就是一种协助程序运行的程序。

一个程序可以包含多个协程，协程与协程之间相对独立，每一个协程有自己的程序执行上下文，类似于线程。但是协程的切换和控制由协程本身进行调度，也就是说操作系统的整体调度无法作用于程序中的协程。在Lua等语言中使用了协程的概念，在Python中协程也代替了多线程编程。

在Python中使用协程非常简单，协程的切换由程序自身控制，没有切换线程的开销，由一个线程进行整个程序的执行，对于执行顺序的控制以及资源的读取无须加锁，提高了整体执行的效率。

Python中协程的作用是由asyncio实现的,需要使用async关键字定义方法。在Python 3.5版本中，协程的实现使用了asyncio + await的方式，在Python 3.4中引入了asyncio + yield的方式。这里使用 asyncio + await 的方式，代码如下所示。asyncio 提供了非阻塞函数的定义，这些函数通过 async 关键字进行声明，await 关键字用于处理保证异步执行的过程是符合开发者预期的，使用 await 关键字的函数保证了代码的执行顺序。

```
import asyncio
import time


# 设置协程方法（返回协程对象）
async def get_text2():
    print(20)


# 设置协程方法（返回协程对象）
async def get_text():
    await get_text2()
    print(10)


asyncio.run(get_text())
```

上述代码的运行结果如图 11-16 所示。

```
F:\anaconda\python.exe H:/book/python-book/python_book_basics/python-code/10/10-3-2-1.py
20
10

Process finished with exit code 0
```

图 11-16　协程的运行结果

asyncio 提供了协程函数的运行方法，如果需要运行多个协程任务，则要建立一个任务列表，等到所有的任务结束运行后关闭任务循环，代码如下所示。

```
import asyncio

# 设定循环
texts = [1, 2, 3, 4, 5, 6, 7, 8, 9]


# 设置协程方法（返回协程对象）
async def get_text(i):
```

```
        print(" 打印列表 :", i)
        # 交叉执行协程函数，到词句转移执行其他
        # 阻塞 1 秒时间
        await asyncio.sleep(1)
        # 方法结束标志
        # 当所有交叉执行结束后开始打印输出
        print("get 执行完成 ", i)


# 在主线程创建新的 event_loop
loop = asyncio.get_event_loop()
# 获得多次执行方法对象
ts = [get_text(i) for i in texts]
# 阻塞等待执行完成
loop.run_until_complete(asyncio.wait(ts))
# 关闭 event_loop
loop.close()
```

上述代码的运行结果如图 11–17 所示。

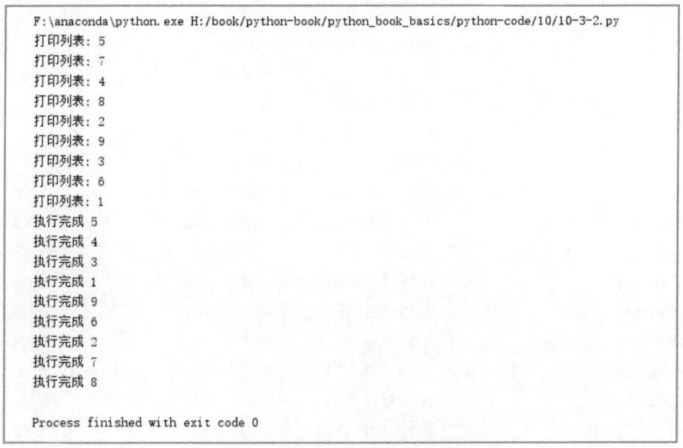

F:\anaconda\python.exe H:/book/python-book/python_book_basics/python-code/10/10-3-2.py
打印列表: 5
打印列表: 7
打印列表: 4
打印列表: 8
打印列表: 2
打印列表: 9
打印列表: 3
打印列表: 6
打印列表: 1
执行完成 5
执行完成 4
执行完成 3
执行完成 1
执行完成 9
执行完成 6
执行完成 2
执行完成 7
执行完成 8
Process finished with exit code 0

图 11–17　协程的使用

协程适用于所有需要高频率 I/O 或者任务频繁切换的场景中。使用协程时一定需要对业务场景进行分析，确定协程的执行顺序，及时使用 await 关键字控制任务的执行顺序。

例如，制作一个协程爬虫对数据库进行存取和查询的应用场景中，当数据的存取和查询使用两个协程实现时，如果不注意运行顺序，会导致数据未存入数据库中就进行了数据库的查询，数据库此时不存在目标数据，然后数据存储入库，这样可能会导致数据库中的数据出现重复或者获得的数据不是最新数据。

11.4 Python项目虚拟环境venv

使用 Python 进行开发时可能会在系统环境中安装大量的第三方模块或者脚本运行文件，这类的项目引用并不是统一的，很可能在一个新的 Python 环境中因为没有安装合适的模块而无法运行编写好的脚本，所以需要将原环境在运行环境中复现。

11.4.1 虚拟环境的意义

扫一扫，看视频

在 Python 应用程序的开发过程中通常会安装大量第三方软件包和模块。这些模块和包会存入 Python 的安装环境中，默认存放在 Python 安装目录的 Lib 文件夹中，如图 11-18 所示。在命令行中可以执行的工具存放在 Python 安装目录的 Script 文件夹中。

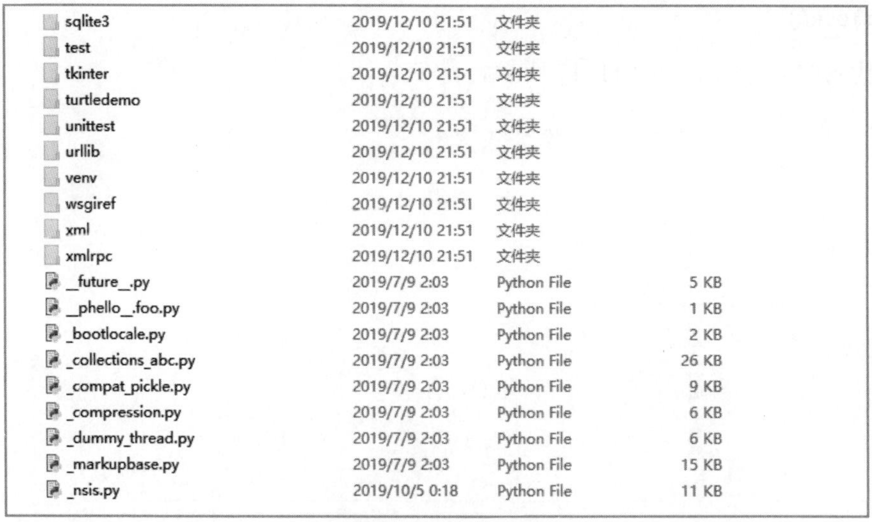

图 11-18 Lib 文件夹

如果在开发所有项目时都采用系统全局 Python 环境，那么会在全局 Python 中安装大量对本项目无关的第三方 Python 包，这是对系统资源的一种浪费，更导致了项目依赖软件的不明确。

在同一个环境中进行 Python 开发的问题不仅如此，部分 Python 第三方包可能会出现冲突或者对其他包的依赖，个别第三方模块的更新会导致代码的执行问题，所以很多第三方软件规定了具体的运行版本。

也就是说，如果在 Python 环境中安装了第三方库更新后的版本，那么旧版本的程序很可能在新环境中无法运行。如果 Python 环境中有重要的应用程序需要运行，切记不能直接升级 Python 环境中的所有第三方库。

使用 Python 虚拟环境就可以解决这些包冲突问题，Python 虚拟环境的本质就是针对每一个 Python 项目设置一个单独的纯净的运行和开发环境，也就是说，在项目的开发环境中所有的依赖项都是属于该项目的必要依赖项。

venv 就是针对这样的情况而出现的工具。venv 提供了以单一项目为基准，对该项目建立一个虚拟的 Python 环境的功能。建立的虚拟 Python 应用环境包括完整的纯净且独立的 Python 运行环境，系统中的 Python 虚拟环境相互独立，可以根据需求随时切换，不用担心系统或者其他项目的环境被更新或污染。

常用的虚拟环境构建工具一般有两种。

（1）virtualenv 虚拟环境。virtualenv 虚拟环境是最常见的 Python 虚拟环境配置工具，支持 Python 2 和 Python 3，可以对所有的项目虚拟环境指定不同的 Python 解析器，而不需要继承任何基础的程序包，也是最早被广泛使用的虚拟环境。

virtualenv 的 pip 包管理地址为 https://pypi.org/project/virtualenv/，其页面如图 11-19 所示。

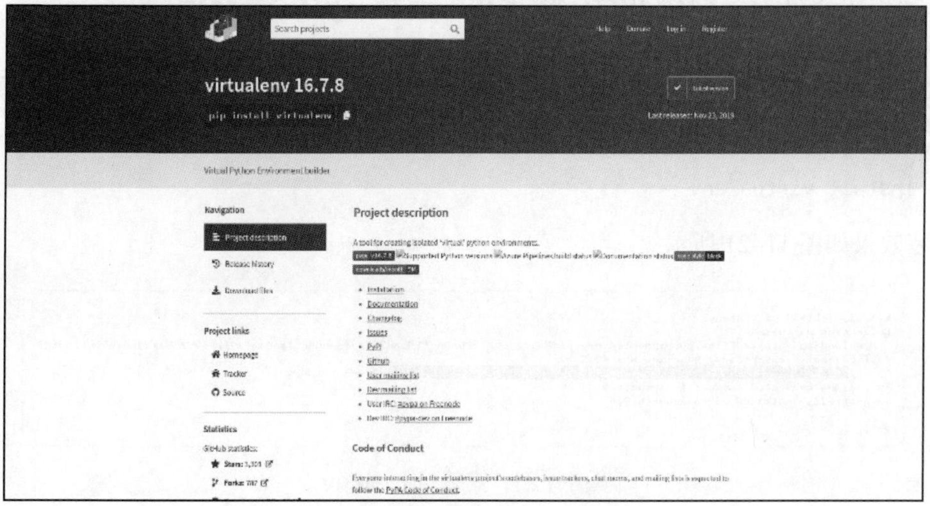

图 11-19　virtualenv 页面

（2）venv 虚拟环境。venv 虚拟环境是运行 Python 3.3 以上版本的官方虚拟环境构建工具，只能用于 Python 3.3 以上的版本。venv 虚拟环境的大部分操作和 virtualenv 类似，通过简单的命令就可以直接使用。随着 Python 版本的更新，越来越多的开发者选择了 venv 环境。

venv 是一个官方包，不需要用 pip 命令进行安装就可以使用，具体的使用文档位于 Python 官网中，地址为 https://docs.python.org/zh-cn/3.7/tutorial/venv.html#creating-virtual-environments，

如图 11–20 所示。

图 11–20　venv 页面

11.4.2　实战练习：使用 virtualenv 生成新 Python 环境

扫一扫，看视频

首先使用 virtualenv 作为构建 Python 虚拟环境的工具，需要使用 pip 命令进行代码包的安装，如下所示。

```
pip install virtualenv
```

安装效果如图 11–21 所示。

```
E:\>pip install virtualenv
Collecting virtualenv
  Downloading https://files.pythonhosted.org/packages/62/77/6a86ef945ad39aae34aed4cc1ae4a2f941b9870917a974ed7c5b6f137188
/virtualenv-16.7.8-py2.py3-none-any.whl (3.4MB)
     |████████████████████████████████| 3.4MB 1.1MB/s
Installing collected packages: virtualenv
Successfully installed virtualenv-16.7.8

E:\>_
```

图 11–21　安装 virtualenv

安装完成后，virtualenv 提供了 Script 命令，可以在命令行中使用下面的命令测试是否安装成功，显示的版本号如图 11–22 所示。

```
virtualenv -version
```

```
E:\>virtualenv --version
16.7.8
```

图 11–22　显示的版本号

> **注意**：virtualenv 部分使用结果或者命令在 Windows、Linux 和 Mac 中有所相同，具体的使用示例请查看官方文档。

在需要建立虚拟环境的项目文件夹中，使用下面的命令可以建立一个空白的 Python 项目，同时创建一个名为 test-venv 的虚拟环境，命令会自动将虚拟环境建立在项目文件夹下。

```
virtualenv test
```

接下来，命令行中的 virtualenv 会自动使用项目中的 Python 和 pip、setuptools 等工具进行安装和配置，效果如图 11–23 所示。

```
E:\JavaScript\vue_book2\pyhton\python-code\14-1\virtualenv>virtualenv test-venv
Using base prefix 'd:\\anaconda3'
  No LICENSE.txt / LICENSE found in source
New python executable in E:\JavaScript\vue_book2\pyhton\python-code\14-1\virtualenv\test-venv\Scripts\python.exe
Installing setuptools, pip, wheel...
done.

E:\JavaScript\vue_book2\pyhton\python-code\14-1\virtualenv>
```

图 11–23　项目的安装和配置

在 test-venv 文件夹中，出现了当前的 Python 虚拟环境的全部配置，出现 4 个文件夹，包含 Python 和一些必要的依赖包，如图 11–24 所示。

Include	2019/12/6 15:42	文件夹
Lib	2019/12/9 13:35	文件夹
Scripts	2019/12/9 13:35	文件夹
tcl	2019/12/9 13:35	文件夹

图 11–24　Python 虚拟环境的配置

在使用生成的虚拟环境时，需要使用命令行工具进入 Scripts 文件夹中。运行 activate.bat 文件，如图 11–25 所示，已经成功地切换到新建立的 test-venv 环境中，也就是说，在此时的命令行中已经不再使用 Python 全局模式，而是使用 test-venv 项目文件夹中创建的虚拟环境。

```
E:\JavaScript\vue_book2\pyhton\python-code\14-1\virtualenv>cd test-venv

E:\JavaScript\vue_book2\pyhton\python-code\14-1\virtualenv\test-venv>cd Scripts

E:\JavaScript\vue_book2\pyhton\python-code\14-1\virtualenv\test-venv\Scripts>activate.bat

(test-venv) E:\JavaScript\vue_book2\pyhton\python-code\14-1\virtualenv\test-venv\Scripts>
```

图 11–25　虚拟环境

可以使用下面的命令查看当前 Python 环境中已经安装的包，如图 11–26 所示，其环境中仅安装了三个包，即 pip、setuptools 和 wheel。

```
pip list
```

```
(test-venv) E:\JavaScript\vue_book2\pyhton\python-code\14-1\virtualenv\test-venv\Scripts>pip list
Package    Version
---------- -------
pip        19.3.1
setuptools 42.0.2
wheel      0.33.6
```

图 11-26　查看安装的包

> **注意：** activate.bat 文件为 Windows 平台中的批处理文件，在 Linux 等平台中请运行与之对应的 activate 文件。

11.4.3　实战练习：使用 venv 生成新 Python 环境

扫一扫，看视频

Python 3.3 以上版本在标准库中增加了 venv 库，用来创建 Python 虚拟环境。venv 的使用相对于 virtualenv 而言更加简单，venv 不需要使用 pip 命令进行安装，使用下面的命令可以建立一个新的虚拟环境。

```
python -m venv test-venv
```

等待上述命令运行完毕后，在文件夹中生成的文件如图 11-27 所示。

Include	2019/12/9 15:57	文件夹	
Lib	2019/12/9 15:57	文件夹	
Scripts	2019/12/9 15:57	文件夹	
pyvenv.cfg	2019/12/9 15:57	CFG 文件	1 KB

图 11-27　建立的虚拟环境

venv 生成的内容和 virtualenv 稍有不同，但是具体使用时没有大的差别。使用 venv 虚拟环境需要在项目文件夹中运行 Scripts\activate.bat 文件，在 Linux 或 Mac 中使用 source 命令运行目录下的 bin/activate 文件。运行结果如图 11-28 所示。

```
(test-venv) E:\JavaScript\vue_book2\pyhton\python-code\14-1\venv\test-venv\Scripts>pip list
Package    Version
---------- -------
pip        19.2.3
setuptools 41.2.0
WARNING: You are using pip version 19.2.3, however version 19.3.1 is available.
You should consider upgrading via the 'python -m pip install --upgrade pip' command.

(test-venv) E:\JavaScript\vue_book2\pyhton\python-code\14-1\venv\test-venv\Scripts>_
```

图 11-28　venv 虚拟环境

> **注意：** 在有些新版本的 Python 编程环境中，其新建项目可能默认就是通过虚拟环境建立的。请区别是全局 Python 操作环境还是虚拟 Python 操作环境，因为两者安装的程序包并不一致，所以得到的结果也可能不同。

11.4.4　实战练习：Python 项目的依赖生成和打包

扫一扫，看视频

使用虚拟环境最重要的一个应用就是确定项目的依赖内容。在确定了项目的依赖后可以将整个项目进行打包输出，在服务器或其他的主机中运行。

Python 项目支持跨平台，但是用 Python 编写的项目有一个非常大的缺点，虽然都是由 Python 解析器运行，但是 Python 很多的依赖项为了提高性能或执行特殊操作而直接调用了系统 API 接口，或者使用了其他语言进行编写，这些依赖项需要根据不同的操作系统进行安装。

Python 项目中涉及系统操作的部分需要对操作系统进行区分，pyenv-win 就是仅供 Windows 中使用的包。

如果是一个大型 Python 项目，在项目开发时可能需要多人协作，不同的开发者使用的开发环境是不一样的，无法统一开发环境。如果人为地进行统一并使用 pip 命令进行安装，对于一个工程而言无疑是一个非常繁杂且容易出错的任务。

为了更好地进行 Python 包管理，pip 提供了导出环境依赖项的功能。使用下面的命令可以简单地导出 pip 的依赖项。

```
pip freeze > requirements.txt
```

运行上述命令后导出了一个 requirements.txt 文件，其中包括的部分内容如图 11-29 所示。

```
backcall==0.1.0
backports.functools-lru-cache==1.6.1
backports.tempfile==1.0
backports.weakref==1.0.post1
beautifulsoup4==4.8.1
bleach==3.1.0
blinker==1.4
bs4==0.0.1
certifi==2019.11.28
cffi==1.13.2
chardet==3.0.4
Click==7.0
colorama==0.4.1
conda==4.7.12
conda-build==3.18.11
conda-package-handling==1.6.0
conda-verify==3.4.2
cryptography==2.8
decorator==4.4.1
defusedxml==0.6.0
Django==2.2.7
entrypoints==0.3
filelock==3.0.12
```

图 11-29　requirements.txt 文件

在任何一台装有 Python 和 pip 环境的计算机上，可以使用下面的命令进行依赖环境的安装，这样就可以在不同的平台上配置合适的运行环境了。

```
pip install -r requirements.txt
```

需要注意的是，使用 pip 命令生成的 requirements.txt 文件是导出当前使用的 Python 中的所有依赖项。也就是说，如果项目使用虚拟环境进行开发，一个虚拟环境对应一个项目，则用这种方式可以正确导出项目依赖。如果是在全局环境中，使用上述命令就会导出所有的应用依赖包，依旧会出现不必需的项目依赖。

为了解决在全局环境中打包项目依赖项的问题，出现了大量的第三方包来实现这个功能，pipreqs 模块就是其中之一。pipreqs 模块通过对项目工程目录的扫描，可以只导出项目中使用的依赖。使用如下所示的 pip 命令进行 pipreqs 包的安装。

```
pip install pipreqs
```

pipreqs 安装完成后的效果如图 11–30 所示。

```
E:\JavaScript\vue_book2\pyhton\python-code\14-4>pip install pipreqs
Collecting pipreqs
  Downloading https://files.pythonhosted.org/packages/9b/83/b1560948400a07ec094a15c2f64587b70e1a5ab5f7b375ba902fcab5b6c3
/pipreqs-0.4.10-py2.py3-none-any.whl
Collecting yarg
  Downloading https://files.pythonhosted.org/packages/8b/90/89a2ff242ccab6a24fbab18dbbabc67c51a6f0ed01f9a0f41689dc177419
/yarg-0.1.9-py2.py3-none-any.whl
Collecting docopt
  Downloading https://files.pythonhosted.org/packages/a2/55/8f8cab2afd404cf578136ef2cc5dfb50baa1761b68c9da1fb1e4eed343c9
/docopt-0.6.2.tar.gz
Requirement already satisfied: requests in d:\anaconda3\lib\site-packages (from yarg->pipreqs) (2.22.0)
Requirement already satisfied: idna<2.9,>=2.5 in d:\anaconda3\lib\site-packages (from requests->yarg->pipreqs) (2.8)
Requirement already satisfied: urllib3!=1.25.0,!=1.25.1,<1.26,>=1.21.1 in d:\anaconda3\lib\site-packages (from requests-
>yarg->pipreqs) (1.25.7)
Requirement already satisfied: certifi>=2017.4.17 in d:\anaconda3\lib\site-packages (from requests->yarg->pipreqs) (2019
.11.28)
Requirement already satisfied: chardet<3.1.0,>=3.0.2 in d:\anaconda3\lib\site-packages (from requests->yarg->pipreqs) (3
.0.4)
Building wheels for collected packages: docopt
  Building wheel for docopt (setup.py) ... done
  Created wheel for docopt: filename=docopt-0.6.2-py2.py3-none-any.whl size=13709 sha256=8d46335de87cb42f4bfa532ecefcfc3
c01732d4314fc2f665be861deb2bdd3c3
  Stored in directory: C:\Users\zhangfan2\AppData\Local\pip\Cache\wheels\9b\04\dd\7daf4150b6d9b12949298737de9431a324d4b7
97ffd63f526e
Successfully built docopt
Installing collected packages: yarg, docopt, pipreqs
Successfully installed docopt-0.6.2 pipreqs-0.4.10 yarg-0.1.9
```

图 11–30　安装 pipreqs 的效果

可以使用下面的命令对 8.3 节的 Django 实例进行打包。

```
pipreqs ./ --encoding=utf-8
```

等待命令运行结束，可以看到在目录下建立了一个 requirements.txt 文件，这个文件包括项目的依赖包和使用的版本，内容如下所示。

```
Django==2.2.7
```

11.5 小结、习题与练习

11.5.1 小结

本章主要介绍了 Python 中常见的传输数据处理、开发工具，以及多线程和协程的基础知识，也是对前面各章中 Python 代码的知识性补充。

Python 的数据处理知识只是简单介绍了 Pandas 库的使用和 Matplotlib 绘图库的使用，实际的数据处理需要大量的统计学知识和分析方法，需要读者自行了解并学习。在实际的项目开发过程中有很多工具和方法值得使用，而所有的知识也会随着时间逐步更新和替代。本章最后介绍了当前项目开发时经常会使用的内容和知识点，可以供读者查阅。

11.5.2 习题

1.（选择题）针对 XML 的说法中，以下错误的是（　　）。

A. XML 代码不能被浏览器解析

B. XML 要求标签必须闭合，错误的标签用法会导致 XML 报错

C. XML 可以用来编写配置文件

D. XML 可以应用在数据传输领域

2.（简答题）分析 XML 和 Json 的优、缺点。

3.（简答题）分析多线程和协程的不同点。

11.5.3 练习

为了巩固本章所学知识，希望读者可以完成以下编程练习：

1. 编写 Json 与 XML 的解析代码，可以将本章之前的代码中使用的配置项独立成文件，在代码中进行读取。

2. 编写简单的数据处理程序，结合读者实际的工作需求处理数据或绘制表格，可以参照 Pandas 或 Matplotlib 的官方文档。

3. 练习虚拟环境和 Python 打包的应用，了解打包依赖项的意义。

习题参考答案

第1章

习题1：正确

解析：输出函数 print()，可以支持输出所有的基础 Python 类型。

习题2：错误

解析：Python 的诞生晚于 C 语言，但是比 Java 早。

习题3：D

解析：Python 不适用于 Android 开发，但是可以开发简单的 APP 应用，虽然很多应用场景下 Python 需要借助外部工具实现。同时，Python 在很多应用场景中的性能并不占优势，大多数未经优化的情况下的执行效率不如其他语言。

第2章

习题1：错误

解析：Python 中没有 switch… case 语句，多条件判定依旧采用 if… elif 的形式。

习题2：a>10 and a<=100 and is not 50

解析：不大于的意思是小于等于。

习题3：A

解析：栈结构的特点是先进入栈的数据会被压在栈底，只有压在上方的所有数据出栈后，该数据才能出栈。也就是说，如果以列表的形式实现栈结构，只有列表的尾部才能挂载元素、删除元素。

第3章

习题1：A

解析：Python 支持类的多继承，一个子类可以拥有多个父类，但是这些父类中的属性和方法存在先后顺序。

习题 2：封装、继承、多态

解析：面向对象的三个基本特征是封装、继承、多态。封装是把客观事物封装成抽象的类，并且类可以把自己的数据和方法只让可信的类或对象操作，对不可信的类或对象进行信息隐藏。继承是指代码的复用性，将这些类进行派生，连接类和类之间的关系。多态是指在派生的过程中，每一个类既有相同点也有不同之处。

习题 3：可以根据理解建立学生实体和老师实体。

解析：例如，可以将学生和老师基于一个类进行派生，或者单独创建不相关的类。针对学生，可能具有的属性是学号、班级、绩点等，具有的方法可以是学习、阅读和考试等，老师具有的属性可以是职务、教学科目、职级等。

第 5 章

习题 1：C

解析：分布式数据库可以在多个主机中实现运行和数据同步，大部分现代数据库支持分布式或主从数据库的部署方式。

习题 2：Insert into student('姓名'，'性别'，'年龄') values（"张三"，"男"，25）

解析：构建 SQL 语句时，注意字符串数据一定要使用“ " ”进行包裹。同时需要注意列名和值的对应关系。

习题 3：Redis 是非关系型数据库，而 MySQL 是关系型数据库，两者都经常用在 Web 系统中。MySQL 的每一次查询都是针对性的 I/O 过程，而 Redis 的查询都是在内存中完成的。同时需要注意，Redis 的数据大小一般由内存限制，大型的文件或数据并不适合使用 Redis 进行保存。在系统中常常使用 MySQL 作为基本的数据库来存储数据，而 Redis 一般作为中间缓存层提高并发的速度，这种设计可以极大地减少对硬盘的 I/O 操作，提高系统的性能。

第 8 章

习题 1：C

解析：HTML 标签中，h+ 数字可以表示 HTML 标题的标签，最多支持 1~6 共 6 种标签。其中，<h1> 是最大标签；<h2> 次之；<h6> 最小。

习题 2：D

解析：元素的左边距可以使用 margin-left 属性进行调整，或者使用 margin 属性进行调整。

习题 3：A

解析：<!DOCTYPE HTML> 标签可以指定文档类型为 HTML 5。

第 9 章

习题 1：B

解析：只要符合在网络中通过网页地址分析 HTML，收集并获取数据的软件或脚本都称为爬虫，可以使用任何一门支持 CURL 的语言开发爬虫，甚至不使用编程语言，很多软件只需要简单配置就可以完成页面爬虫的编写。

习题 2：//a[last()]

解析：在上述 HTML 代码中需要获取 <a> 标签，可以直接使用“//”进行搜索。XPath 语句并不是唯一的，此题中多个 XPath 语句都可以实现相同的功能，如 //div[@class="clear"]/a[last()] 等语句。

习题 3：^1\d{10}$

解析：字符串的正则表达式和 XPath 语句一致，写法和标准并不是唯一的。电话号码实际上是针对 11 位数字进行判定，首先需要指定长度和位数，需要注意的是，我国手机号码的第一位数字是 1。

第 11 章

习题 1：A

解析：XML 语言是建立在 HTML 语言的基础上的标记语言，XML 语言是为了解决 HTML 语言的不足而诞生的，所以 XML 不仅能被浏览器解析，甚至可以代替 HTML 编写 Web 页面。

习题 2：XML 和 Json 的差别在于两者的格式，XML 中的标签虽然严格规定闭合和层次，有非常高的可读性，但是闭合标签也造成了数据的冗余，这导致保存了相同数据的 XML 文件大于 Json 文件。同时 Json 可以直接被 JavaScript 读取，大部分编程语言解析 Json 非常简单，XML 文件则需要专用的解析器进行处理。

习题 3：多线程和协程的差别在于，多线程是由系统调度的，协程是通过 Python 进行调度的，同时所有的协程是通过一个线程运行的。类似于线程和进程的概念，协程相当于程序中子程序的概念，不同于一个个地执行子程序，协程可以在一个子程序的执行过程中中断，等待另一个子程序执行完成后再执行，类似于手动完成 CPU 中断的操作，是一种编程语言的内部应用。

附录 A

Python 版本的选择和多版本共存

从 Python 2 版本开始，Python 语言受到了广大开发者的喜爱。随着 Python 的发展，2008 年发布的 Python 3 进行了大量的更新和改进。

Python 3 并非完全向下兼容，大量代码不能在 Python 2 和 Python 3 环境中通用。不仅如此，在 Python 中第三方模块的不兼容问题更加严重，这也是为什么很多第三方库专门推出 Python 2 和 Python 3 两个版本。

由于 Python 3 长期处于不稳定状态，直到 2014 年以前，很多新项目依旧采用老版本的 Python 2 进行开发。直到推出 Python 3.3 版本，Python 3 终于开始被大多数开发者接受。

在网络中进行搜索，会发现还有很多基于 Python 2 的内容。例如，在代码头部指定 UTF-8 编码，或者使用 print 方法时没有使用括号。

为了解决老版本项目的依赖性问题，Python 官方依旧提供 Python 2.7 版本的下载，如图 A.1 所示。

Active Python Releases

For more information visit the Python Developer's Guide.

Python version	Maintenance status	First released	End of support	Release schedule
3.9	bugfix	2020-10-05	2025-10	PEP 596
3.8	bugfix	2019-10-14	2024-10	PEP 569
3.7	security	2018-06-27	2023-06-27	PEP 537
3.6	security	2016-12-23	2021-12-23	PEP 494
2.7	end-of-life	2010-07-03	2020-01-01	PEP 373

图 A.1　下载 Python 2.7

2020 年 1 月 1 日开始，Python 官方不会再对 Python 2 进行任何更新和提供安全性支持。如今开发 Python 新项目，程序员无一意外地会选择 Python 3 版本。

虽然 Python 官方已经停止对 Python 2 的支持，但是在很多 Linux 系统中 Python 2 依旧是默认安装的软件包之一。为了解决同一个系统的多版本需求，Python 中可运行 pyenv 等模块来提供多版本 Python 支持。

pyenv 在不同的操作系统平台中的使用是不同的，pyenv 在 GitHub 中进行开源，地址为 https://github.com/pyenv/pyenv；如果开发平台为 Windows 版本，则需要使用 pyenv-win，地址为 https://github.com/pyenv-win/pyenv-win。

pyenv 可以使用 pip 命令进行安装。

```
pip install pyenv-win
```

安装完成后，可以使用下面的命令进行 Python 版本的查看。

```
pyenv install -l
```

此命令可以列举出当前可以支持安装和下载的全部 Python 版本（包括 Python 2 与 Python 3），如图 A.2 所示。

```
3.7.5-amd64
3.7.4
3.7.4-amd64
3.7.3
3.7.3-amd64
2.7.17
2.7.17.amd64
2.7.16
2.7.16.amd64
3.7.2
3.7.2-amd64
3.6.8
3.6.8-amd64
3.7.2rc1
3.7.2rc1-amd64
3.6.8rc1
3.6.8rc1-amd64
3.7.1
3.7.1-amd64
3.6.7
3.6.7-amd64
```

图 A.2　可以安装和下载的 Python 版本

使用下面的命令可以指定安装不同版本的 Python。

```
pyenv install 版本号
```

使用下面的命令可以对该版本的 Python 进行卸载。

```
pyenv uninstall 版本号
```

使用下面的命令可以将该版本的 Python 设置为全局 Python。

```
pyenv global 版本号
```

使用下面的命令可以将该版本的 Python 设置为本地 Python。

```
pyenv local 版本号
```

注意： 如果命令行工具提示中没有上述命令，则需要将 pyenv 的安装目录写入环境变量，或者一开始安装时指定其安装的系统位置可以直接被命令行读取。

这样就可以方便地在计算机中使用任何不同版本的 Python，并且可以自如地进行切换和针对版本更新进行修改。

附录 B

网络基础知识

1. IP 协议

IP（Internet Protocol）协议又称为网际协议或互联网协议，是属于 TCP/IP 协议簇中的网络层协议，也是网络层中最为重要的协议，所以网络层又称为 IP 层。

IP 协议是为了在分组交换（Packet-switched，又译为包交换）计算机通信网络的互联系统中使用而设计的。IP 层只负责数据的路由和传输，在源结点与目的结点之间传送数据报，但并不处理数据内容。数据报中有目的地址等必要内容，使每个数据报经过不同的路径也能准确地到达目的地，在目的地重新组合还原成原来发送的数据。

IP 协议提供的内容就是数据在互联网传输过程中需要的两个功能：寻址（Addressing）和分片（Fragmentation）。

（1）寻址。顾名思义，寻址就是从一台计算机到达目标计算机的过程。因特网是许多物理网络的抽象，需要实现端对端的传输，必须确定的是数据的来源点和数据的传输点，例如，拨打电话时需要知道对方的手机号码，对方也会知道是谁拨打了他的电话。完成此功能的协议就是 IP 协议中的寻址部分。

IP 协议对于互联网中的端做了唯一的标识，这个标识就是 IP 地址。对于网络而言，是一个端和端构成连接的网状结构，如图 B.1 所示，这些端与端相互接通，但是有可能不直接连接。互联网就是无数这样的网状结构形成的一张巨大的网，网络中的设备可以通过互联网进行数据的传输和交换。

（2）分片。IP 协议还提供对数据大小的分片和重组，以适应不同网络对数据包大小的限制。也就是说，如果规定的网络只能传送较小的数据包，IP 协议将对数据包进行分段并重新组成小块再进行传送。

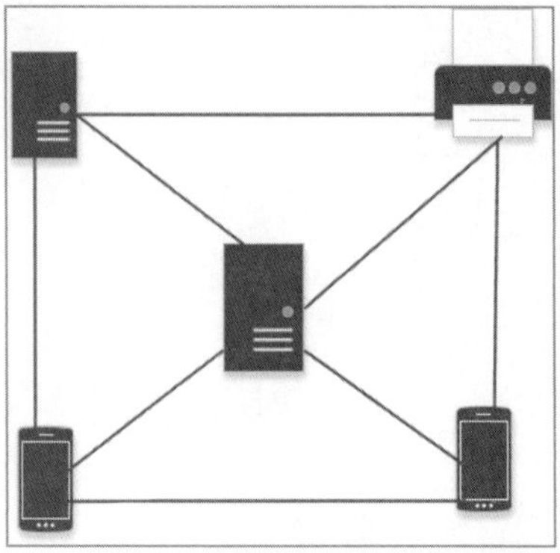

图 B.1　网络结构

分片的过程相当于将一个大的数据量的请求中的数据取出并分割成多个小块，然后通过包的形式发送出去。数据包本身如果会出现网络问题或者发生其他不可预测的情况，则会发送失败，数据完整性会遭到破坏，这种情况称为丢包。

例如，在网络状态不佳时，玩网络游戏经常会出现卡顿，或者人物在画面中停滞，这就是因为通过网络传输的角色操作没有到达服务器或者服务器中的确认返回没有被客户端接收导致的。

2. TCP 协议

TCP（Transmission Control Protocol）是建立在传输层的协议，是一种面向连接的、可靠的、基于字节流的传输层通信协议。这意味着符合 TCP 协议的传输是可靠且数据安全的。TCP 协议的设计目的就是解决数据在复杂不稳定网络中传输出现的一些导致数据缺失的问题。

HTTP 协议是基于 TCP 协议实现的，所以认为 HTTP 协议是数据安全的。这是因为 TCP 协议在每一次数据发送成功时都会给接收方发送一个确认信息（ACK），如果确认信息没有按时返回，则认为此次传输失败，会重新发送数据。

3. UDP 协议

UDP（User Datagram Protocol，用户数据报协议）是无连接的传输协议。UDP 和 TCP 协议相对应，数据传输过程中并不保证数据的绝对完整性和可靠性，这使得 UDP 的包数据量非常小，发送传输速度快，而且不需要接收方的确认。

UDP 提供了无连接的方式进行数据的发送和传输，协议本身不对数据的完整性进行保证，可以使用应用层协议或者软件本身进行数据完整性的验证。UDP 协议经常用于数据可靠性不高的应用程序，如 DNS 协议等。

UDP 的报头中存在校验码，所以 UDP 协议可以使用报头中的校验值来保证数据的安全。但是 UDP 协议不会对验证进行强制性的要求，也就是说，即使数据出现了错误，UDP 协议也不会对数据进行修复或重新发送。